钻石加工入门

DIAMOND CUTTING INTRODUCTION

从切磨到切工

夏城磊 编著

中国地质大学出版社
CHINA UNIVERSITY OF GEOSCIENCES PRESS

图书在版编目(CIP)数据

钻石加工入门:从切磨到切工/夏城磊编著.—武汉:中国地质大学出版社,2018.1

ISBN 978-7-5625-4224-7

Ⅰ.①钻…
Ⅱ.①夏…
Ⅲ.①钻石-加工
Ⅳ.①TS933.3

中国版本图书馆 CIP 数据核字(2018)第 019735 号

钻石加工入门:从切磨到切工		夏城磊　**编著**
责任编辑:阎　娟	选题策划:张　琰	责任校对:徐蕾蕾
出版发行:中国地质大学出版社(武汉市洪山区鲁磨路 388 号)		邮政编码:430074
电　话:(027)67883511	传　真:67883580	E-mail:cbb@cug.edu.cn
经　销:全国新华书店		http://cugp.cug.edu.cn
开本:787 毫米×960 毫米 1/16	字数:363 千字	印张:18.5
版次:2018 年 1 月第 1 版		印次:2018 年 1 月第 1 次印刷
印刷:武汉中远印务有限公司		
ISBN 978-7-5625-4224-7		定价:68.00 元

如有印装质量问题请与印刷厂联系调换

序

蒙恩师授业解惑十余载，有感于我国钻石加工行业从无到有，由弱到强之沧桑巨变，至今已过近九十个春秋。作为新加入的年轻一代，以促行业发展为已任，汇前人学识经验于本书，更是为报答恩师多年教诲，于数年前一偶然机会萌生写此书之念。

在当代智能自动化飞速发展的浪潮面前，先进的设备取代了早先铭记于每一位钻石切磨师心中的核心技术。现代的切磨师们不用再去深入地了解钻石而只要能熟练地操作机器即可。但这并不意味着原先的知识已经完全过时。潜心汇总前人经验、学习基础知识、了解行业历史与发展恰恰是一个愿意真正了解钻石、尝试去懂钻石的人应有的态度。

前有史恩赐先生《钻石加工工艺》开我国钻石加工书籍之先河，后有其集十年光阴撰写的《钻石琢磨工》，加之本书编者学识尚浅，故本书定位于“入门”。一则愿以此书引领读者走进钻石加工的世界。二则本书中收录较多传统工艺，一些由于设备革新虽已淘汰，然若从整个中国钻石加工行业发展之历程着眼，为丰富其完整性，应当予以记录保存，供后人查阅了解。书中较为详细地记录了我国老一辈钻石加工工匠们使用的工艺及设备，因而本书也具有一定的历史参考价值。三则可使掌握钻石分级技术的朋友从钻石加工的角度来重新认识与理解分级。

本书的完成离不开钻石加工业及珠宝界中的甚多人士，其中有上海老凤祥钻石加工中心有限公司沈志义先生、赵磊先生、赵民娟女士，EGL 驻上海办事处主任徐菽文先生，裕顺福钻石加工厂张振宇厂长，上海信息技术学校夏旭秀老师等，特别感谢恩师沈志义先生抽暇批阅原稿指导编写。

钻石对于我国来说属于典型的舶来品，自 1840 年第一次鸦片战争以后钻石首饰开始传入我国，其可参考的历史资料几乎全部在西方。故书中所涉及的历史方面的个别图片资料引用自国外文献，并已注明出处。除此之外本书的绘图、行文、照片等工作系编者一人完成，故难免有疏漏歧义之处，还望行业前辈、读者不吝指教，在此致歉并感谢。

夏城磊

2017 年 3 月 29 日

前　言

钻石是力量、勇气与财富的象征，自古以来王者与领袖都被钻石的浪漫与光芒所吸引，想要拥有它，佩戴它。钻石加工则是将这一象征发挥到极致的古老工艺，精湛的切磨技艺可以将钻石之美尽显无遗。这种工艺由工匠们世代相传而历久弥新，至今形成了一套非常完整的加工体系。

钻石从粗糙原石变成让无数人为之倾倒的闪耀之星大致需要经过劈、锯、车、磨四道工序。像树木能够在特定位置被轻易劈开一样，钻石也可以从特定方向上被劈开。锯则是使用一片极薄的青铜锯片涂抹上油与钻石粉，利用锯片的高速旋转将钻石切开。钻石的圆形腰围则是通过将两颗钻石相互车刮后形成的。钻石最终的成品形状受原石形状的限制，常见的有圆形、椭圆形、心形、马眼形等，无论是哪一种形状最后都需要经过抛磨才能使钻石像镜面一样反射出璀璨的亮光与火彩。为了使钻石展现让人心醉的光学效果，抛磨的角度是经过精确计算与试验后得出的。

时代的进步、科技的发展将现代钻石加工技术不断推向一个新的高度。在提高生产效率及工艺水平的不断驱使下，钻石加工设备正不断地革新，有些设备在一些地方已退出了历史舞台，成为了可以放进博物馆的古董。现代钻石加工正在迅速地改变着人们对它的认识，快步转型为互联网智能自动化的新型加工体系。在这一体系下，钻石加工厂的从业人员将锐减，高科技的智能设备将代替人类，进行极高效率的精确加工，既节约了人工成本又提高了生产效率与安全性，也使得产品质量更加稳定。

本书立意在于加工原理的讲述与前人知识的汇总，书中主要介绍和教授的是钻石加工传统工艺，包括锯钻、车钻、磨钻以及相关传统设备工具的操作等知识。希望读者在阅读之后了解到钻石加工的历史与思想，并可以尝试自学钻石加工。

此外，本书也意图通过对加工的深入剖析，让从事钻石检验工作的朋友尝试从一个生产者的角度全新认识钻石的切工，故而本书的副标题定为：从切磨到切工。

人在琢磨钻石，反过来亦是如此，而钻石与切磨师之间的互相打磨才能使彼此都绽放出夺目的光彩。

以钻石之名

出生时我没有名字，
被深渊召唤着，
却又从中脱身。
岩浆震荡，
冲破岩石，
响彻天空，
大地记录下我的轨迹。
我本应失去光彩，
变成灰烬。
而如今愿常驻你指间，
为爱情闪耀。
我本应成为那来自数十亿年前的一颗石子，
深埋地下。
而如今愿化身为火焰，
随心跳舞蹈。
看钢铁从我身边划过，
听你以钻石之名唤我。

夏城磊
2017 年 9 月 25 日

目　录

第一章 钻石加工业
Chapter 1 Diamond Cutting Industry

钻石加工是一个具有悠久历史的手工艺行业，产品覆盖珠宝首饰、工业制造以及科研领域。在无数代从业者的奋斗与努力下，从发展之初的鲜为人知到现今已成为一些国家或地区的高附加值产业，甚至支柱产业，在这些国家中便包括了中国与印度这样的新兴经济体。

钻石加工行业起源于印度，兴盛于欧洲。悠久的历史可追溯到700多年前，数十代人的传承，具有非常深的历史底蕴。传至我国历史虽短，但也有近百年。在欧洲，起初只有皇室、贵族、富豪才能消费得起钻石这样的奢侈品，服务的对象是社会金字塔尖的人群。早期的从业者衣着整齐，文化修养高，加之态度严谨，多给人以气质不凡的印象。

相比全世界庞大的从事钻石买卖与鉴定的人群而言，钻石加工者的群体较小，而如今真正懂得整个钻石加工工艺，并得其要义与精髓的人则更少之又少，且随着时间的推移，老一代人的逝去，人数将会越来越少，这意味着重要的教诲与古老的历史也有可能逐渐被人们所遗忘。图1-1为上海钻石厂铝质铭牌。

图1-1　上海钻石厂时代钉在夹具上的铝质铭牌

业中具体的工艺技巧在早期的很长一段时间内均属商业秘密，不轻易外传，交流甚少。一些从业较早的切磨师都有一本自己的秘密本，记录了自己从业以来的加工心得、经验以及加工参数，这本小本通常被随身携带或是锁于抽屉中。至今一些欧洲的钻石加工企业依旧秉承古老的家族成员承继制，有着他们自己的群体。

我国以上海为代表，主要采用全工艺培养的方式，一位切磨师能掌握整个磨钻工序，并具有相关的设计知识。

这种早期的企业经营与人才培养模式的弊端十分明显：首先生产规模较小，产量低，无法满足日益增长的市场需要。其次人才的培养周期过长，且一旦流失对企业是非常大的损失。于是标准化的具有相当规模的现代化钻石加工厂应运而生。在现代化的钻石加工厂中，为了追求加工效率以及技术保密等方面的考虑，通常采用极细的分工。通常个人只负责某道工序中的某部分，比如一位切磨师只加工一种类型的刻面。采用这样的生产方式，一则可以节约人员工作技能的培训时间，一位员工只需经数周培训即可上岗；二则可降低人员流动带来的技术流失。

中国钻石加工业发展历程

中国钻石加工业始于上海，1927 年春由回族商人马鹤卿在新利洋行常务董事博爱斯(G. M. Boyes)的推荐下与英籍犹太人依必强和格雷格来共同合作研究并创建了我国第一家磨钻厂——中国磨钻厂。厂址位于法租界新北门老永安街一幢货栈的三楼，面积约 400m^2。后招收学徒十多人，并重金聘请法籍犹太人小格雷格和英籍印度人卜泰尔为该厂磨钻技师，教授最简单的加工技术。从此，中国磨钻厂开始承接全国各地的磨钻加工业务，与英商新利洋行以及南京路上著名的品珍、国际等首饰商店，珠玉市场的商号都建立了业务关系。当时主要加工 0.1ct 以上的小钻，也承接老旧钻石的修改工作。

1935 年因犹太厂主走私，中国磨钻厂被查封，钻石加工设备和部分切磨师被当时几家珠宝公司挖走，在上海先后成立了几家磨钻作坊。1937 年抗日战争爆发，上海沦为孤岛，市面萧条，人心不定。不少切磨师为了谋生，自立门户开磨钻作坊，承接老旧钻石的修改业务，形成了上海钻石加工业的雏形。1948 年上海的钻石加工业进入了最低谷，当时上海只剩下 6 家磨钻作坊、14 名切磨师。

新中国成立后，政府组织上海金鑫、松元、荣成、永和、新华和利工 6 家个体作坊合并，组成荣成磨钻商店。当时除了老旧钻石的修改业务外，还开始生产加工钻石工具。

1958 年 4 月，荣成磨钻商店改制成公私合营的上海磨钻厂(图1-2)。张湧涛任私方厂长。除继续修改旧钻石，还少量加工钻石原石和钻石工具。

1962 年上海磨钻厂制定了全国第一个首饰钻石产品标准和工艺操作规程，同时创造了钻石体积估算磨净后首饰钻石重量的衡量方法。

1972 年接上海市工艺品进出口公司进口毛坯钻石业务。次年上海加工的大、

图 1-2　20 世纪 50 年代上海磨钻厂老员工延安路门面合影

上至下 1 排右 3 范坤元(兄)与 4 排左 3 范金元(弟),3 排右 4 私方厂长张湧涛(兄)与 4 排左 1 张尧臣(弟),时称张派与范派,为中国第一代磨钻师中的领军人物

中钻石由于设计精确、工艺精细被誉为"上海工"钻石。自此上海钻石工具厂(由"上海磨钻厂"改名)进入发展顶峰时期,到 1988 年产量增长到年产 1.98 万克拉。如果为上海钻石加工业设置一个分水岭,那 20 世纪 90 年代以前上海就代表了中国,20 世纪 90 年代后,中国钻石加工业便以上海为中心开始向其他沿海城市转移。

20 世纪 90 年代初,国际钻石商纷纷到中国开办工厂,形成了广东、山东、上海三个加工中心。这些工厂中大都有钻石贸易公司(DTC)配货商的背景或是合作关系,货源充足。在技术水平上则主要由中国第三代切磨师与国外切磨师共同承担,在这些中国技师中,大多具有上海钻石工具厂的工作经历,而上海钻石工具厂也可谓是中国钻石加工业的黄埔军校(图 1-3、图 1-4)。

上海钻石加工业虽没有波澜壮阔的发展过程,但也凝聚了数代人的智慧与青春。其中有些人已经成为了行业发展历史上永远的丰碑,指引着后辈前行的方向。表 1-1 是有关上海钻石加工业发展中的重要事件。

图 1-3　上海钻石工具厂工业中学为中国培养了经过系统培养的第一代磨钻学徒，是当时全国唯一的教授钻石加工技术的学校

图 1-4　如今厂门已不复存在，但嵌于门前地上的两块钻石磨盘不会忘记这里曾经是远东第一的钻石加工厂——上海钻石工具厂

表 1-1　上海钻石加工业大事记

年份	事件
1894 年	上海罗兴泰和罗鸿泰钻石号开始承接进口玻璃刀的修理业务。所谓修理，只是调整一下钻石的棱角而已
1900 年	罗兴泰工业钻石号开始生产金刚石砂轮刀
1927 年 （民国 16 年）	回族马鹤卿与新利洋行常务董事博爱斯合作，在新北门老永安街（今丽水路，属南市区境）创建中国首家磨钻厂——中国磨钻厂，承接全国磨钻加工业务，先后培训青年技工 50 余人，张湧涛位列工号 1 号
1954 年	上海首饰钻开始进入国际市场，销往日本、美国、西欧和东南亚一带
1954 年 11 月 21 日	海军上海修造船厂与海军流动修理厂合并，仍称海军上海修造船厂，该厂之后主要生产钻石加工设备
1955 年	金鑫、松元、荣成、永和、新华和利工 6 家个体作坊合并组成荣成磨钻商店，共有磨钻工 14 人。除承接首饰钻旧翻新业务外，还磨制生产和实验用的工业钻
1956 年 10 月	上海磨钻厂从恒昌祥珠宝玉品商店接旧工钻石一颗，重 17.20ct，当时收进价 17 650 元人民币，改工后重 15.30ct，估价 19 775.7 元人民币
1958 年	上海磨钻厂为磨制一颗毛坯重 66ct 的钻石自制了第一台剖钻机
1958 年	张湧涛编著的《钻石量尺衡量手册》作为钻石重量设计资料，由中国珠宝玉器公司上海市公司出版，并被国内珠宝行业广泛使用
1958 年	以达玉麟为主的 6 家宝石作坊合并为上海磨钻厂（现名上海钻石厂）和上海金刚石工具厂，专业生产金刚石刀具产品，商标分别定为“上钻牌”和“高峰牌”
1958 年 4 月	全行业公私合营，荣成磨钻商店改名为上海磨钻厂，张湧涛任私方厂长，分管业务和技术。除继续修改旧钻外还少量加工金刚石砂轮割刀和手表厂用的钻石刀。此后，又从卢湾区店陆续调入职工
1961 年	上海磨钻厂全厂职工 41 人
1962 年	上海磨钻厂由卢湾区商业局划归上海市工艺美术工业公司
1962 年	上海磨钻厂制定首饰钻的质量标准和工艺操作规程
1964 年 2 月	张湧涛被授予工艺师称号
1965 年	上海磨钻厂统一琢磨首饰钻的角度要求，以“度”计量，形成首饰钻标准的雏形
1965 年 7 月 1 日	海军上海修造船厂改名中国人民解放军 4805 厂，该厂主要生产与钻石加工有关的配套设备、工具

续表 1-1

1966 年 9 月 2 日	原“上海磨钻厂”由公私合营改为国营，并更名为“上海钻石工具厂”
1969 年	上海钻石工具厂为外贸公司批量进口的毛坯钻石试行加工并取得成功
1972 年	由上海外贸部门提供国外进口的钻石毛坯料
1972 年	上海市工艺品进出口公司正式进口钻石毛坯交上海钻石工具厂加工。从此，上海的钻石加工从旧钻改磨转为直接将矿产毛坯钻石加工成首饰钻
1972 年	上海钻石工具厂开发并生产金刚石修整笔
1973 年 2 月 19 日	上海钻石工具厂工业中学成立，是中国第一所钻石加工专业学校，办校目的是培养钻石加工技艺专业人才，继承和发扬我国工艺美术的优秀传统，前后总共五届 200 余名学生，校友遍布世界各地，在不同的专业领域中做出了卓越的成绩
1973 年 12 月 23 日	以生产雕刻樟木箱的上海艺术品雕刻五厂改做电子产品并入上海钻石工具厂，职工增至 280 人
1974 年	上海钻石工具厂引进 SCAN. D. N 钻石国际标准，采用因材施艺、精确设计的先进钻石加工工艺，使琢磨后的钻石得以保持最高值
1974 年	上海钻石工具厂从比利时和美国引进一批先进的首饰钻加工设备和检测仪器，使上海首饰钻加工得到较快的发展
1975 年	上海钻石工具厂开始从英国和比利时直接进口钻石原石，或委托香港德信行挑选进口。而之前则以社会上收购的“文化大革命”中的旧钻石为主，并改形出口
1978 年	上海钻石工具厂研制国产水钻获得成功，并由上海金属工艺四厂(1982 年改名为“上海中艺饰品厂”)试生产，接着上海金属工艺四厂又在上海镭射研究所的协作下，运用真空镀膜工艺研制成功新颖的透明变色水钻投入生产
1978 年 10 月 9 日	提交有关“上海钻石工具厂”更名为“上海钻石厂”的报告
1979 年	“上海钻石工具厂”改名为“上海钻石厂”。上海钻石厂在 SCAN. D. N 钻石国际标准基础上制定了上海首饰钻企业质量标准、内控质量标准和 SDN 型钻石标准，并配有一套专用检测仪器和严密的质监系统。全年首饰钻产值达到 923.4 万元
1979 年	张湧涛将《钻石量尺衡量手册》其中部分材料整理编写成专业工具书《钻石设计手册》。该书论述了国内外尚未见诸书本的关于花色钻翻面角度和光学效果的关系，为钻石设计提供了大量的科学数据，获轻工业部 1981 年科技成果四等奖

续表 1-1

1979 年	上海钻石厂浦东车间成功利用六面顶压机合成Ⅰb型金刚石
1979 年 8 月 8 日	张湧涛在全国工艺美术艺人、创作设计人员代表大会上，被授予“工艺美术家”荣誉称号(1988 年改称中国工艺美术大师)
1981 年	张湧涛编著《钻石工艺》一书，该书是中国第一部钻石工艺理论专著，并于 1984 年由香港三联书店和上海科学技术出版社联合出版
1981 年	上海钻石厂开发并生产金刚石修整器
1981 年 5 月	应上海市科协邀请，由英国戴比尔斯钻石工业部的钻石工具专家组成的先进钻石工具应用技术交流会代表团一行 18 人抵沪，与上海市金属切削技术协会联合在科学会堂举行了先进钻石工具应用技术研讨会
1982 年初	在上海市经委与第二轻工业局教育卫生处指导下，在行业内举办初级、中级、高级三个等级的钻石琢磨工职业培训
1983 年	上海钻石厂新建厂房面积 $6011m^2$，员工达到 555 人，是当时上海唯一具有相当规模加工首饰钻的工厂
1987 年	由上海市工艺品出口公司与张桥乡外贸公司合资兴建的张艺钻石厂是沪港台合作专业加工天然钻石的国际联营企业(该地后建为钻石城)。有职工 500 多人，技工 255 人
1988 年	张艺钻石厂通过补偿贸易，从比利时引进刻钻机 240 台、磨钻机 60 台等一批关键设备，使生产的钻石更优质
1989 年	上海钻石厂研制成功的钻石压砧，技术质量达到国际权威产品——荷兰 DRUKKER 公司的水平，并被中国科学院物理、地质、地震和半导体等研究所及中国科技大学、南开大学等国内外大专院校从事超高压研究机构广泛应用
1989 年 和 1990 年	上海钻石厂首饰钻加工业务急剧下降，年产值分别为 932.5 万元和 1004 万元
1991 年	张艺钻石厂移交中国工艺品进出口公司经营
1992 年	在初具规模的浦东“钻石城”内已建成投产的有张艺钻石厂、沪东钻石厂、上海诚利钻石有限公司、上海恒利钻石有限公司
1993 年	戴比尔斯首次派代表驻上海并设立戴比尔斯钻石咨询推广中心
1994 年	中国珠宝首饰进出口公司经营部成为戴比尔斯看货商

续表 1-1

1995 年 3 月	比利时安特卫普会议在上海希尔顿酒店召开，推广钻石加工技术，这是第一次官方层面的接洽（上海市政府与 HRD 比利时钻石高层议会）
1997 年	上海市职业培训指导中心与上海远东珠宝学院首次举办面向社会的钻石琢磨工培训
1998 年	以工艺公司原有的钻石加工力量为基础，吸收中铅股份公司投资和部分技术骨干的个人出资，建立了多元投资的宝成钻石加工中心
2000 年 10 月 27 日	经国务院批准，国家级的钻石交易所——上海钻石交易所（简称上海钻交所）成立大会在浦东金茂大厦举行。中共上海市委书记黄菊为上海钻交所揭牌，市长徐匡迪致辞并为钻交所开业鸣锣
2000 年 12 月 8 日	上海陆家嘴、龙华两个钻石加工区相继成立。陆家嘴钻石加工区占地 4 万多平方米，建设工程计划分两期进行：一期工程已建成面积达 3.7 万 m^2 的标准厂房两栋；二期工程全部完成后，总面积将达 12.7 万 m^2，可形成 2.55 万人的加工规模。龙华钻石加工区首期改建工程正在进行，建有中国第一座钻石科普馆、首饰钻生产和培训基地
2001 年 4 月	上海钻石行业协会成立
2002 年	上海市职业培训指导中心引进比利时 IGI 钻石原石课程
2010 年 12 月 1 日	中国钻石论坛在沪开幕

我国目前已经是世界第二大钻石加工国，多由境外资本控制，实际加工经营与人员均在国内。

印度目前是世界第一钻石加工中心，钻石加工是该国的支柱产业。印度的 DTC 配货商数量要远远高于我国，并具有良好的成长性，在美国市场上也占据了相当份额，正在逐步争夺中国钻石加工业的世界市场份额。

面对压力，同样也是机遇，作为新一代年轻的中国钻石加工人，有责任也有义务发挥自身的能力与优势为中国钻石加工业的发展贡献自己的一份力量。

世界钻石加工业

钻石加工，近代西方世界通常冠以“Diamond Cutting”来指代这一工艺。然而就“Cutting”本身而言，其早期含义则要更复杂，且具有明显的时代特征。从目前掌握的文献资料中得知，该词在最早期指的是“切割”，而非如今几乎涵盖整个工艺的“切磨”或“加工”。因在许多资料中直至 20 世纪初仍然用“cutting”来表达分割钻石的意思，如 1905 年发现的库里南钻石，用该词来表示分割它，用“polishing”来表示抛光它。显然当时所说的“cutting”和之后的“sawing”目的近似，但工艺完全不同，且前者被后者所取代。

真正意义上的机械切割(cutting)目前主要归功于美国人亨利·德·莫尔斯(Henry D. Morse)与他的雇员查尔斯·费尔德斯(Charles Fields)，在后者的努力下于 1876 年 6 月 4 日在美国波士顿诞生了世界上第一台现代钻石切割机(cutting machine)(图 1－5)。

图 1－5　费尔德斯与钻石切割机

根据目前所掌握的资料，可以确信钻石加工起源于印度，但它的打磨与抛光技术究竟起源于何时何地已无从考证。尽管时常有提到用钻石来打磨宝石，但迄今为止还没有任何一部古印度文献清楚地阐述钻石抛光发源在何处。最初的抛光只能在有光滑晶面的位置进行。

一位曾去过印度的法国珠宝商人塔维尼埃(Jean Baptist Tavernier)描述了最

早的钻石切磨，目前所了解到的关于17世纪印度钻石切磨情况，大部分出自于他的描述。1665年，他在印度期间发现，印度人在抛光晶体的天然面时，首选结晶规则的钻石。他们还利用所掌握的钻石打磨知识，去除有瑕疵的地方，诸如污点、天然纹理以及羽状体。如果瑕疵较深，他们会尝试用大量的小面覆盖在瑕疵上以便隐藏它。

塔维尼埃的笔下还描述了那时在印度的欧洲抛光师，拿较大的钻石进行切磨的情景。他们是否已经通过学习掌握了独立操作的能力，甚至有没有可能已经比印度人更加精通这方面，或是作为师傅向印度人传授一门新的或失传的技术，这些都已经无从考证。以目前对塔维尼埃游记的研究来看，这两种观点的可能性都存在，毕竟当塔维尼埃离开印度时钻石切磨在欧洲也已有两个多世纪的历史。

此外，他还描述了诸如点式（point）、厚式（thick）、桌式（table）等形状的钻石。虽然外形变化众多，但它们之间有一个明显的特点——这些钻石的切磨通常有一个宗旨：以最小的重量损失来抛光钻石。因此抛光时常用大量的刻面来覆盖钻石表面，尽可能地将宝石原石的外形保留下来。

14世纪时，在欧洲发现了最早的一份钻石切磨方面的信息描述：1375年在德国纽伦堡工作的一群钻石抛光师们，组建了一个自由工匠工会，学徒期须满5～6年才被允许加入。

进入15世纪后，欧洲钻石切磨的风格变得更鲜明，更具特色。从那时起，无论在技术或是艺术层面都开始呈加速度地发展。因为在那个时候，只有贵族与神职人员才能使用钻石，它是贵族们权利与财富的象征。在那段岁月里，人们相信钻石具有非凡的力量——可以保佑佩戴者，并给他带来好运。贵族们还发现了它的方便之处——重量小价值高，避难时易于携带。神职人员们用它来装饰寺庙或教堂。

在15世纪，女性佩戴钻石首饰成为一种时尚。这种时尚始于法国皇帝查理七世宫廷中的阿涅丝·索蕾（阿涅斯·索雷尔）（大约1450年），之后逐渐在欧洲各国宫廷中流行起来。其结果导致了对钻石需求的井喷，同时也大力推动了钻石抛光的发展。生产规模扩大，更多人加入进来，使工作变得更有成效。

在1456—1476年间，比利时布鲁日的弗拉芒有一位切磨师叫路易·范·贝尔赫姆（Lodewyk van Bercken）（图1-6）。有两个钻石业中的发明与他有关。第一个是用钻石粉末来抛光钻石。他讲到："用钻石上多余的部分与另一颗钻石互相刮擦"（如现代工艺中的"bruting"与"cutting"），收集刮擦后掉落的钻石粉末，然后用他发明的磨机与铁盘来抛光钻石。

第二个则是他于1456年发明的钻石磨盘，该设备在业界享有盛誉，并彻底改变了钻石切磨业。它是一种抛光盘，添加了钻粉与橄榄油的混合物，被应用在钻石切磨业中。用钻石磨盘可以以最佳反光角度，对称地加工出钻石的所有刻面。钻

图1-6 如今安特卫普梅尔街上树立着他的铜像，纪念他为钻石行业所作的贡献，雕像描绘的是贝尔赫姆手中拿着一颗钻石，他的身后则是钻石磨盘

石磨盘包括了一个平行于地面的硬盘，这种硬盘的旋转方式看上去与陶轮相同，将钻石粉与橄榄油混合物涂抹在上面，盘的周围有圆形的框架用以遮挡盘上甩出的油。在盘面上摆放固定钻石用的机械臂，可以作精确的调整，用来将钻石摆放到抛光面所需要的位置，抛光时需要补充钻石粉。

如上所述，我们可知，钻石抛光至少在贝尔赫姆时代的前一个世纪就有了，也知道了钻石是已知物质中最硬的，只能用它自己的粉末来进行抛光。贝尔赫姆还引入了一些非常有效的改进，比如使用铸铁抛光盘，甚至发现了一种有更多孔的铸铁，可以使钻石粉末更好地嵌在盘上，从而获得更快的抛光效率。

世界钻石加工业的发展主要经历了以下几个时期。

钻石加工业的真正发展是在欧洲，根据现存的资料可以了解到，在欧洲，钻石加工技术可追溯到1330年的威尼斯，后流传至佛兰德斯（今比利时西部、法国北部、荷兰沿海部分地区）再至巴黎。

15世纪时出现于其他城市，并以安特卫普最为著名。1585年，西班牙人入侵安特卫普，许多钻石切磨师四散各处，一部分转而定居阿姆斯特丹，奠定了该城钻石切磨的基础。

17世纪初，荷兰人开始购买来自印度的钻石原石，至17世纪末阿姆斯特丹已经成为钻石原石供应中心，而安特卫普为钻石加工中心。此时另一座城市伦敦也一跃成为另一主要加工中心，排名仅次于上述两城。

18世纪，巴西钻矿的发现更是把阿姆斯特丹的钻石业推向了顶峰。

19世纪，南非钻石矿的发现使得之前就已经开始疏远的原石贸易与加工业更加分化，并奠定了伦敦钻石市场的地位。由此可见谁掌握了原石谁就有钻石加工的权利，反之钻石加工的话语权在于掌握原石。

自20世纪开始，钻石加工业在世界科学技术大爆炸的背景下进入了超速发展阶段，从原先的偏手工艺大踏步地迈进了现代化生产的行列。至21世纪全面进入了互联网智能自动化生产。

曾经比利时、美国、以色列、印度并列为全球四大钻石加工中心。四大加工中心各有特点，其中比利时安特卫普以加工花式切工钻石为主，以色列特拉维夫以自动化加工为特色，美国纽约以加工大中钻居多，印度由于生产水平参差不齐，且整体水平较低，多以小钻为主。然而以上这些还多属于20世纪末的情形，时至今日世界钻石加工业已然是另外一番景象。在世界经济格局变化与产业转型后，当今的欧洲钻石加工业主要分为两种经营类型：一类是精良路线（人员精锐、产品精品）；另一类则由早先的钻石加工企业转型成为当地旅游业的一环，向游客展示钻石加工的过程。两者都是在世界经济环境变化中的一种转型模式：前者在继承了原先加工经验的基础上，添置高科技设备与高学历人才加入到企业中，研究开发更好的生产工艺，加工价值更高的精品大钻或彩色钻石；而后者则会成为您前往阿姆斯特丹或安特卫普旅游的行程之一。

原先的四大中心目前仅有印度仍旧保持高速发展状态，大量的钻石原石流入印度进行加工，产量与综合实力已跃居世界第一，不再是当年人们所认识的“印度工”。除此之外，俄罗斯与中国亦有实力非常雄厚的现代化钻石加工厂及非常成熟的钻石加工体系。

第二章 钻石切工
Chapter 2 Diamond Cut

“切工”英文为“cut”，可做动词，也可做名词。就钻石而言，做名词时是对成品钻石切磨状态的统称，也视为一种标准化描述与规范市场的行为，包括了形状（款式）、比例、修饰度等切工分级上的技术参数。做动词时（cutting），是对形成钻石切工的生产过程中所实施工艺的概括，故而有着比“cut”更广更深的含义。通常中文翻译为“加工”“切磨”“琢磨”来体现“cutting”一词中的生产概念。简单来说“cut”就是“cut”，而“cutting”则涵盖了“cut”。

切工是成品钻石价值的重要组成部分，根据人为制定的切工级别对钻石的加工质量进行统一标准的高低划分，再以质量区分价值，是“cut”对“cutting”的评价。如何从加工的角度对切工形成理性的全面认识，可以从这样一句话开始：“完美切工并非能带来完美价值”，这句话同时也是在从事钻石加工前需要明白的重要道理。

完美切工是以比普通切工舍弃更多的原石重量，花去更多的工时与更昂贵的设备为代价获得更好的细节，但所带来的价值提升未必能及保存更多重量，生产效率更高、成本更低的普通切工。例如，两颗重量均为 1ct、颜色净度相等的成品钻石，完美切工售价 12 万元人民币，普通切工售价 6 万元人民币，造成这种差异的主要原因之一便是完美切工消耗了比普通切工更多的原石重量来获得 1ct，即价格的差异从一开始便存在了，这也是为何市场中合格的“八心八箭”要比普通的贵。虽然论单颗的利润前者要高出后者许多，但若将市场中需求的人群数量、资金回流的时间、花销等考虑在内，显然对企业而言后者是主要产品，即优先满足市场中一般大众的普遍需求。

就像钻石广告中经常宣传的那样，每一颗钻石都是独一无二的，都需要根据它的实际情况简单或复杂地设计出适合它的切工，从而在发挥其应有价值的同时也符合企业的利益需要，这一理念归纳为四个字——“因材施艺”，只有适合的切工才能带来完美的价值。

正如“cut”与“cutting”所表达的含义不同，对于钻石加工而言，切工乃钻石之表象，是学习原石加工设计与实施工艺的重要储备知识，只有形成了对表象的充分认识与了解，并将其刻入思想中，才能将原石切磨成我们所认识的样子，甚至进行创造。

切工的演变

所谓切工，广义上指的是钻石原石经人为切磨后的外观状态，可根据不同的刻面分布状态来划分出大致的切磨款式（式样）。狭义上指的则是加工后外观的具体参数，包括款式、比例、对称与抛光等，并综合这些参数最终汇集成现代钻石分级体系中的切工级别。

最初的切工其实只是在有光滑晶面的位置进行抛光，加工出几个较平整的刻面。随着人们对钻石认识的不断加深，逐渐变化出了一系列具有鲜明时代特征的切工式样。

收藏于俄罗斯钻石宝库中的沙赫钻石（图 2－1），重 88.7ct。这颗钻石只经过了简单的加工，一头刻有深槽，晶面上刻了不同时期三位拥有者的名字。这是人们对钻石最早的加工形式之一，此时人们对钻石的切工并没有认识。

图 2－1　沙赫钻石

点式切磨（point cut）（图 2－2 左）是在原有晶体外形（八面体）的基础上稍作加工的切磨式样。由于对钻石晶体的了解匮乏，故而早期的切磨师们通常的做法是用一颗钻石去打磨另一颗钻石的表面，使其表面变得光滑平整，基本不改变原石的外形。

桌式切磨(table cut)(图 2-2 右)是第一个真正意义的钻石切磨琢型,稍晚于点式,盛行于整个 16 世纪至 17 世纪初。该切磨方法是将八面体一头晶顶磨成大平面使之形似正方形,另一头磨成小平面。

图 2-2 左:点式切磨;右:桌式切磨

单翻切磨(single cut)最早可追溯到几乎与桌式切磨同时代,然而该琢型生命力极长,直至 20 世纪初仍然有它的身影。早期的老单翻式(图 2-3)系一八角桌式,生产工具的改变使得腰围逐渐趋于圆形。

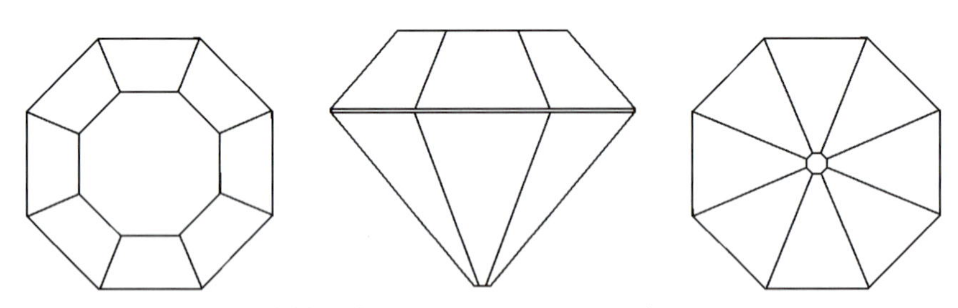

图 2-3 老单翻式切磨(old single cut),又称 old eight cut

早期的钻石加工受生产力水平与对钻石晶体认识较浅等方面的限制,表现出朴实与粗犷的风格,以在钻石表面刻划或打磨出某一平面为代表的简单加工为主。随着各方面水平的不断提升,钻石借由切工而逐渐展露出璀璨夺目的光辉(图2-4)。

大约在 16 世纪中期,诞生了一种新型的钻石切工,被称为玫瑰或玫瑰花。这种切工有许多不同的设计(款式)与比率(图 2-4 红框内的琢形)。玫瑰式推广迅速，引领了近一个世纪的钻石切工潮流，它比早先的垂滴玫瑰式拥有更活泼的视觉效果，且重量上的损失也更小。为了减小光的损失，玫瑰式不能做得太薄，相反还应该做厚，切磨得越平坦，光的损失也越大。另外也发现玫瑰式的火彩总不是很好，这样的缺陷也导致玫瑰式被之后的明亮式所取代。

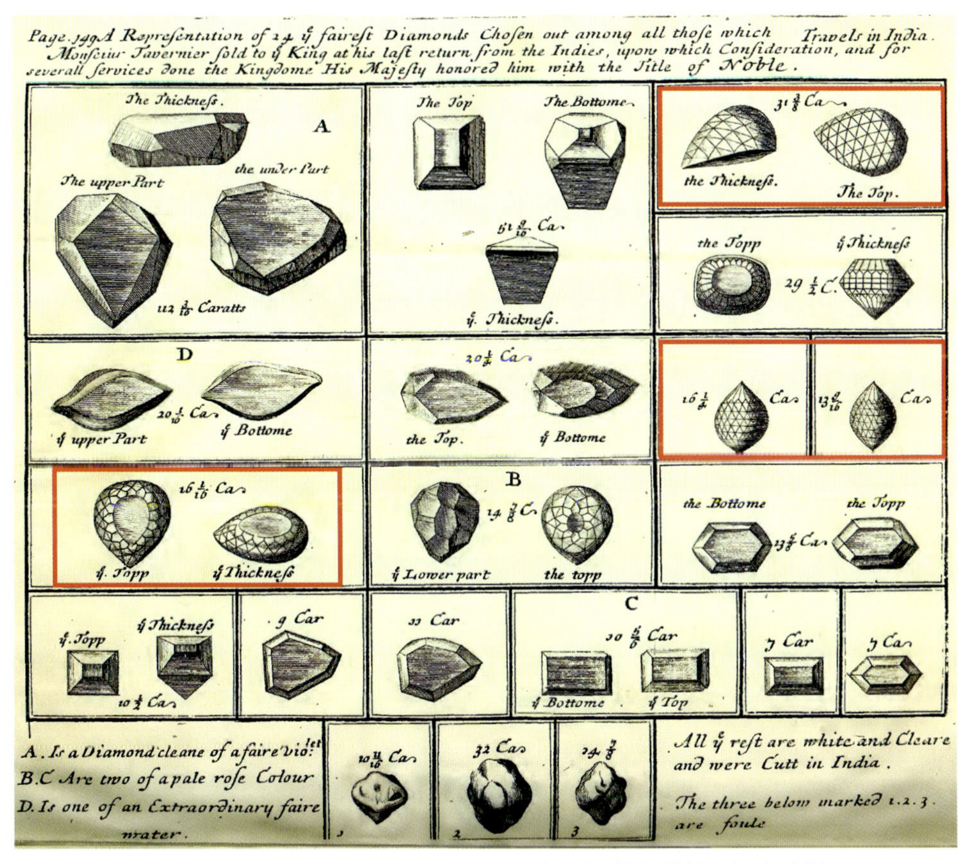

图 2-4 塔维尼埃所记录的有关 16 世纪时期的部分钻石切磨式样

17 世纪中叶出现的新明亮式切磨，得名自法国红衣大主教马查林（Mazarin），该切磨正反各有 17 个刻面，被称为双重明亮式切磨（double cut），切磨的腰形为枕形（图 2-5、图 2-6）。

枕形（又称枕垫形）明亮式切磨在老式切磨款式中占有非常重要的地位，有着比现代圆形明亮式长得多的历史。早期的枕形腰形与现代所说的枕形有所不同，早期的枕形有略圆的，也有几乎是方的，使用菱形十二面体晶体的具有一定圆度，因其轮廓易磨成圆形，而八面体晶体则仍具有其原生的方形或矩形外观，主要根据

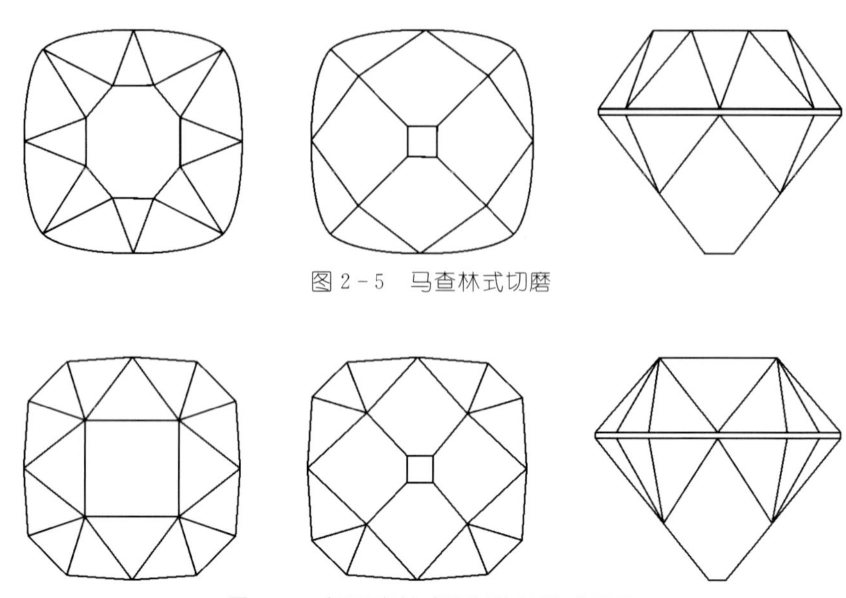

图 2-5　马查林式切磨

图 2-6　与马查林式近似的英国式切磨

原石晶体形态不同而变化。

继马查林琢型后，一位 17 世纪的威尼斯宝石雕琢家 Vincenzio Perruzzi，在马查林式的基础上设计了新的三重明亮式切磨(triple cut)(图 2-7)，从而使得钻石的亮度与火彩得到了极大的提升，这是双重切磨或玫瑰式都不能相比的。三重明亮式切磨又通称为老明亮式切磨，修改了刻面的尺寸与角度，使之更加规则，这也促使钻石的外形变得更圆。然而，现在看来，该切磨式样与现代切磨式样相比显得格外呆板，主要原因在于厚度过大，也与角上刻面和侧边刻面抛光角度的差异有关。随着机械化车钻与切割的应用，钻石得以被设计成正圆形。老明亮式的改变从边角收缩开始，厚度也逐渐变薄，从而使钻石变得更生动，火彩更强，如此不断地改进才形成了如今的明亮式。

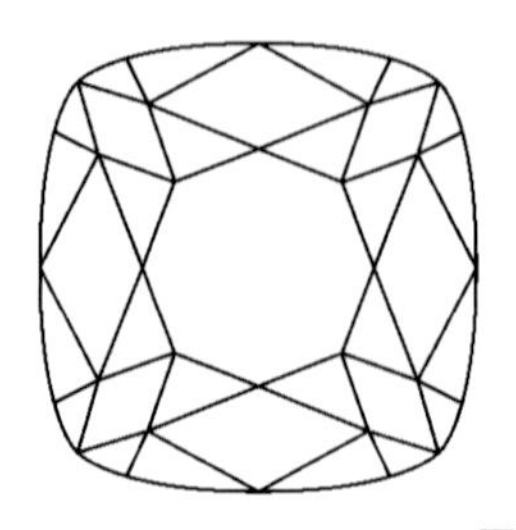
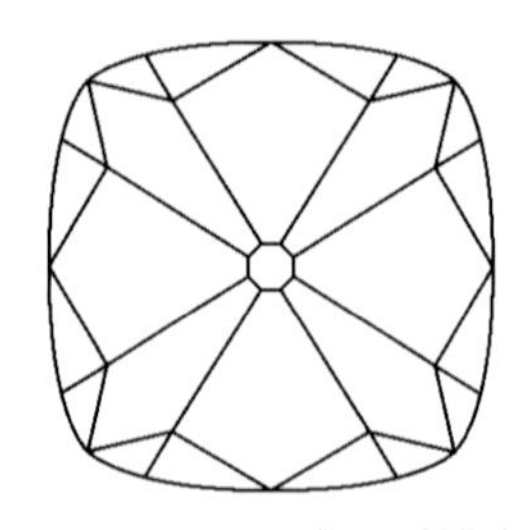
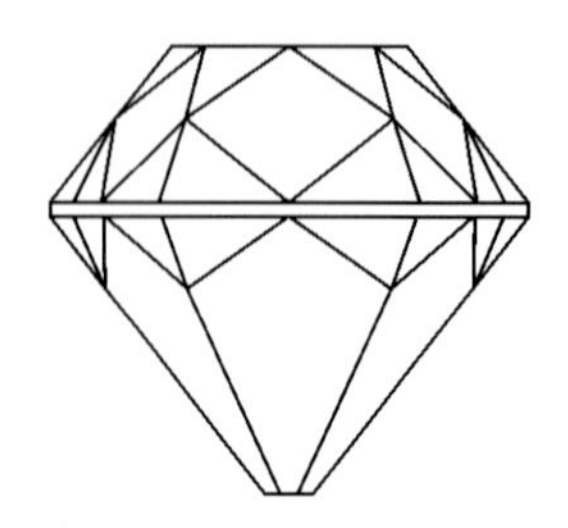

图 2-7　Perruzzi 式三重明亮式切磨

这里我们可以注意到，欧洲钻石抛光的普遍思路是不断追求更大的亮度、更多的生动以及更艳丽的火彩，而较少在意重量的损失。为了获得完美切工的明亮式，早期的明亮式切磨即使是在最理想的情况下，经由车钻与抛光去除的重量也达到了原石重量的 52%。

18 世纪初，正值巴西钻石矿被发现，大量的巴西钻石开始进入市场，巴西也成为了当时世界上最重要的钻石产地，具有更圆腰围以及改良切磨角度的老矿工式切磨（old mine cut）也在这个时期出现，冠部有 33 个刻面，亭部 25 个，共 58 个刻面（图 2－8）。

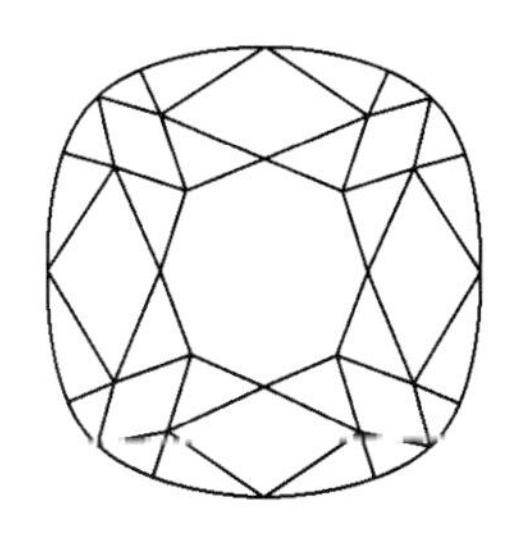
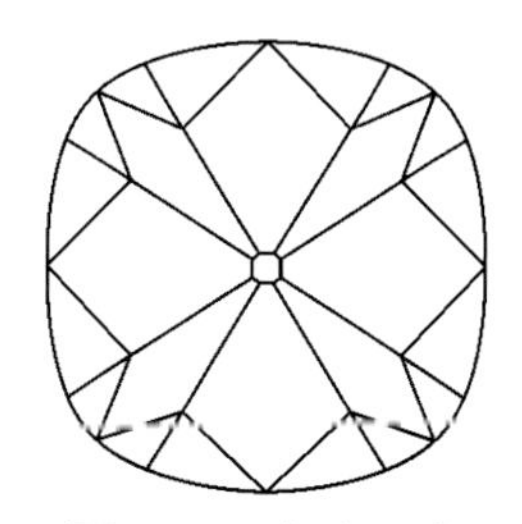
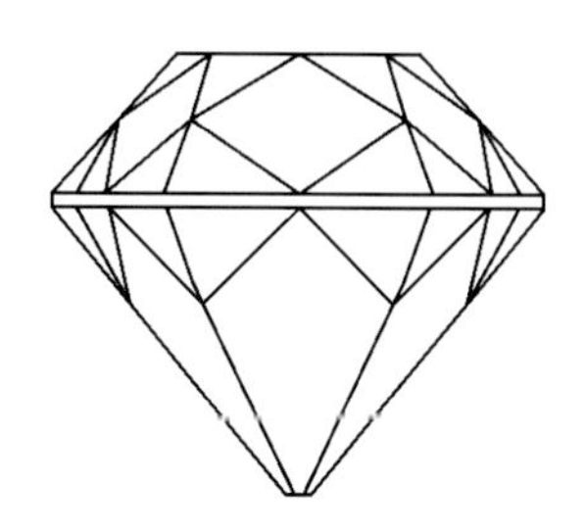

图 2－8　老矿工式切磨

直到 19 世纪下半叶，老矿工式切磨仍然被广泛使用。19 世纪末蒸汽车钻机与机械锯钻机（与机械切钻机不同）的发明彻底改变了钻石切磨行业，这些设备使得人们可以加工出更圆更亮的钻石。至 20 世纪，圆形腰围成了新标准，对称性成了切磨品质的重要考量因素，老欧洲式切磨（old European cut）便是其中的早期代表（图 2－9）。

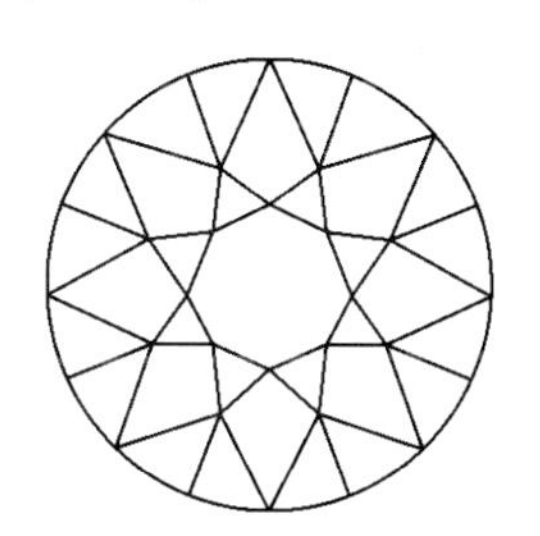
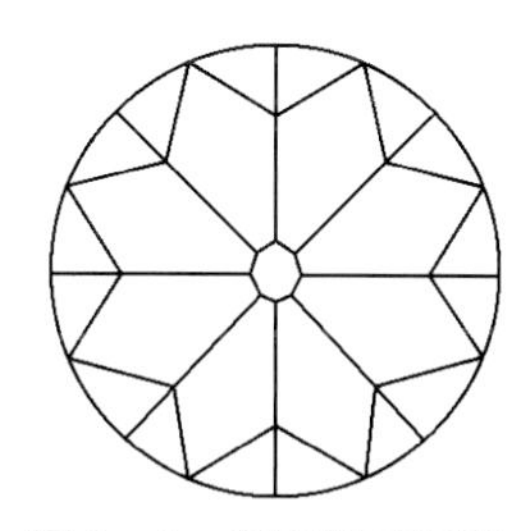
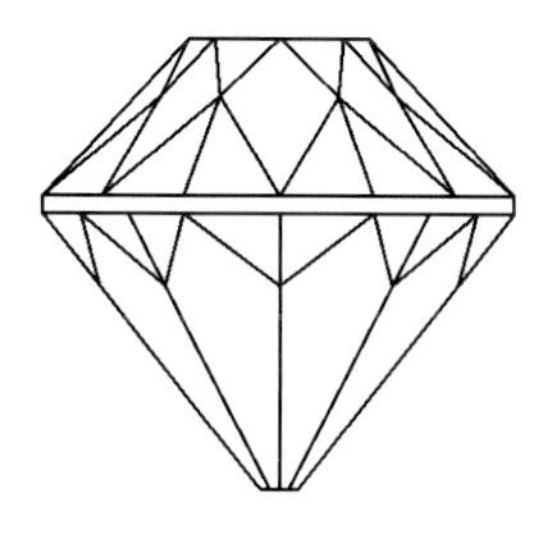

图 2－9　老欧洲式切磨

纵观 20 世纪之前的切磨风格，它们普遍具有大底尖、小刻面、较厚的全深、对称性较差的特点（图 2－10）。然而随着装备与技术的不断提升，20 世纪以后的切磨风格开始出现翻天覆地的变化，其中以托尔科夫斯基为代表开启了钻石切磨的新时代。

图 2-10　一组 18～20 世纪初的老式切磨钻石首饰：1为一枚英国乔治王朝时期的玫瑰式切磨钻戒，上共镶嵌有 9 颗玫瑰式钻石，这枚戒指的年代大约在 18 世纪末。这种切磨款式曾经盛行于欧洲，且款式变化非常繁多，包括荷兰式、安特卫普式、双面式、单面式、水滴式等。特点是切磨出的钻石刻面大多数为三角形，钻石腰围多呈圆形，但也有若干呈椭圆形或梨形。2为一枚 1790 年制成的花形戒指，镶有 41 枚玫瑰式钻石。3为老矿工式切磨三石钻戒，制于 1800 年。4为一枚钻戒，主石与十字分布的配钻均采用老式枕形切磨，对角线上则是玫瑰式切磨的配钻，制于 1780 年。5为英国维多利亚时期的一枚均采用老矿工切磨的钻戒，制于 1860 年。6为一枚采用老欧洲式切磨的黄金钻戒，制于 1890 年

图 2－11 为 20 世纪以前钻石切磨的变化时间表。

图2－11　20世纪以前钻石切磨的变化时间表

托尔科夫斯基式切磨

随着1919年波兰数学家马歇尔·托尔科夫斯基(Marcel Tolkowsky)提出圆形钻石切磨光学理念,从这一刻起揭开了长达一个世纪的钻石切磨光学设计大变革的序幕,其中"上海工"便在这世界钻石加工业百花齐放的大浪潮中顺势而生。

托尔科夫斯基经过系统地研究,对钻石的比例与光学效果不断地进行推敲之后,开发出了具有里程碑意义的现代圆形明亮琢型,奠定了之后圆钻设计的基础。设计以玫瑰式切磨为蓝本,阐述了老式切磨火彩与亮度不足的主要原因是从钻石正面进入的光极少能再从正面反透射出来,于是他首先探讨了圆钻切磨亭部的基本样式。经初步计算,得到了当光线从钻石正面冠部进入,第一次绝对全反射的亭角度需不小于48°52′,第二次反射则需小于43°43′的结论。在此基础上以追求火彩为目的,他又推算出就垂直入射光而言,能够提供最佳火彩的亭角为40°45′。在将亭角调整至40°45′后,继而解决的问题是有一部分斜射光线无法从正面透射出,而会返回至钻石内,为解决这一问题继而增加倾斜小面DQ和FG(图2-12 1),使光能折射出钻石。之后又经过一系列试验与计算(图2-12 2)后得出,该斜面(冠部主刻面)的最佳角度为34°30′,台面相对直径的比值为53%,冠部高度相比直径的比值为16.2%。

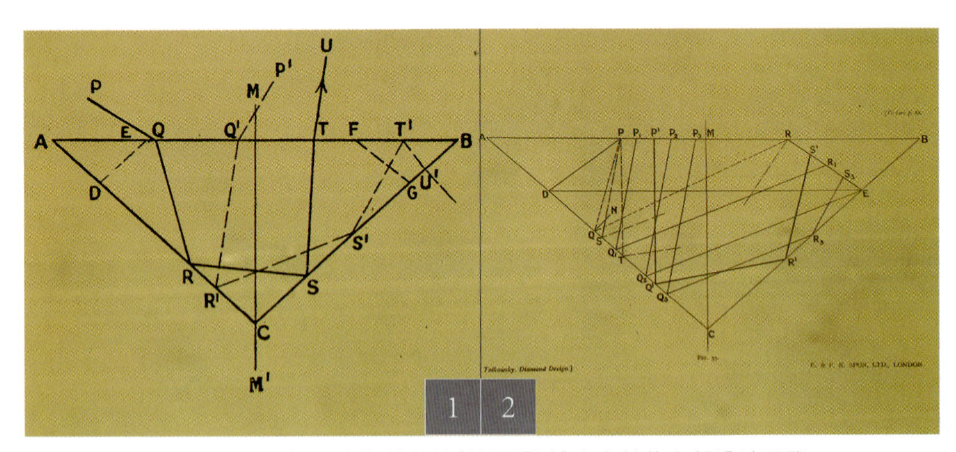

图2-12 托尔科夫斯基所著《钻石设计》中有关的亭部设计思路

在钻石的主要比例参数都确定下来后,他又在钻石正反两面的腰围附近采用了"cross"或"half"面,在靠近台面附近添加"star"面,即我们现在通常所说的"上腰面""下腰面"以及"星刻面"。目的是为了能使更多的斜射入正面的光经亭部两次全反射后从钻石正面折射出，并确定了上腰面的角度 42°，下腰面的角度需大于亭角 2°～3°，星刻面的角度为 15°。这些面的设置不仅能增加钻石的亮度，更为钻石增添了更多的“生动”，使钻石的视觉效果更活泼。

在最后的阐述中，他又用实际生产过程中“好工”的钻石与他的计算值做比较，并以此来表示其计算值与实际值有多么的接近。

托尔科夫斯基的圆形理想切磨方式较旧式切磨有诸多不同之处：针对钻石原石的损耗更高；涉及利用机械设备将钻石腰围磨圆与切割等。故而其理想比例并不适用于所有的原石，但他的研究对切磨优质天然品质的原石具有极重要的影响力，较低品质的原石则更多以保存重量为目的来切磨。

在它的基础上又衍生出了以美国式切磨与欧洲式切磨为代表的许多切磨式样。图 2－13 为现代圆形钻石的演变过程。

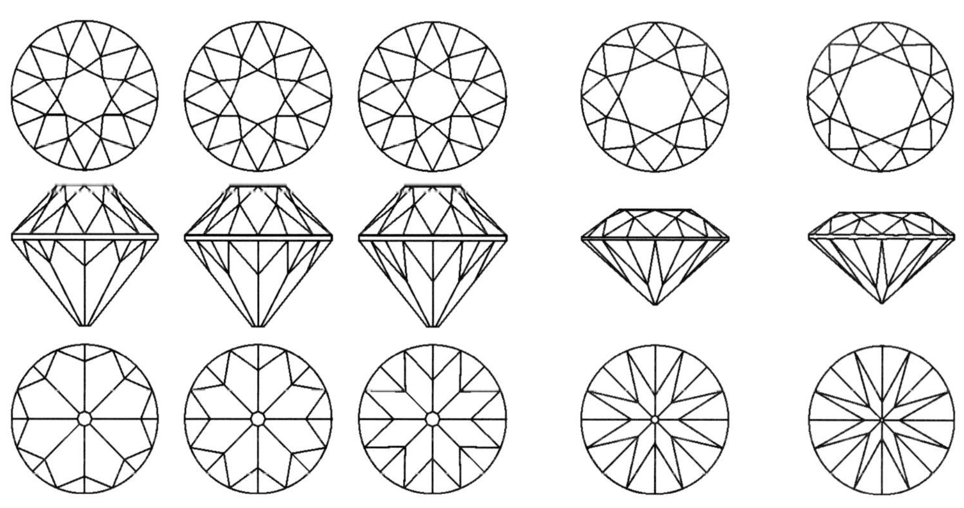

图 2－13　现代圆形钻石的演变过程

诚然，以现代钻石的评价体系来看待过去的切磨款式大多都会得出不良的结果，然而不应忽视的是早期任何一种切磨款式无不反映的是当时的时代特征以及加工水平，故而纯粹地用好与坏来评判过去的款式显然过于武断，且在该章节初便提出了“完美切工并非能带来完美价值”，更是钻石经济性与装饰性之间的博弈，故而学习钻石加工的朋友应该以更透彻、更有深度的方式来看待切工。

标准圆形明亮式

标准圆形明亮式又称标准圆钻琢型，由冠部（33）、腰围、亭部（24 和 25，乃多一底小面原因）三部分组成，每一个刻面或部位均有固定名称以方便区别及描述（图 2－14 和图 2－15）。

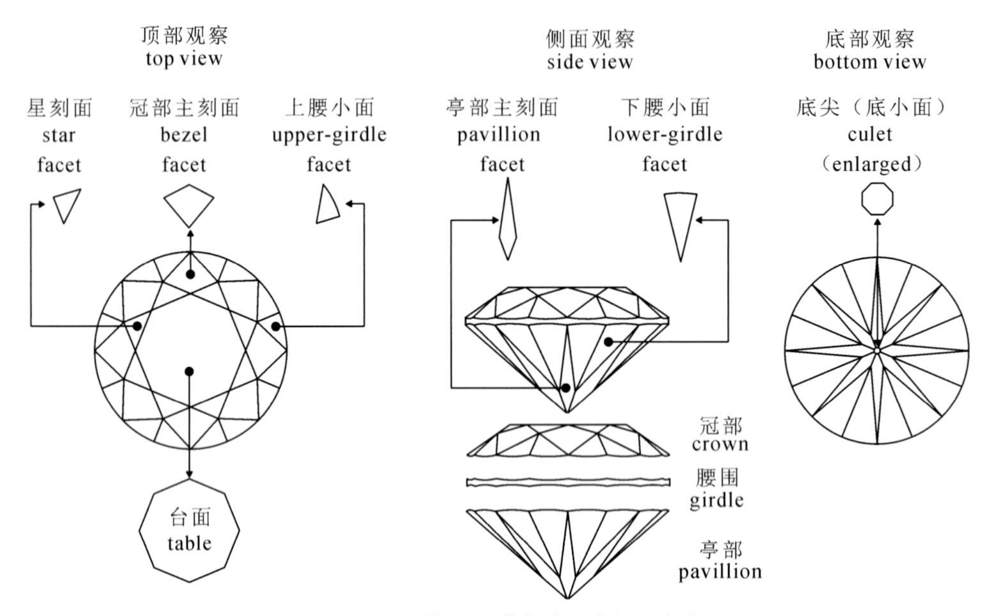

图 2－14　现代圆形明亮式切磨刻面名称

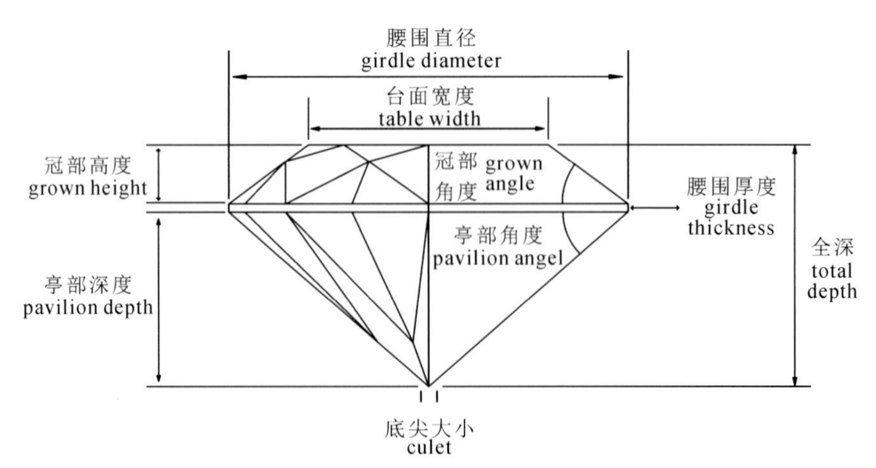

图 2－15　现代圆形明亮式切磨各部位比例名称

在检验环节，每一个部位的测算多以百分比的形式表达，比如台宽比、亭深比等，每一项均是该项与平均直径之间的比值(表 2-1)。

表 2-1 圆形明亮式各部位比例计算公式

项目	计算公式
台宽比	$\frac{\text{台面平均宽度}}{\text{平均直径}}\times 100\%$
冠高比	$\frac{\text{冠部主刻面平均垂直高度}}{\text{平均直径}}\times 100\%$
腰厚比	$\frac{\text{冠部主刻面与亭部主刻面之间距离平均高度}}{\text{平均直径}}\times 100\%$
亭深比	$\frac{\text{亭部主刻面平均垂直高度}}{\text{平均直径}}\times 100\%$
亭角	$\tan^{-1}\left(\frac{\text{亭深比}}{50}\right)$
全深比	$\frac{\text{台面至底尖高度}}{\text{平均直径}}\times 100\%$
底尖比(如有)	$\frac{\text{底小面平均宽度}}{\text{平均直径}}\times 100\%$

欧洲式与美国式切磨

托尔科夫斯基式切磨由于提出时间较早，又有较完整科学的理论支撑，故而成为了之后钻石切磨的一般标准与认识。然而它所代表的是他当时对钻石切磨的一种较先进的认识，并不可能被所有人接受。在欧洲不断有新的切磨理念被提出，随着时代的发展这些理念互相交流碰撞逐渐形成了新的共同理念，而美国人墨守早期数字，因此凡按托尔科夫斯基比例切磨的钻石后来都称为美国式切磨。

早期的欧洲大陆群雄逐鹿，每个国家和地区都有自己的标准，其中北欧各国与西欧各国之间便有着诸多差异,而这种差异也影响了日后钻石切磨标准在欧洲的发展。第二次世界大战削弱了除美国以外的几乎所有欧洲国家的经济实力,欧洲世界各行各业都处于战后复兴的过程中,这促进了欧洲各国的融合与交流,在这样的历史背景下欧洲钻石加工从业人员开始对过去保守教条的切磨理念进行反思,并在设计上开始关注更多经济性的需要。而战后美国凭借其强大的经济实力,则依旧沿用过去的切磨理念。这便是形成后来所谓欧洲式切磨与美国式切磨之别的原因。

截至1979年,继托尔科夫斯基后欧洲人先后提出了如下几个重要的切磨标准(表2-2)。

表2-2 现代圆钻主要比例参数变化

<table>
<tr><th colspan="2">发明者或名称</th><th>年份</th><th>台宽比(%)</th><th>冠角(°)</th><th>亭角(°)</th><th>全身比(%)</th><th>腰厚比(%)</th></tr>
<tr><td colspan="2">托尔科夫斯基工</td><td>1919</td><td>53</td><td>34.5</td><td>40.75</td><td>59.3</td><td>—</td></tr>
<tr><td colspan="2" rowspan="3">通用工</td><td rowspan="3">1931</td><td>54</td><td>38</td><td>36.5</td><td>56</td><td>1</td></tr>
<tr><td>52</td><td>41</td><td>39.4</td><td>64</td><td>2</td></tr>
<tr><td>50</td><td>43.8</td><td>41.4</td><td>72</td><td>4</td></tr>
<tr><td rowspan="4">艾普洛工</td><td>理想工</td><td>1933,1938</td><td>56</td><td>41.1</td><td>38.5</td><td>59</td><td>2</td></tr>
<tr><td>实用好工</td><td>1939</td><td>56</td><td>33.2</td><td>40.8</td><td>57.6</td><td>—</td></tr>
<tr><td>理想工Ⅰ型</td><td>1939,1940</td><td>56.1</td><td>41.1</td><td>38.7</td><td>59.2</td><td>2</td></tr>
<tr><td>理想工Ⅱ型</td><td>1940</td><td>57.1</td><td>33.1</td><td>40.1</td><td>57.6</td><td>1.5</td></tr>
<tr><td rowspan="4">艾普洛与Klüppelberg(德语)</td><td>理想</td><td rowspan="4">1940</td><td>56.1</td><td>41.1</td><td>38.7</td><td>59.2</td><td>—</td></tr>
<tr><td rowspan="3">实用好工</td><td>55.3</td><td>35.6</td><td>38.6</td><td>55.9</td><td>2</td></tr>
<tr><td>57.1</td><td>33.1</td><td>40.1</td><td>56.1</td><td>1.5</td></tr>
<tr><td>69</td><td>32.8</td><td>41.7</td><td>54.6</td><td>1</td></tr>
<tr><td colspan="2">帕克工</td><td>1951</td><td>55.9</td><td>25.5</td><td>40.9</td><td>53.9</td><td>—</td></tr>
<tr><td colspan="2">斯堪的纳维亚工</td><td>1979</td><td>57.5</td><td>34.5</td><td>40.75</td><td>57.7</td><td>2~3</td></tr>
</table>

在以上这些标准中具有代表性的主要有两个:Eppler(艾普洛)和Scan. D. N(斯堪的纳维亚),而只有唯一一个标准被沿用至今——Scan. D. N。艾普洛琢型由德国人于1933年提出,在这个理念的指导下又衍生出了诸多不同版本,是当时欧洲具有相当代表性的切磨理念,时呼"欧洲式切磨",可见战前的德国对钻石切磨的

认识已经领先于欧洲其他各国，然而其并不是现在所说的欧洲式切磨，现在所谓的欧洲式切磨指的是1979年由北欧诸国，其中以挪威、瑞典、丹麦及芬兰主导所提出的参考了艾普洛切磨的斯堪的纳维亚式切磨。

之所以斯堪的纳维亚式切磨会成为欧洲标准的代表，与其独特的地理位置及由此带来的政治文化上的融合有着密切的联系。

斯堪的纳维亚(Scandinavia)，又译斯堪地那维亚，在地理上是指斯堪的纳维亚半岛，包括挪威和瑞典，文化与政治上则包含丹麦。这些国家互相认为对方属于斯堪的纳维亚，虽然政治上彼此独立，但共同的称谓显示了其文化和历史有着深厚的渊源。

图2-16红色部分：根据最严格定义之斯堪的纳维亚国家(三个君主立宪国)；橙色部分：可被视为属于斯堪的纳维亚的国家；黄色部分：最宽松的定义，与红色和橙色部分统称北欧国家。

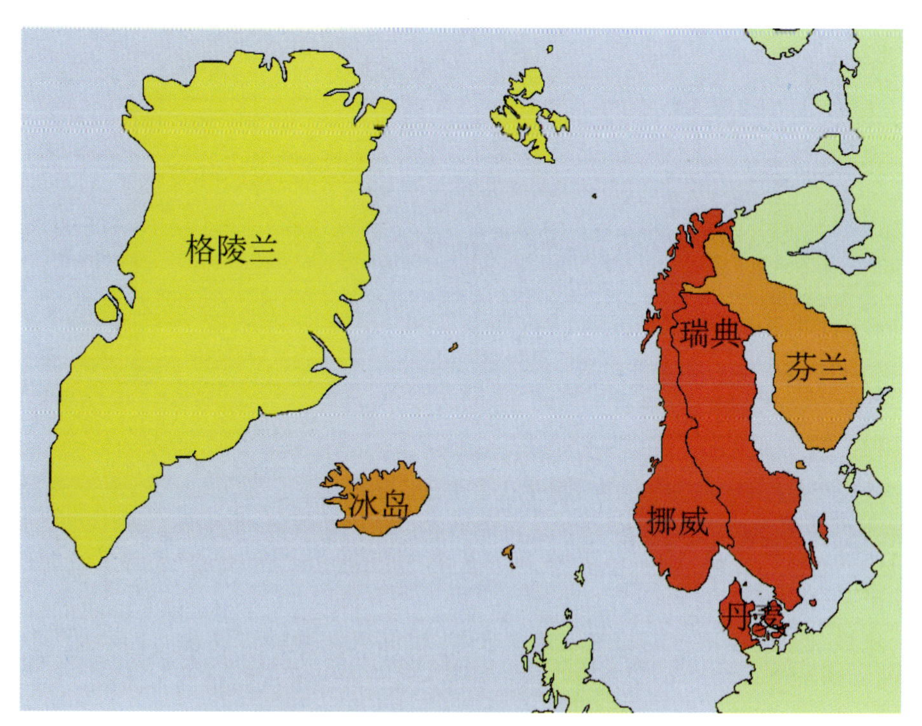

图2-16　北欧主要国家地理分布位置

相对独立的自然气候以及丰富的矿产资源使得半岛上的国家都能自给自足地生活，半岛上的人民相比欧洲大陆，思想上的认识也更加接近与统一。受益于工业革命，北欧国家开始逐渐壮大起来，至一战期间北欧四国宣布中立，并未受到战乱影响，二战期间瑞典中立，丹麦在战争初期迅速被德国占领，而挪威和芬兰分别被德国和苏联入侵，损失较大但相比欧洲大陆的满目疮痍，其受损程度则要小许多，战后快速复苏的北欧国家经济实力超越战前的西欧大国，并开始大量出口汽车、家电、重工业等产品。随着战胜国对东西欧政治格局的影响，使得西欧各国更加无暇思考原有钻石标准是否需要改进这类问题，也较难形成共同的认识，在这种历史背景下接纳与应用北欧提出的在原先艾普洛标准上的改进方案则成为了一种务实的选择。

托尔科夫斯基琢型（美国式）的数值与后来的 Scan. D. N（欧洲式）之间主要不同点在于台面大小及全深高度，而亭角则一致，体现了亭角在钻石切磨中的重要地位（图 2－17）。

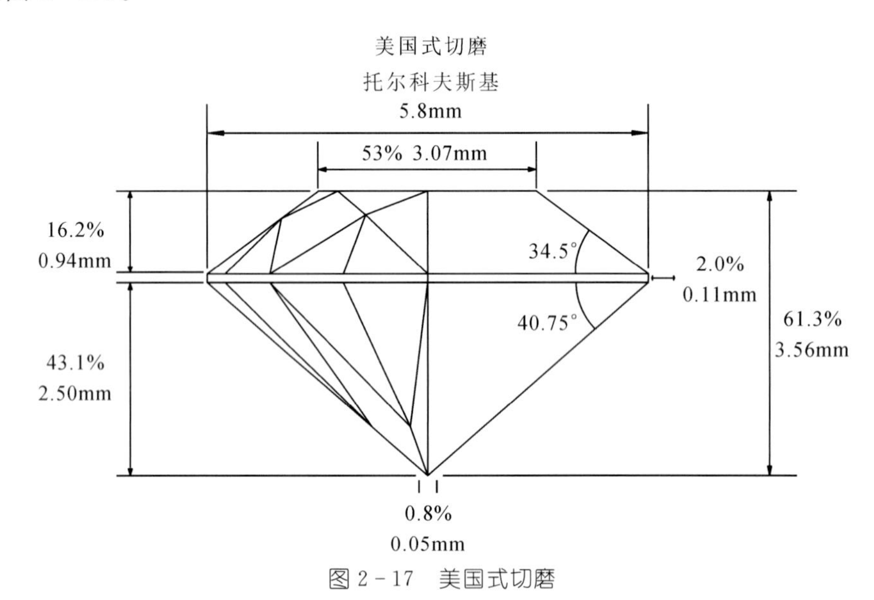

图 2－17　美国式切磨

而 Scan. D. N 有比其他“理想”切磨稍大的台面，较薄的冠高，比较符合当时的实际需要（图 2－18）。

从整个钻石加工方案的宏观角度来看，欧洲式比美国式在原石的利用率方面更高，经济价值方面的总体表现也较好，符合当时欧洲的实际情况与需要。

以对称锯切为例，对一颗八面体原石分别使用美国式切磨和欧洲式切磨两种设计方案进行设计，比较两者间的差异。对比两钻，由于美国式切磨比欧洲式切磨有更高的冠高，故使得美国式钻的直径不如欧洲式。由于直径对重量的影响要远大于高度，两相比较可知，欧洲式切磨钻石的成品率高于美国式（图 2－19）。

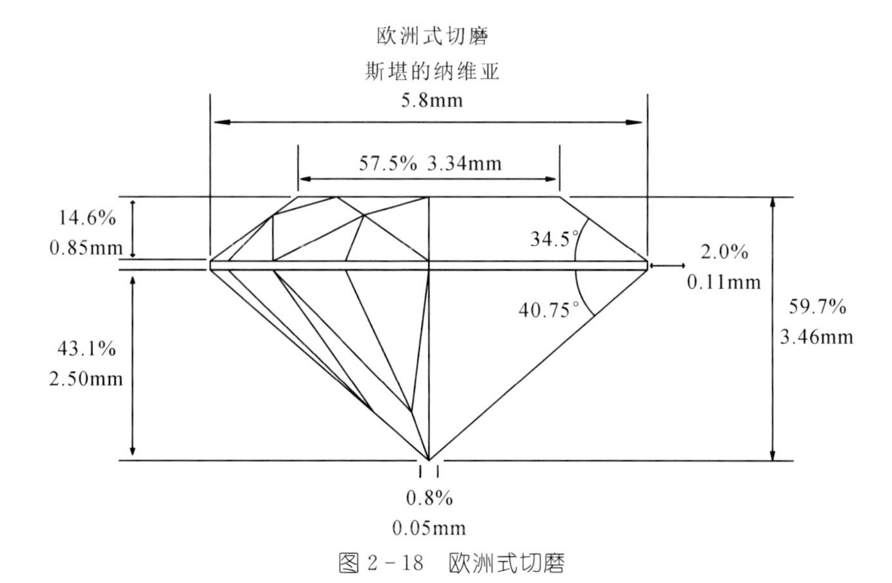

图 2－18　欧洲式切磨

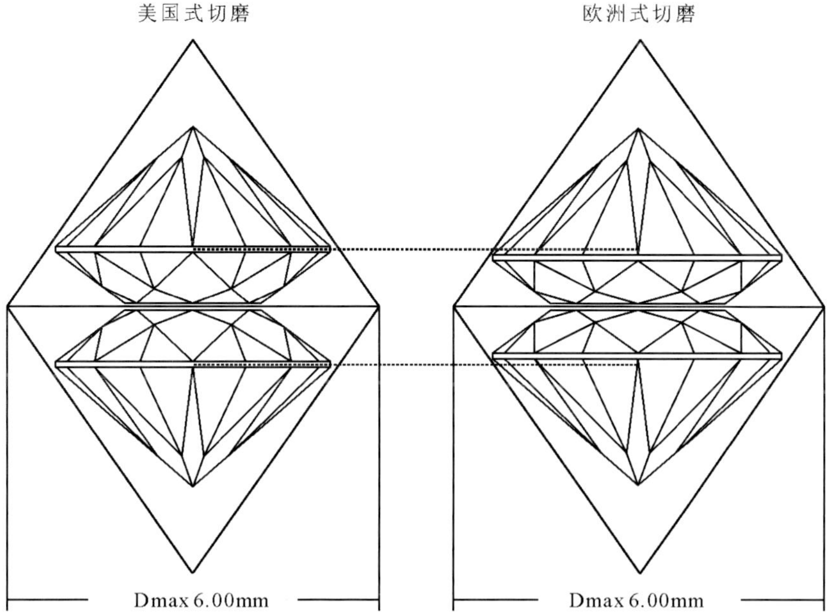

美国式切磨　　欧洲式切磨

Dmax 6.00mm　　Dmax 6.00mm

图 2－19　美国式切磨与欧洲式切磨在原石利用上的不同

上海式切磨

从 1954 年开始上海首饰钻开始进入国际市场，销往日本、美国、西欧和东南亚一带，成为我国换取外汇的手段之一。当时出口欧洲的钻石需要从大陆运至香港，再转运至比利时。而这条线路也成为了“上海钻石工具厂”(原上海磨钻厂)代表中国钻石加工业与欧洲钻石加工业交流的纽带，将欧洲的钻石切磨思想传递到中国。于是在 20 世纪 70 年代欧洲经济型设计思潮的影响下由张湧涛主持设计，形成了以“上海工”为代表的上海式切磨，同时代的还包括“新式工”“新规工”“老规工”等一系列切磨标准。

当时的一些欧洲商人在采购成品钻石时青睐上海加工的钻石，并在与我国的外贸公司交流时谓之“上海工”，外贸公司将这一要求传达至上海钻石工具厂，成为厂内的加工标准之一，自此“上海工”的美誉便正式在上海钻石加工行业中传开，这也是西方钻石业(师傅)对中国钻石加工水平(徒弟)的认可(表 2-3)。

上海工的优势之一是借以比过去一些切磨样式更宽的台面、更大的底角(亭角)来达到增加原石利用率和提高原石价值的目的。例如，某粒原石经锯切后，小的一颗钻石按美国式切磨只能做到 0.93ct，使用上海工尺寸能做到 1.00ct，权衡两者成品重量的价格差距与切磨样式上的价格差距，在当时上海工更合适。这类情况适合不对称锯切的小钻或对称锯切钻石、单颗钻石方案的设计。

其次，上海工的样式相比美式系列使钻石给人以更明亮、更大的视觉感受，契合当时欧洲的价值观。

表 2-3　上海工技术参数

规格	A 类	B 类		C 类
		好规工	规工	
规工冠高比(%)	10.1	11.1	11.5	12.8
亭深比(%)	44.6	44.6	44.2	43.9
全深比(%)	54.7	55.7		56.7
台宽比(%)	69	67.1	65	62
冠角(°)	33	34		34
亭角(°)	41°45′	41°45′	41°30′	41°15′

从表 2 - 3 中可见，以当时上海工的切磨标准在不影响大钻克拉重量溢价的情况下可获得更高的原石成品率，大幅度提高小钻的重量。之所以亭角比美式系列更大的主要原因是配合大台宽，不至于使腰围影像进入台面可视范围，造成不良的视觉效果。图 2 - 20 为上海钻石厂于 90 年代研发的重量计算尺。

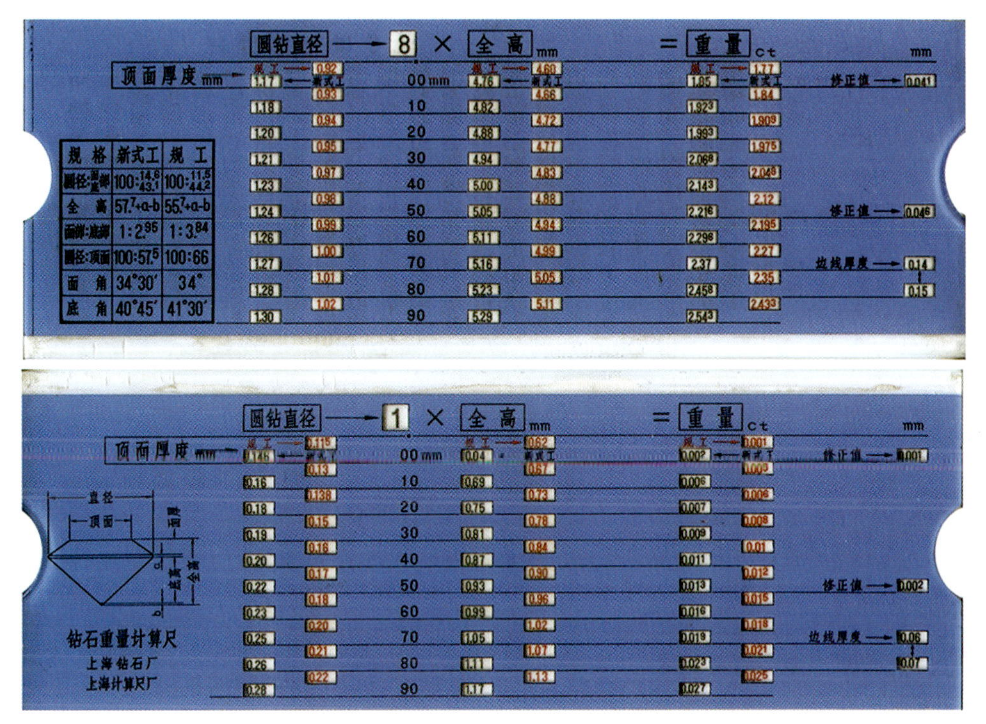

图 2 - 20　上海钻石厂于 90 年代研发的重量计算尺

20 世纪 80 年代中期随着欧洲价值观的变化，上海的切磨标准又逐渐向欧洲标准靠拢，台宽逐渐减小，这便是之后的“新式工”。

花式切磨

钻石切磨伊始便是本着以原石晶体形状为蓝本，尽可能地将重量保留下来并使原石焕发出光彩，通过之前的篇章已知，早期切磨出的钻石外形奇异者多，远非如今的这般讲究几何对称与光学效果的呈现。

现代的花式切磨便是延续了这一精神后的“重生”，有别于过去的切磨，开始将更多的重心转向如何在兼顾重量的基础上更好地表现钻石的光彩，甚至可以牺牲重量，对于这方面的研究与探索主要是以圆钻光学效果为基础的拓展，起步也晚得多，且在认识上表现出与圆钻明显不同的分化。

花式切磨(fancy cutting)又称异形切磨，所切磨出的钻石称为花式钻石或异形钻石。花式切磨的种类极其繁多，且在某种程度上更贯彻因材施艺的特点。

根据其腰围形状以及刻面分布方式大致可分为以下五大类别：

(1)具有弧形腰围的明亮式。

(2)具有多边形腰围的阶梯式。

(3)具有多边形腰围的明亮式与阶梯式的混合切磨。

(4)创新式的切磨。

(5)模仿式的切磨。

在这五个类别中，前三类市场所占比重最大，后两类则凤毛麟角，主要为特殊订单需要而专门生产，数量极少。

第一类(图 2-21)以圆形明亮式切磨为蓝本，主要针对原石外形变形率大的熔解型晶体(详见第四章原石检测)，其光学效果虽与圆钻近似但也有其自身的特殊性，比如在短轴方向上的“领结效应”等。

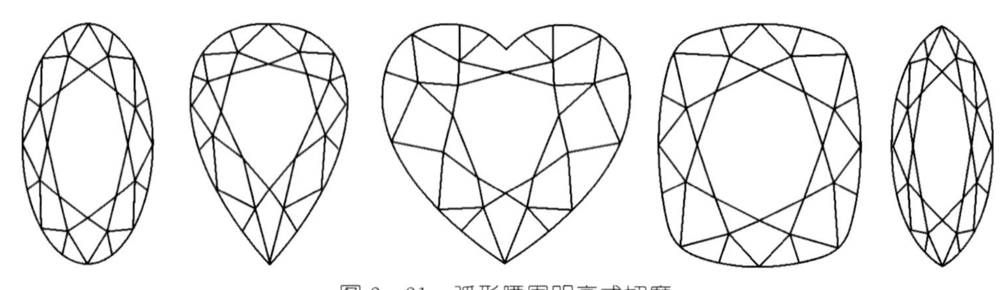

图 2-21　弧形腰围明亮式切磨

从左至右分别为：椭圆形 oval；梨形(水滴形)pear；心形 heart；枕形 cushion；马眼形(橄榄形或榄尖形)marquise

第二类(图 2-22)以祖母绿形为代表，层状分布的条状刻面，且互相平行或呈一定的夹角。此类切磨表现出的光学效果与圆钻差异较大，上品者可表现出更优异的火彩与亮度，并同时具有独特的视觉感受。

第三类(图 2-23)是结合了一、二两类切磨特点后用于一颗钻石上，其中以公主方形为代表，还包括雷地恩形。对原石要求较高，外形需是规正的多边形且以接近生长形态为佳，如此可得到极高的原石利用率。

第四类切磨常伴有以突破为主题的宣传元素，可分为讲究光学效果表现的与时髦前卫的。前者有诸如 ENZO 的 88 个刻面圆形明亮式，通灵的“蓝色火焰”(图 2-24)以及为了纪念犹太新年的“大卫之星”(图 2-25)等在圆形基础上的创新，

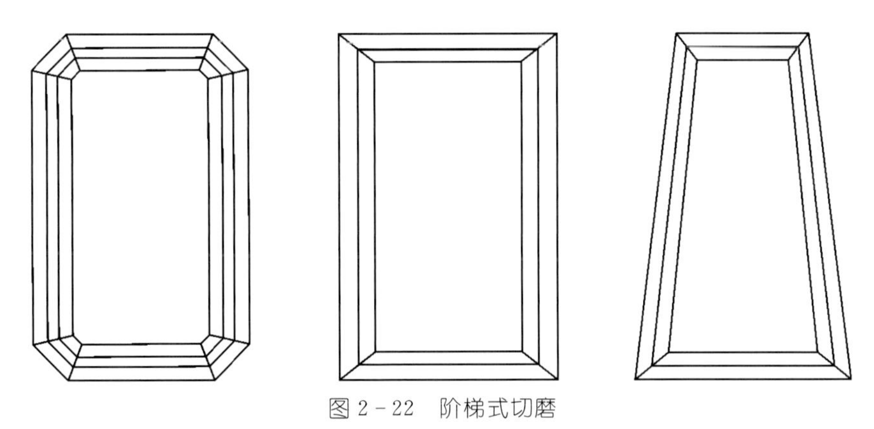

图 2-22　阶梯式切磨

从左至右分别为:祖母绿形 emerald;长方形 rectangular ;梯形 tapered

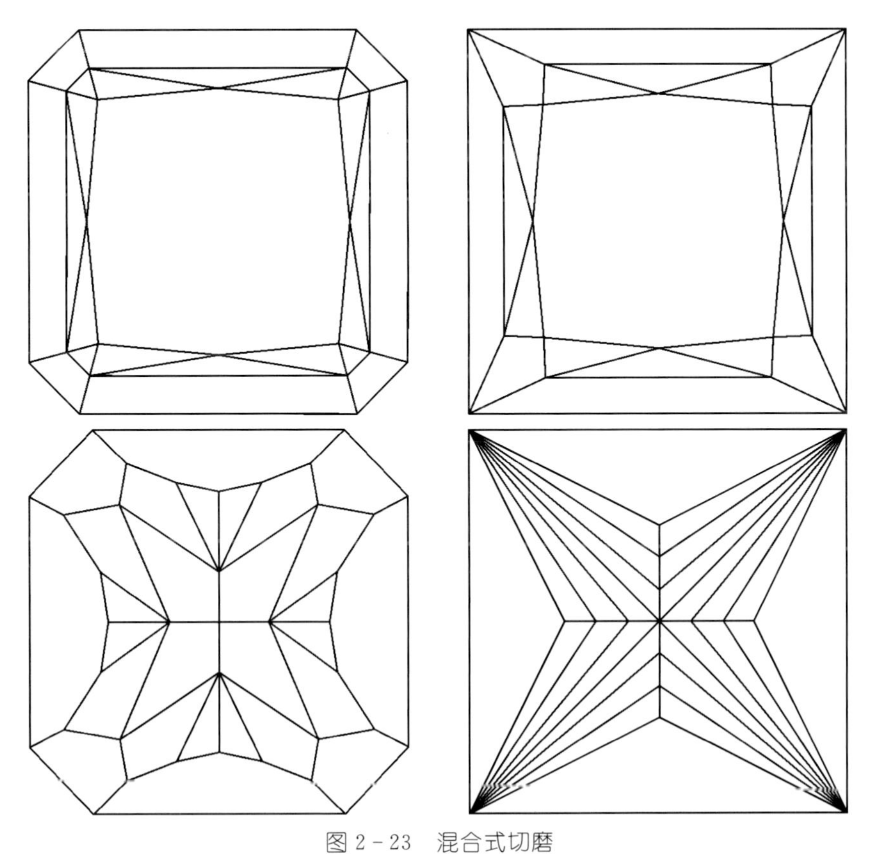

图 2-23　混合式切磨

雷地恩形 radiant(左);公主方形 princess(右)

并申请有相关专利。后者腰形往往不拘一格，受喜爱标新立异的年轻人欢迎或用于国际评奖。其中以幸运星切磨、De Beers 的花系列切磨为代表，如金盏菊、大丽花、火玫瑰等。

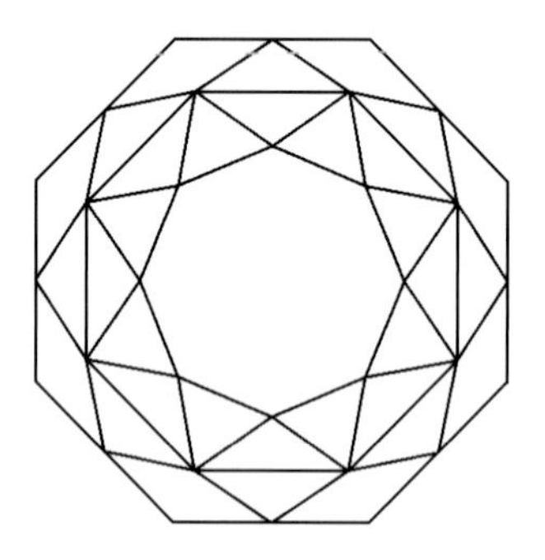

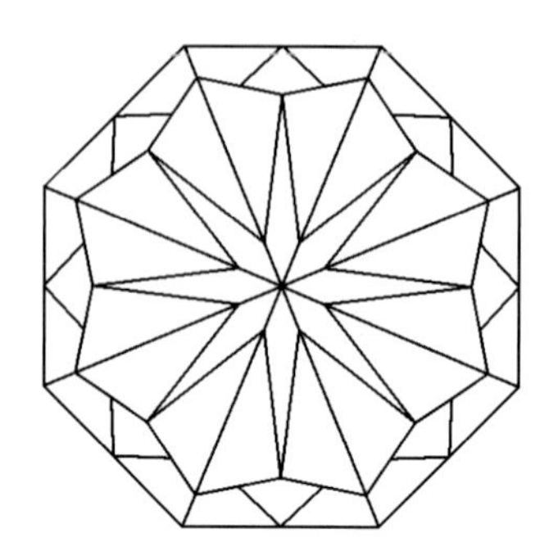

图 2-24 “蓝色火焰”式切磨

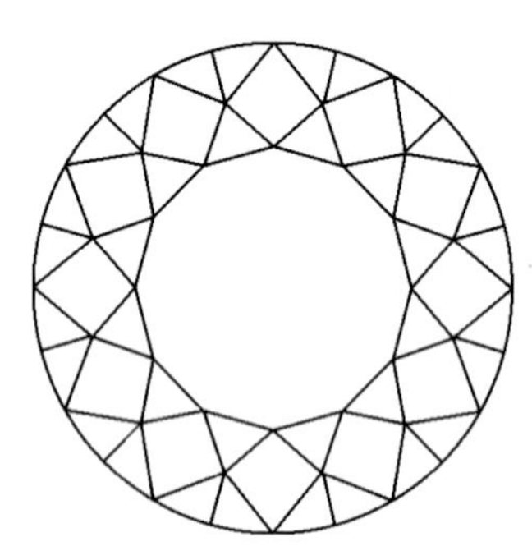
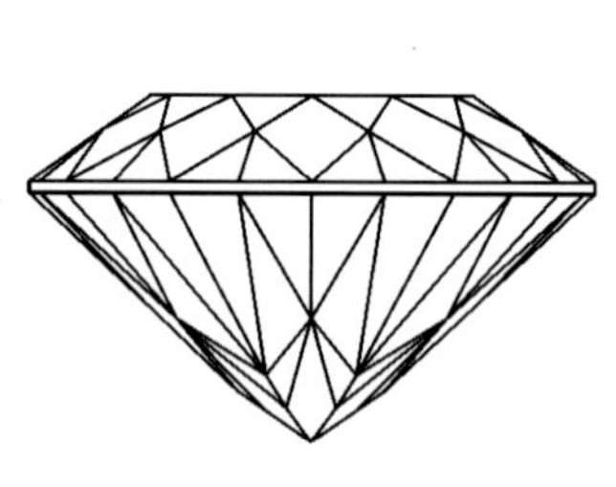
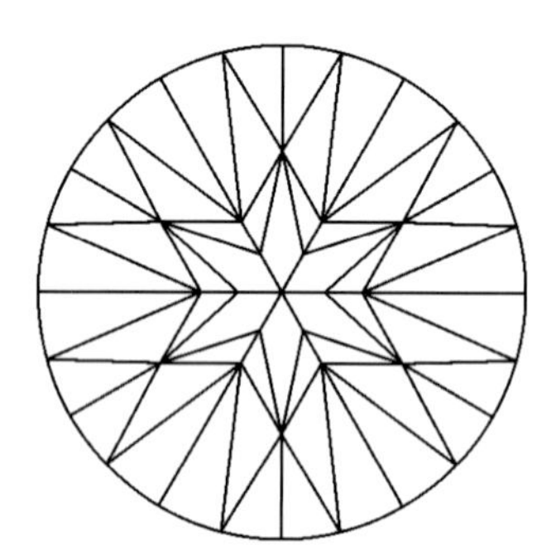

图 2-25 “大卫之星”式切磨

第五类则多以张扬个性为主或模仿某物体外形，如佛形、马头形（图 2-26）、球拍形、戒指形、蝴蝶形等。

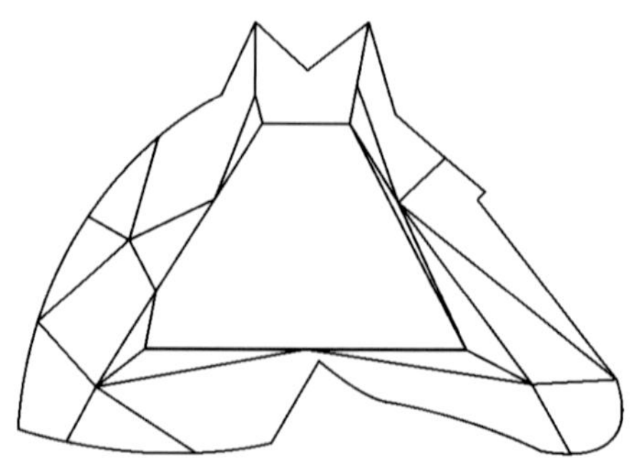
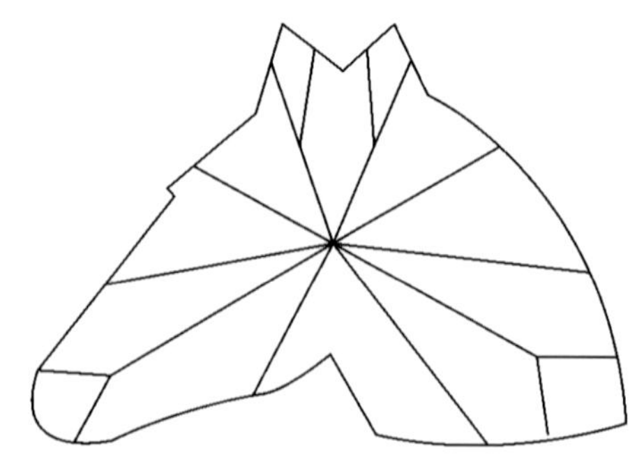

图 2-26 马头形切磨

图 2－27 为部分花式切磨汇总。

图 2－27　部分花式切磨汇总

重要概念

(1)切工反映的是不同时期的生产力与经济发展水平以及人们对钻石视觉效果表现方式的认识。

(2)对于加工而言,追求好的切工并不是终极目标,使一颗钻石发挥其应有的最大经济价值才是最终归宿,其中包含了如何平衡切磨质量、加工效率、加工成本三个重要因素间的关系。

(3)对大多数钻石而言,切工除了以好与坏来评价外,需更加关注其是否具备能与之相配的经济价值,即"钻有所值"。

(4)切工款式千变万化,同一款式中当属亭部的变化对钻石的视觉效果最为明显与直接,这也一再表明了亭部在切工中相比冠部占有更重要的位置。

(5)花式切磨有着比圆形明亮式切磨更复杂的评价方式,每一种款式都有其独立的评价体系,且各鉴定机构间存在不同的观点。

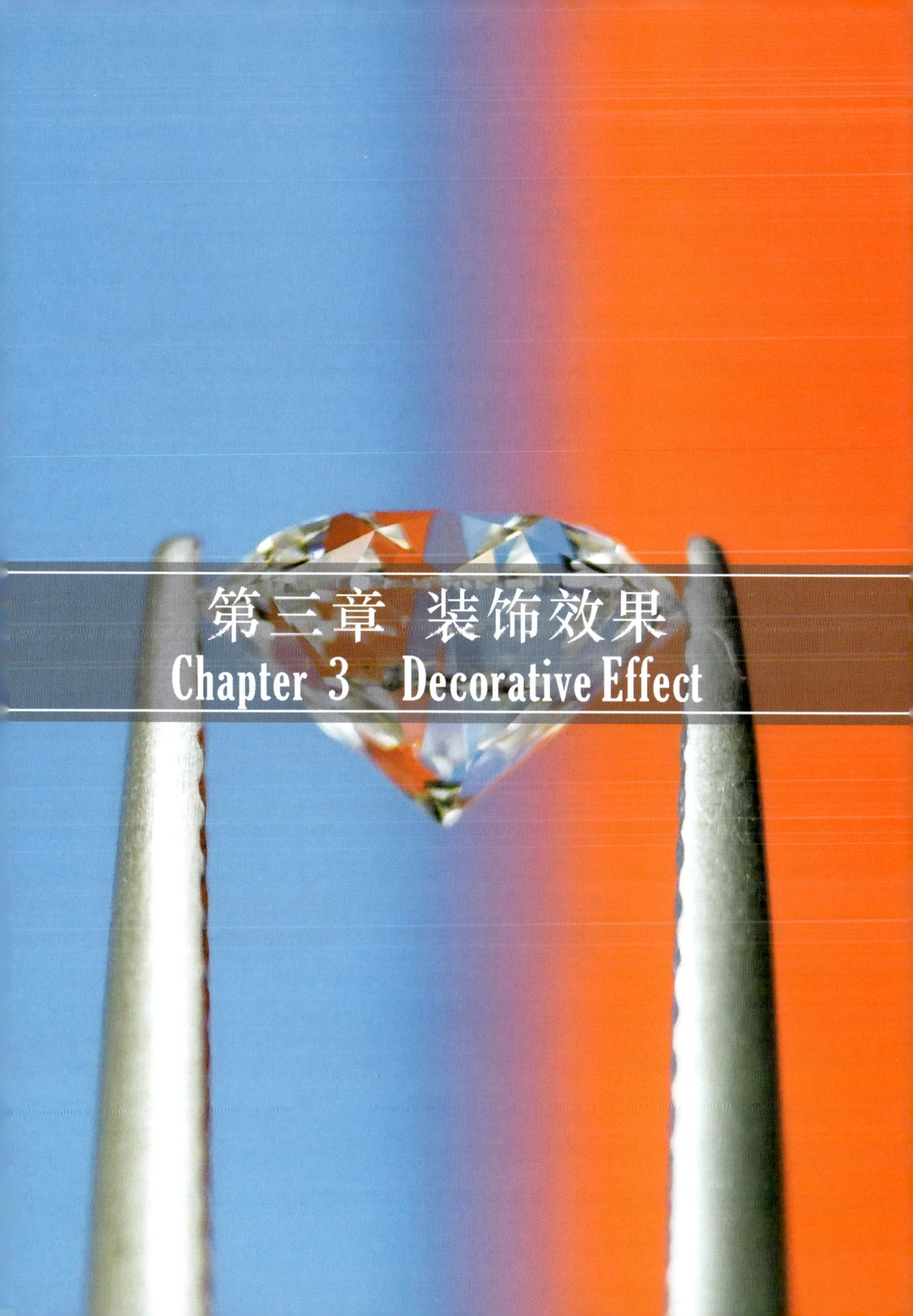

第三章 装饰效果
Chapter 3 Decorative Effect

所谓钻石的装饰效果，本质上是使用者的佩戴感受与视觉效果的综合，具有感性与理性两种不同的认识表现。理性在乎的是钻石本身的品质与价值，而感性则偏向人文、个性以及艺术欣赏。两者可合一，也可仅表现出一面。根据用途装饰效果大致可分为两大类：实用效果和艺术效果，前者是理性认识为主，后者则是感性认识居多。

实用效果主要指的是已经切磨完成的成品钻石，针对高级市场与普通市场。高级市场的装饰效果极其讲求各种比率之间的搭配关系、光学效果的表现以及高于普通钻石的价值，故而偏向理性认识。还可通过一些设备对光学效果进行评价，并反推切工比率对光学效果的影响（图 3 - 1）。一些著名检测机构还专门对其进行研究，并制定了一套严谨科学的评价方法，区别不同品质钻石光学效果的优劣程度。比如“八心八箭”钻石，其在光学效果上的极致追求便是理性装饰效果的诠释之一，售价也高于普通钻石，受高消费层次、追求完美、享受高品质生活人士的青睐。简单来说，钻石卖点除了本身优质稀缺的自然属性外，还包括考究的加工工艺与品位。

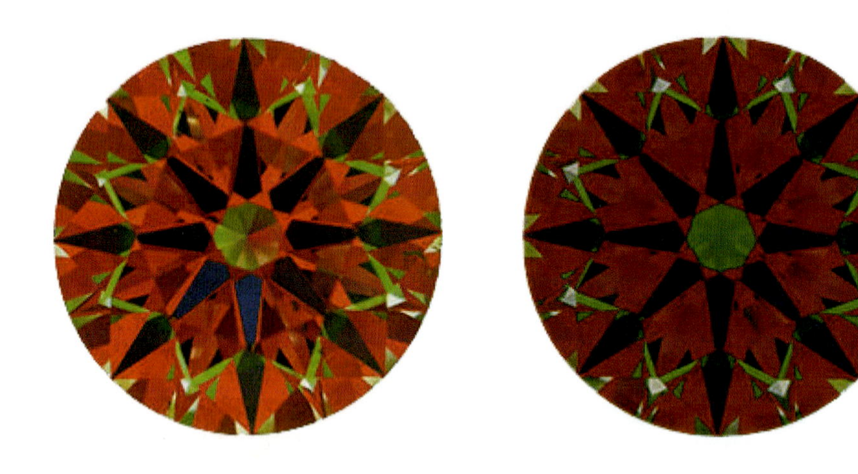

图 3 - 1　借助 AGS 的 AEST 光学效果辅助观察设备，观察钻石内部的光路走向

既然有人追求完美，便有人讲求实用，这一消费群体对价格与品质并不特别在乎。如今的钻石早已不是过去高高在上唯有富人与贵族才能拥有的奢侈品，对于大部分人来说钻石或许只是一件“进门”较晚的实用品、装饰品，但求拥有不求极致。

艺术效果的范围可以扩展到各种品质的成品钻石与钻石原石。前者通常是将小钻石拼凑成一些特殊图案，如花朵、乐器等。而原石则可配上碎钻嵌于贵金属上，再将其做一定艺术创作，如 De Beers 的 Talisman 系列者，可谓将艺术的装饰效果推向了一个新的高度(图 3-2)。

图 3-2　原石首饰

(图片来自 neimanmarcus)

光学效果

钻石的光学效果是成品钻石装饰功能的视觉体现，是设计、检验及品质评价时的重要参考因素，也是学习钻石加工所要了解的基本知识，而切工则是形成光学效果的关键。

1919 年前，钻石大多是原石交易，加工也只是为了体现原石本身的特性，并没有进行过科学的设计，通常具有小台宽、大底尖以及陡冠高的特点(图 3-3)。1919 年后随着托尔科夫斯基提出以数学计算为先导、光学设计为主的切磨理念后，钻石的加工设计进入纯光学设计时期。

然而一味地追求纯光学效果将造成原石利用上的浪费，光学效果的设计离不开经济性的考虑，两者结合才是科学合理的。从切磨的角度来理解，光学效果好与稍差一点，并非前者价值就高，这一点在之后的设计环节着重解释。

光学效果分为表面反射与内部反射、折射两种(图 3-4)。前者指钻石表面反射光的状态，摆动钻石的过程中间断性的刻面反光。后者则是指光线进入钻石内部后的路径，包含火彩、亮度和内部反光三个重要概念。

大多数切磨款式中比率与装饰功能均遵循如下相关性：

DIAMOND GRADING REPORT

Shape and Cutting Style.. Old European Brilliant
Measurements.................. 6.62 - 6.74 x 4.56 mm

GRADING RESULTS

Carat Weight.................................... 1.30 carat
Color Grade L
Clarity Grade.. VS1

ADDITIONAL GRADING INFORMATION

Finish
Polish.. Good
Symmetry.. Good
Fluorescence.. None
Comments:
None

KEY TO SYMBOLS
Feather
Chip
Pinpoint
Natural

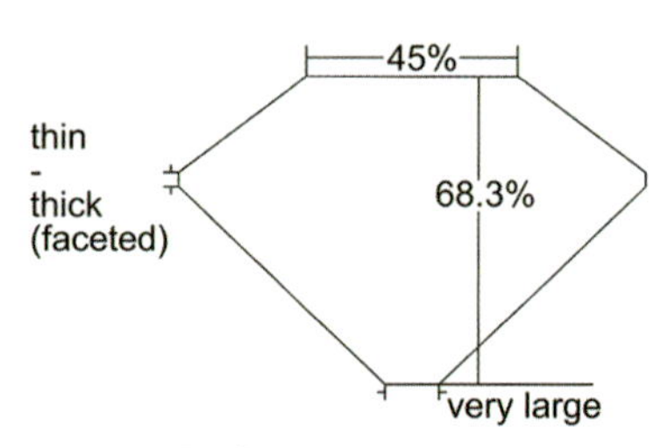

Profile not to actual proportions

图 3－3　老欧洲式切磨：小台面、大底尖、厚冠高

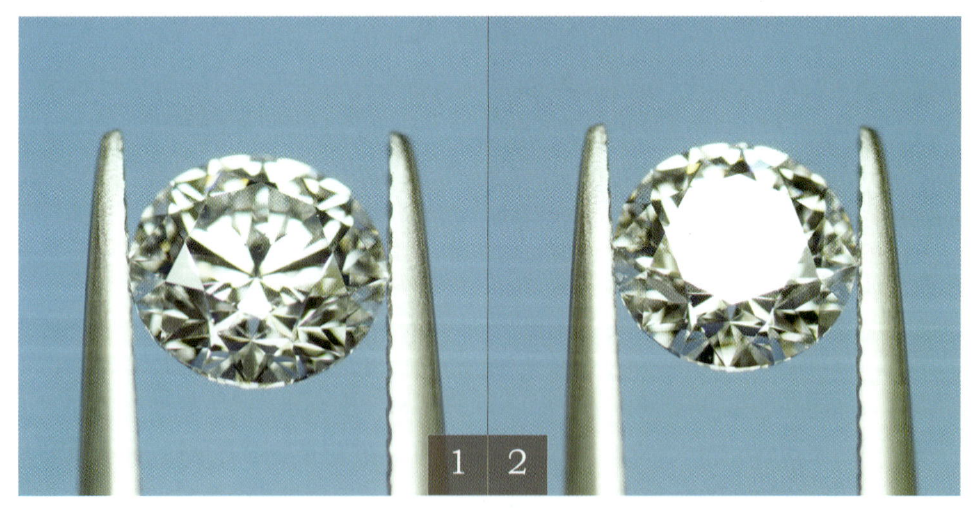

图 3－4　内部反光1与表面反光2

(1)台面大小与整体光学效果有关，与亮度呈正比。

(2)冠角与火彩相关，并与台面略呈反比。

(3)亭角与整体光学效果有关，可调整亮度与火彩之间的关系。

表面反射与内部反射、折射

表面反射主要由刻面的面积、数量和造型(刻面空间分布)三个要素构成。面积与数量呈反比,面积大则反光量大,数量多则反光频率高,故而成品钻石上的总表面积决定了刻面面积的大小与数量的多少。一些0.01~0.03ct的钻石并非采用57刻面的琢型,而采用17刻面的单翻琢型,便是出于这方面的考虑,以减少刻面数量换取更大的反光强度。早期钻石切磨所考虑的多是这一层面上的问题。

图3-5中的是切磨后重280ct的大莫卧尔钻石,采用的典型的玫瑰式小面切磨,又称为"莫卧尔"式切磨(针对巨钻采用的玫瑰式切磨)。足够大的表面积使得刻面在大小与数量的分配上更游刃有余。

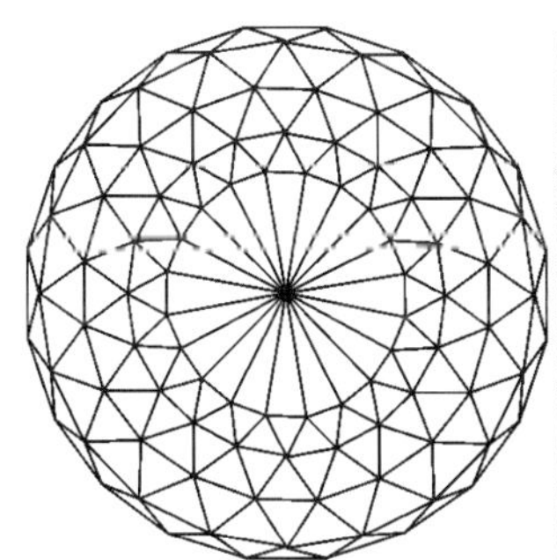

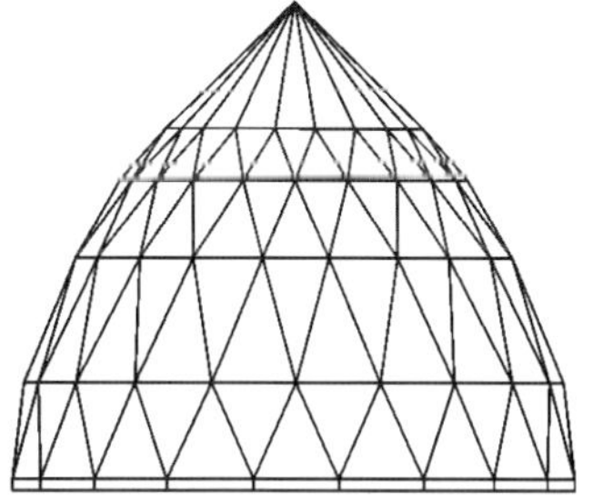

图3-5 玫瑰式切磨的大莫卧尔钻石示意图

内部反射与折射是钻石光学效果的核心。简单地理解,前者是为了尽可能让光在不该折射的地方(钻石的背面)进行全反射,后者是人为地让光在我们需要的地方(钻石的正面)折射出钻石,从而使肉眼观察到亮度与火彩两个重要表现形式。

早期的切磨款式注重的是通过刻面的排布、数量、面积来体现钻石的美,着重于钻石表面的装饰效果,然而只有深入研究光进入钻石后的状态才能够从根本上认识与改变钻石的整体光学效果。

冠部与亭部的协调配合组成圆形明亮式的内部光学结构,是钻石光学效果的主要表现形式。而腰围的主要作用除了保护钻石不易破碎外,也参与了光效中的一小部分。冠部与亭部的作用类似于单凸透镜(冠)与凹镜(亭)。当光进入钻石时,前者具有汇聚光的功能,把从台面射入的光线汇聚于亭部,再通过后者将光线聚拢后反射出去。两者间的配合,通过协调台宽比、冠角和亭角三者间的大小来实现,三者在光效中分别有各自的分工与作用(图3-6)。

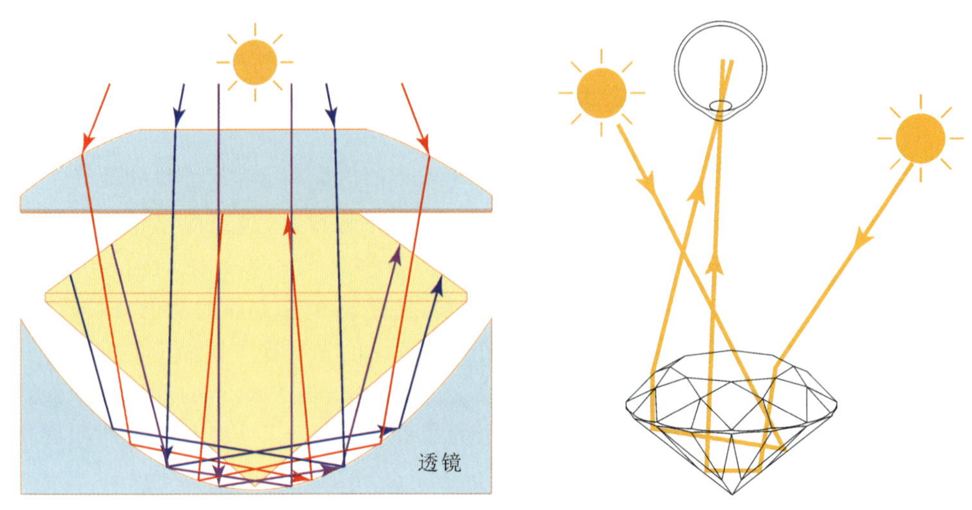

图 3-6　冠部与亭部组成的透镜效果

光在钻石中的路径

内部反射、折射构成了光进入钻石后的整个路径，称为光路。在描述光进入钻石后的一般传递方式时，通常这样来形容：光从正面垂直进入钻石后，经亭部两次全反射，从台面或冠部透出形成火彩与反光（图 3-7 左）。但当亭角过小或过大时，则会导致大部分光线在第一次或第二次亭部反射时就已经从亭部漏出钻石（图 3-7 右），意味着肉眼无法从正面观察到光线，钻石看上去显得暗淡无光，这样的负面情况称之为光的“漏失”。

光路涉及各部位刻面角度与整体比例之间的关系，是亮度与火彩最重要的决定因素之一。它不仅可以从理论上去推导它，在实践上同样可以得到印证。图 3-8中的光路，台面上的标记物，经过光的全反射与折射后，在冠主面位置显示出对应的影像，即在钻石左边观察到的影像实为右侧的，反之亦然。不仅如此，在成品钻石检验中，目测亭深比时所谓的台面影像在亭部的倒影亦是上述光路的体现（图 3-9、图 3-10）。

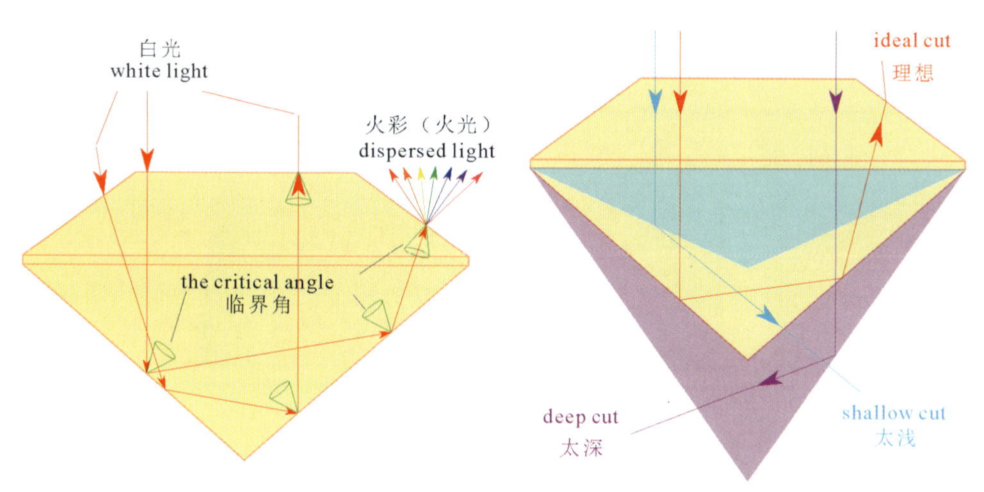

图 3－7　光在钻石中的一般传递方式(光路)

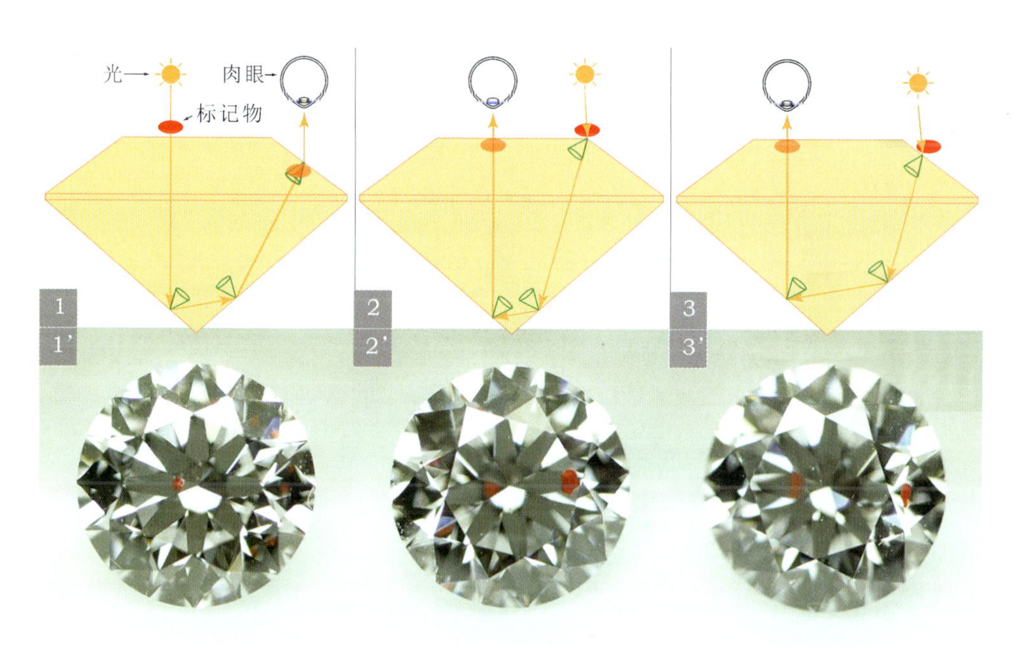

图 3－8　通过在不同刻面画红点的方式可了解到光的走向方式

图 3－9　透过钻石观察背景颜色，左右互换

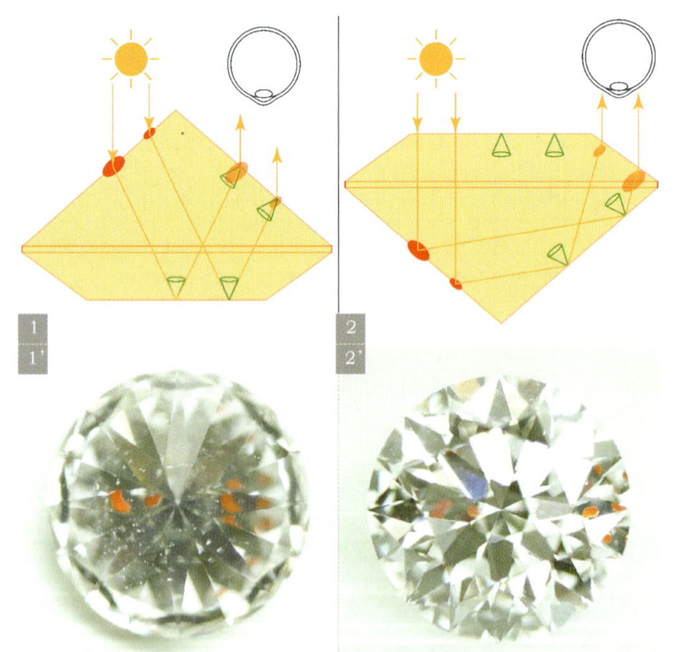

图 3－10　当标记位于亭部时的反射影像：1与1'背面观察时的 1 次反射影像，2与2'为正面观察时的 2 次反射后的影像，实相与镜像呈镜面对称

图 3－11 中显示的是一颗切磨质量上乘的钻石，不同的色彩区别不同刻面与反射影像。在台面中央形似台面的小图案，实际是将台面及八个星刻面的影像经光路投影至台面中央，投影呈 180°对称。

图 3－12 为一组切磨品质较差的钻石正面视觉效果，由于不恰当的角度搭配以及对称性上的缺失，形成杂乱的光路及漏光等负面的光学效果。根据图3－11并

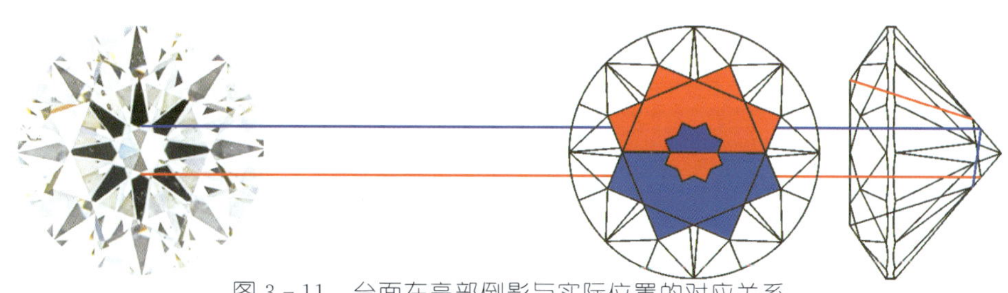

图 3-11　台面在亭部倒影与实际位置的对应关系

结合光路可以将钻石正面的光学区域分为三个重要区域，分别为 A、B、C 三区（图 3-13）。

图 3-12　光学效果的组合方式反映了切磨的品质

A 区主要为冠主面区域，B 与 C 区为台面区域，二者间关系受亭角影响。亭角与 C 区呈正比，与 B 区呈反比。三区的关系较为理想的情况是 A>B≥C，其中 2A 合计<平均直径 50%，C≠0%。

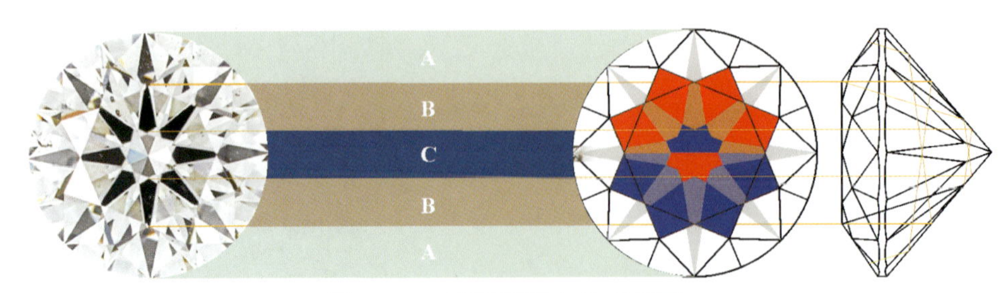

图 3－13　正面观察 A、B、C 三区

图 3－14 中 A、B、C 三区间的关系均不理想，其中1与4尤甚，表现出 C 区的极小或极大。

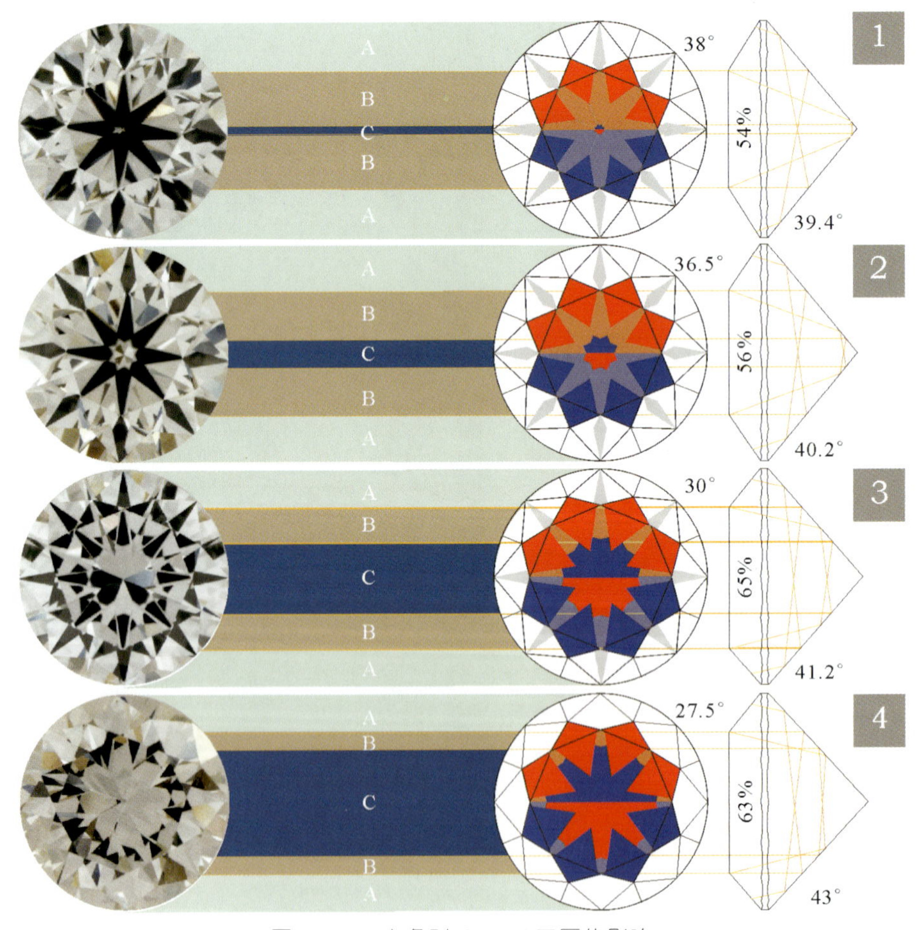

图 3－14　亭角对 A、B、C 三区的影响

然而上述非最不理想的光路，通常有两个术语来形容C区的最极端情形：台面内出现腰围投影“鱼眼”(fisheye)(图3-15 1)；C区覆盖B区，显现“黑底”或“钉头”(nailhead)(图3-15 2)。

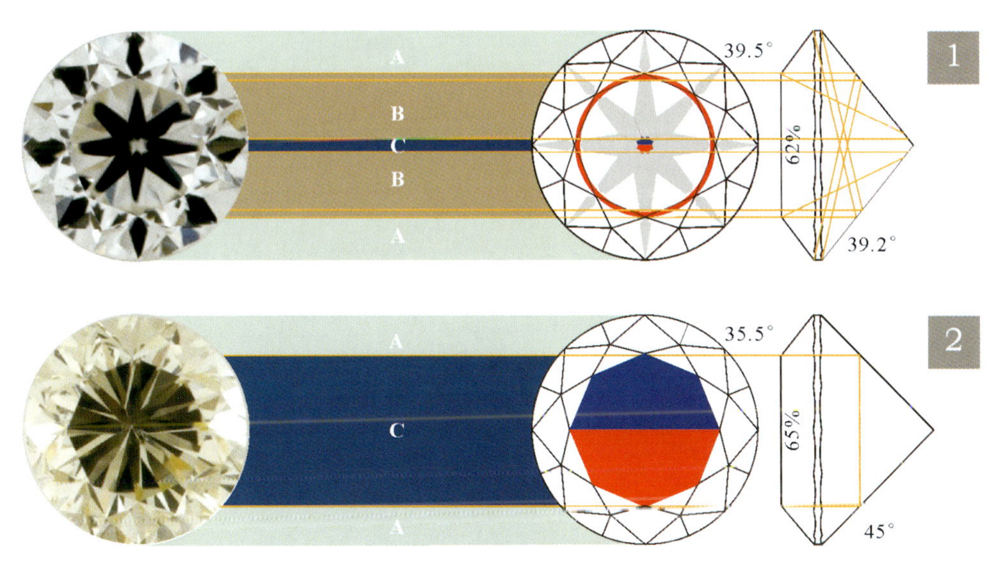

图3-15　极端的亭角可导致某一区域的缩小甚至消失，造成极差的光学效果

所谓“黑底”乃是由于亭角过大，导致台面在亭部的投影完全覆盖台面，在台面范围内形成垂直的光路，并使得除台面外的冠部其他区域有效入射光线减少。尤其当光源垂直台面，人正面观察钻石时，由于大范围的正面入射光被观察者头部阻挡，且其他角度的有效入射光也在减少，最终导致钻石显得暗淡无光。适当减小亭角可有效去除“黑底”。

“鱼眼”较之“黑底”要略微复杂些，大多数情况是因亭角过小，导致从台面边缘的入射光从腰围处漏出，且将腰围影像投影回台面边缘。表现出垂直台面观察钻石时可以在台面范围内见到腰围的环状投影(见图3-15 1中的光路)。

然而，并不是所有的“鱼眼”都是因为亭角过小导致的，第二种原因是由于台面过大，导致原本需倾斜观察台面才能看到的腰围影像进入垂直观察时的台面视域范围(图3-16)。

根据这两种不同的原因可以发现，台面实际就是一扇窗，窗的大小决定了透过窗可以看到东西的多少，故而在切磨上可以通过合理调配台面与亭角的大小来避免“鱼眼”的发生(即使是在亭角过小的情况下)。

图 3 - 16　倾斜台面可观察到腰围在台面中的 180°镜像

为了避免出现“鱼眼”，可以计算临界台面来判断台面的最小值为多少时将出现“鱼眼”，即台面小于此值可使腰围投影在台面范围外。

临界台面计算公式：

$$临界台面=100\%-2\left(100\%-\frac{100\times\tan 亭角\times\tan 2亭角}{1+\tan 亭角\times\tan 2亭角}\right)$$

如图 3 - 17(左)所示，亭角为 39.2°时，视域内出现鱼眼。根据公式计算，若台宽小于 61.15%，则可避免在台面内显露腰围的投影，适当缩小台面则可将“鱼眼”隐藏于台面下，如图 3 - 17(右)所示。

$$\begin{aligned}临界台面&=100\%-2\left[100\%-\frac{100\times\tan 39.2^\circ\times\tan(2\times 39.2^\circ)}{1+\tan 39.2^\circ\times\tan(2\times 39.2^\circ)}\right]\\&=61.15\%\end{aligned}$$

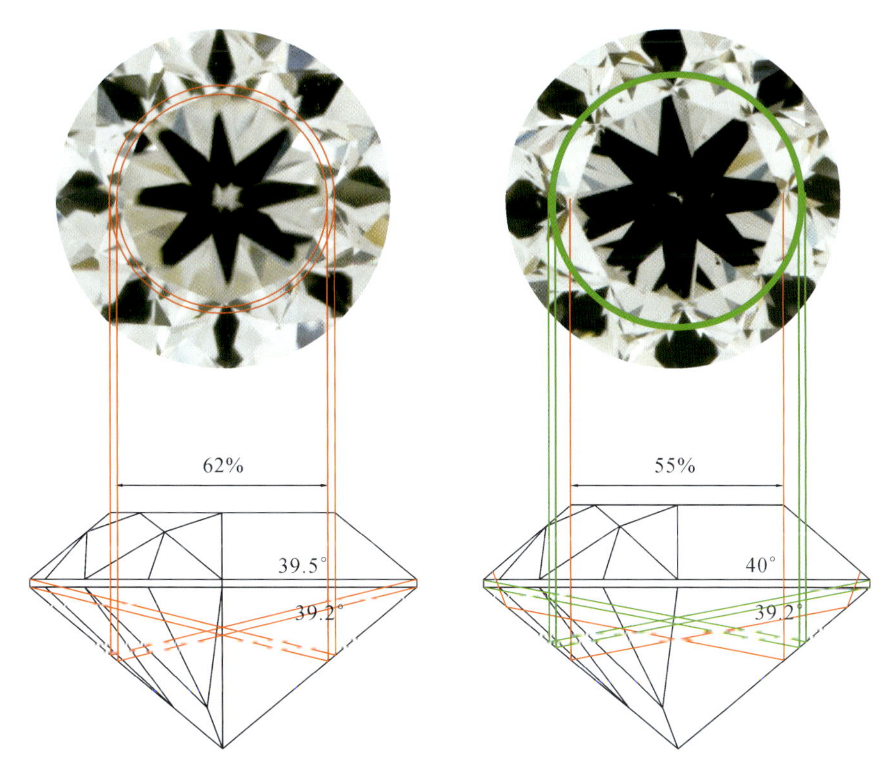

图 3－17　台面大小对正面观察时腰围显影的影响

“八心八箭”

由日本钻石切磨业者，于 20 世纪 80 年代发明的“八心八箭”钻石乃是将钻石光路的合理性与对称性发挥到极致的切磨式样。它具有赏心悦目的装饰效果，可配合动人寓意创造出一种新的钻石销售模式。通过“八心八箭”观测镜可以分别从钻石的正面与反面观察到类似箭与心的图案（图 3－18）。然而在了解了之前所述钻石光路的内容后应不难发现，用手聚拢成圆筒状，只留出上方进光口也可与观察镜达到异曲同工的效果。

切磨出可以评价为“八心八箭”的钻石，需要有数个必备条件：

（1）调校精准的钻石加工设备，包括机器、夹具、检测工具等。

（2）品质较高的钻石原石。作为一种通过切工进一步提高钻石价值的手段，当然在切磨时要花去比普通切磨更多的时间与精力，消耗额外的原石重量，以及相关

图 3-18　使用“八心八箭”观测镜观察光学效果

设备投入。这些额外的花费如果应用在本身自然品质一般的原石上显然得不偿失。“好马配好鞍”，好钻石应配好切工。

（3）不是每一个切磨师都能加工出“八心八箭”钻石，只有具备高于普通切磨师能力的人才能从事此工作。

（4）符合工厂的经济利益。诚然，这一类钻石的销售价格高于普通切磨的钻石，但只有当真正成交时，其附加的价值方能体现出来，消费者的消费能力与需求也是至关重要的考虑因素。

“八心八箭”是对优质切磨钻石的褒奖与赞美。然而“八心八箭”并不代表一个完美的点，它是一把尺，用来丈量符合它眼光的钻石。就像切磨水平有高低，切工质量有好坏一样，它亦有高低之分。

所谓“八心”的效果，本质来源于亭部主刻面与下腰面共同作用下的反射影像。每两块相邻的亭部主刻面可组成与之相对的“心”形反射影像，因此“心”的成像与每一块亭部主刻面和下腰面的切磨质量，以及彼此之间的大小位置息息相关。除了“心”之外，在“心”尖端处的小箭头也是评价心形图案质量优劣的要素之一，这一部分往往是容易被忽略的(图 3－19)。

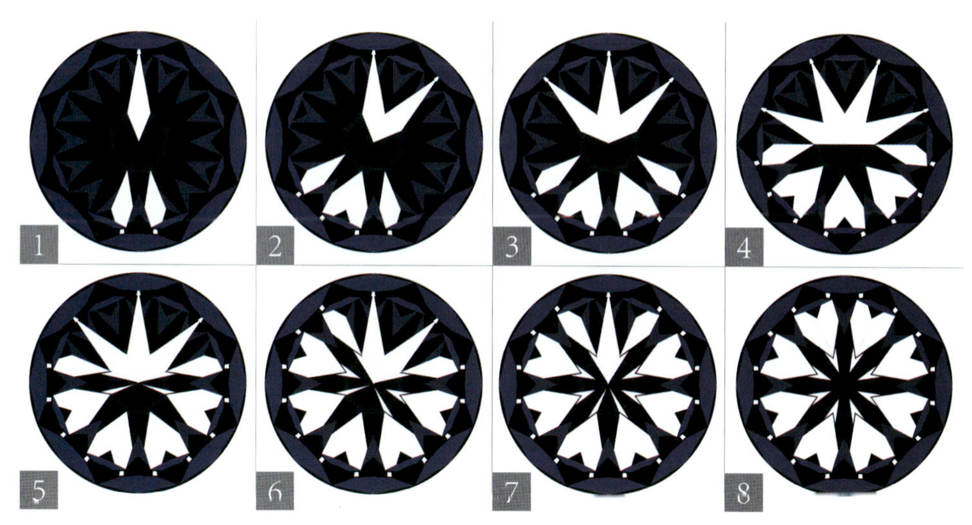

图 3－19　“八心”的成像过程与原理

图 3－20 中,心形图案的不良表现可包含以卜儿种:1心形前端小箭头形状不良;2心形开口过大;3心形开口处形状不良;4心形大小不匀。

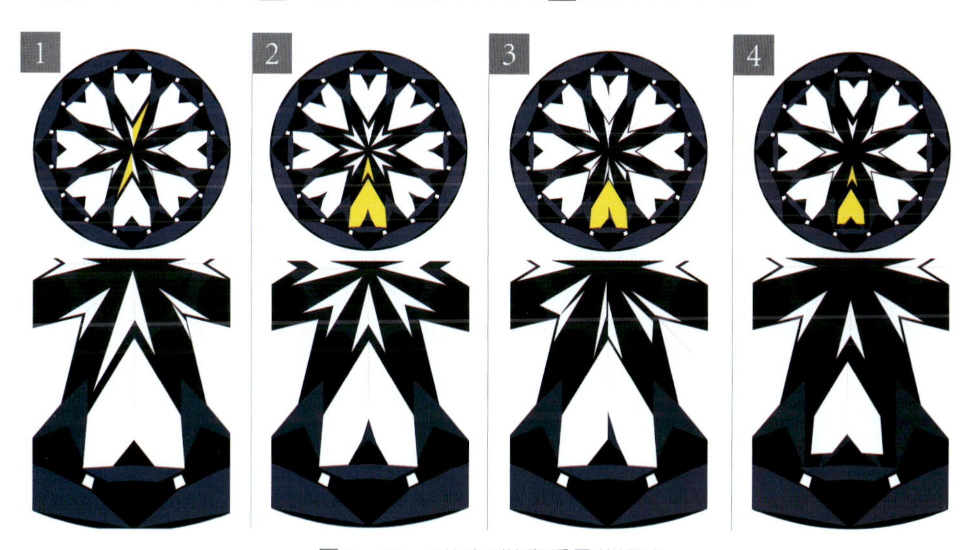

图 3－20　“八心”抛磨质量的评价

所谓“八箭”已经可以从之前对光路图的解释与成像中明确,亦是亭部主刻面在钻石正面的反射影像。自此我们可以了解到“八心八箭”的主体便是由亭部主刻面与下腰面所构成。

图 3-21 展示的是一组不同完整度的冠部与亭部组合后的影像。1单翻式切磨，冠部亭部分别只有 8 个主刻面；2冠部 8 个刻面，亭部刻面完整；3冠部不包括星刻面，亭部刻面完整；4冠部和亭部刻面均完整。

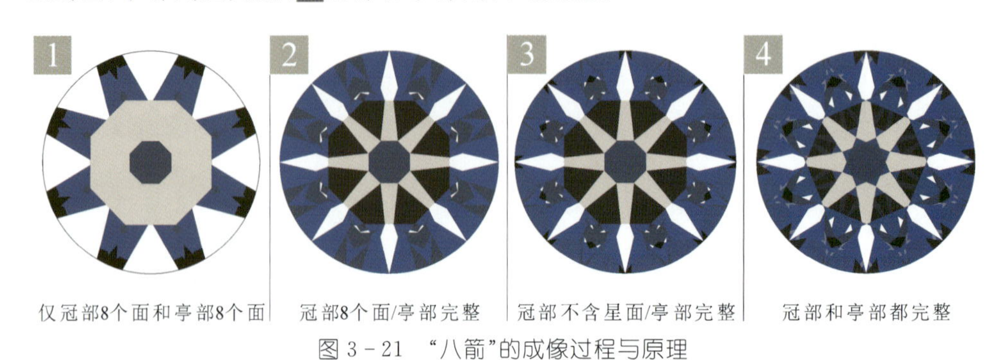

图 3-21 “八箭”的成像过程与原理

“八箭”的评价主要包含对“箭”（亭部主刻面）本身的大小对称比例，以及组成“箭”的剩余部位的评价，其中重要的有星刻面与台面。

如图 3-22 中，1与2显示的是“箭”身两端的不良影像；2与星刻面切磨质量有关；3中显示的是由于星刻面切磨大小不匀所引起的不良影像；4为冠角切磨角度过小导致“箭”的形状瘦长。

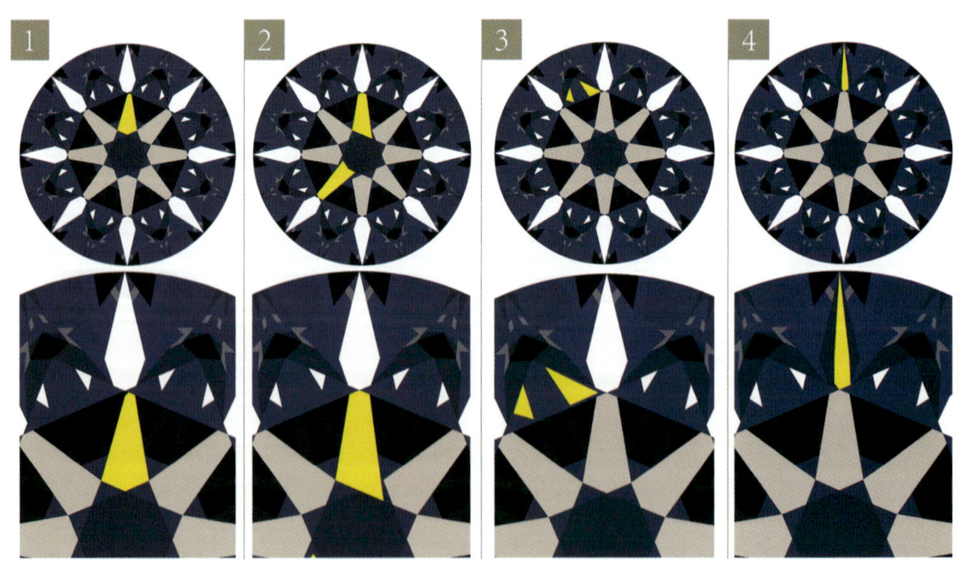

图 3-22 “八箭”抛磨质量的评价

品质上乘的“八心八箭”圆钻如图 3－23 所示。

图 3－23　品质上乘的“八心八箭”圆钻

临界角与有效入射角

当光线进入钻石后是否能进行全内反射或折射，是否能从正面透出钻石，除了冠部亭部刻面角度大小搭配外，钻石本身的光学性质是最核心的因素，表现为临界角。所谓临界角指的是使全内反射发生的最小的入射角大小(图 3－24)。在钻石内，当入射光线的角度(简称入射角)大于临界角时光线将全反射，反之则会透出钻石。

图 3－24　通过激光传递方式理解临界角

当今钻石切磨体系形成的核心要素之一便是力求光线在亭部的两次全反射，而全反射则意味着光将没有任何损失地折向另一方向。

钻石的临界角计算：

$$\sin^{-1}\left(\frac{1}{2.417}\right)=24.44°(24°26')$$

台面是所有钻石刻面中面积最大的，进光量也是相对最大的。但并不是所有角度射入的光都能进入钻石内，将能够进入台面内的光的最大入射角度称为有效入射角。除台面外，根据不同的刻面间角度的不同搭配形式，每一个刻面都有相应的有效入射角。

折射角与入射角换算公式：

$$折射角=\sin^{-1}\left(\frac{\sin 入射角}{2.417}\right)（空气到钻石）$$

$$折射角=\sin^{-1}(\sin 入射角\times 2.417)（钻石到空气）$$

如图 3－25（左），经计算台面有效入射角为 42.6°（紫色），当光从空气进入钻石（橙色）的入射角大于 42.6°时将从亭部透漏出。

根据“台面有效入射角计算公式”可以发现，增大亭角可增大台面的有效入射角。这似乎对钻石的光学效果可以起到正面的作用，然而须知光学效果绝非某一刻面所能左右，而是一个综合搭配的结果。

台面有效入射角计算公式：

$$入射角=\sin^{-1}[\sin(亭角-24.44°)\times 2.417]$$

冠主面的有效入射角计算则要比台面复杂得多，受冠角与亭角两因素的影响，且根据不同区域，有效入射角各有不同。图 3－25（右）中冠主面的有效入射角几乎从 1°～89°，但并非所有区域上都是如此。图中主要说明的问题是有效入射角仅在法线左边一侧，而右侧为非有效入射角，右侧任何角度的入射光都将从亭部漏出，这一现象称为钻石光学效果上的“单侧效应”[图 3－25（左）]。图 3－26 中，透

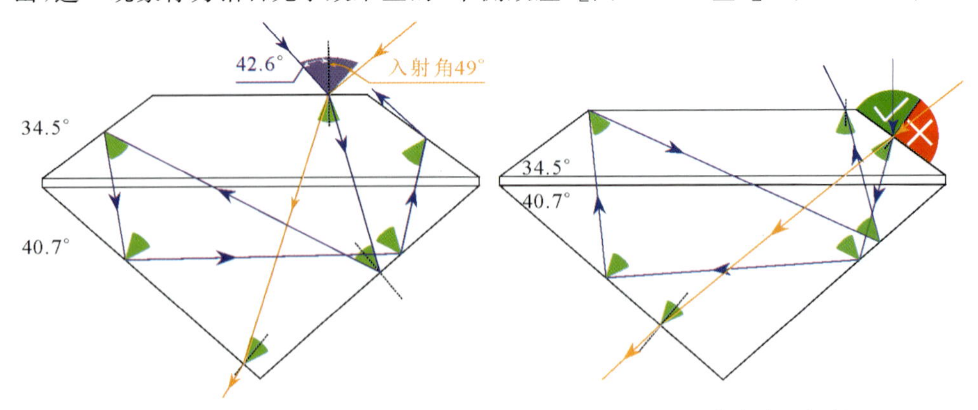

图 3－25　冠角 34.5°与亭角 40.7°时，台面与冠部主刻面的有效入射角

（注意冠部有效入射角的单侧效应）

过冠部主刻面观察到背景颜色，证明从这一观察角度进入的光线从钻石亭部透出，是单侧效应的体现。

图 3-26　单侧效应

火彩

钻石的折射率(RI)一般被记录为 2.417 或 2.42，更准确地表示为在钠光下的 2.4175，拥有天然无色宝石中最高的折射率。与其息息相关的另一光学参数称为色散，为 0.044。该数值从本质上决定了钻石火彩的艳丽程度，其来源于白光中波长最长的红光与波长最短的紫光下折射率之差，分别为红光折射率 2.407 与紫光折射率 2.451，此乃钻石火彩的内因，而切磨的品质则是外因(图 3-27)。

色散＝RI(紫)－RI(红)＝2.451－2.407＝0.044

切磨品质主要体现在切磨师对台宽、亭角、冠角以及腰厚的把握。而冠角与亭角间的配合除在光路上的表现外，还决定了色散角的大小。当白光从成品钻石台面进入钻石后会分解成各种光谱色，再经过亭部刻面数次反射到达钻石冠部刻面。若进入临界角范围便会离开钻石回到空气中形成火彩，色散角便是最终从正面离开钻石时火彩中的紫光与红光之间的夹角，夹角的大小与火彩呈正比关系。

当光在钻石中折射时，色散角会因光传递路径的长短而变化，路径越长色散角越大。此外火彩也受观察距离的影响，在一定距离内，观察距离越远，色散角张开越大，火彩越明显。

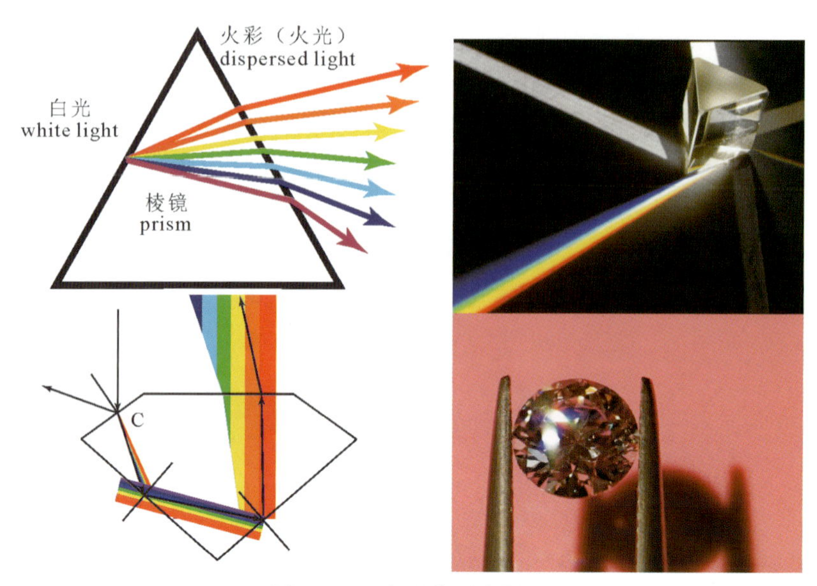

图 3 - 27　火彩的形成原理

色散角计算公式：

色散角 $=\sin^{-1}(\sin$ 入射角 $\times 2.451)-\sin^{-1}(\sin$ 入射角 $\times 2.407)$

入射角计算公式：

$$入射角=(冠角+4\times亭角)-180°$$

如图 3 - 28 所示，冠角 34.5°，亭角 40.7°。

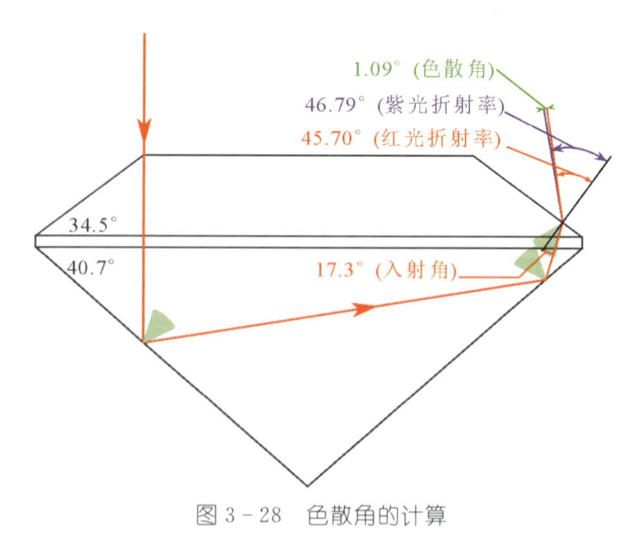

图 3 - 28　色散角的计算

首先根据入射角计算公式计算的入射角为：

$$(34.5^\circ + 4 \times 40.7^\circ) - 180^\circ = 17.3^\circ$$

再根据色散角计算公式计算的色散角为：

$$\sin^{-1}(\sin 17.3^\circ \times 2.451) - \sin^{-1}(\sin 17.3^\circ \times 2.407)$$
$$= 46.79^\circ - 45.7^\circ = 1.09^\circ$$

根据入射角与色散角的计算公式可以发现，入射角的大小受冠角与亭角的影响并呈正比。单纯从公式中的计算结果还可以发现亭角对于入射角的影响为冠角的4倍，亭角增加1°，可使色散角提升78%，冠角增加1°，可使色散角提升13%（图3－29）。然而这并不能认为是单纯的色散效果提升，因为亭角还影响着A、B、C三个区域的大小，即对亮度的影响，亭角的增加将导致亮度减弱，由此亭角对钻石光学效果的亮度与火彩的影响可见一斑，无论是在设计与加工环节上，对亭角的控制应格外慎重。

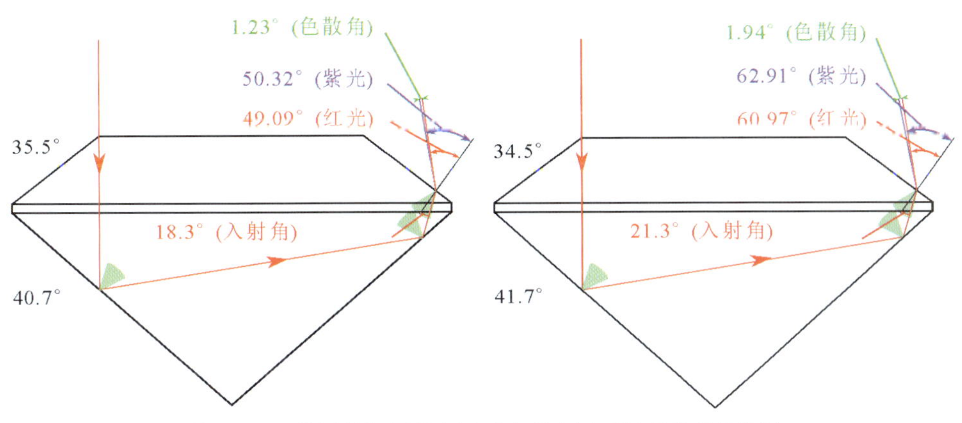

图3－29　分别增加冠角（左）或亭角（右）1°对色散角的影响

至此，或许有人会认为若单论火彩，只要色散角够大，钻石的火彩就一定会很棒，继而可提升钻石整体的光学效果。须知这样的认知是不全面的，下面我们将深入讨论光由钻石内折射出后的状态。

火彩乃光线进入钻石后，经过数次反射，又折射出钻石的产物。其耀目程度不仅取决于进入光的总量，还取决于折射出钻石前的光的反射比与透射比。我们已知，折射需满足内入射角小于临界角之要求，光方能从钻石内折射至钻石外，且随着内入射角的增大，折射角将趋向于直角，最终将与钻石、空气的分界面水平。在该过程中，并不是所有的光线都会折射出钻石，其中有一定比例的光线将反射回钻石内，如图3－30所示，图中我们可以清晰地发现光线在折射过程中的强度变化，随着折射角度的不断增加，同时也是内入射角的不断增大，折射光逐渐变弱，而反射光则逐渐增强。针对这一情况,可用菲涅耳公式中的透射比与反射比计算得出。

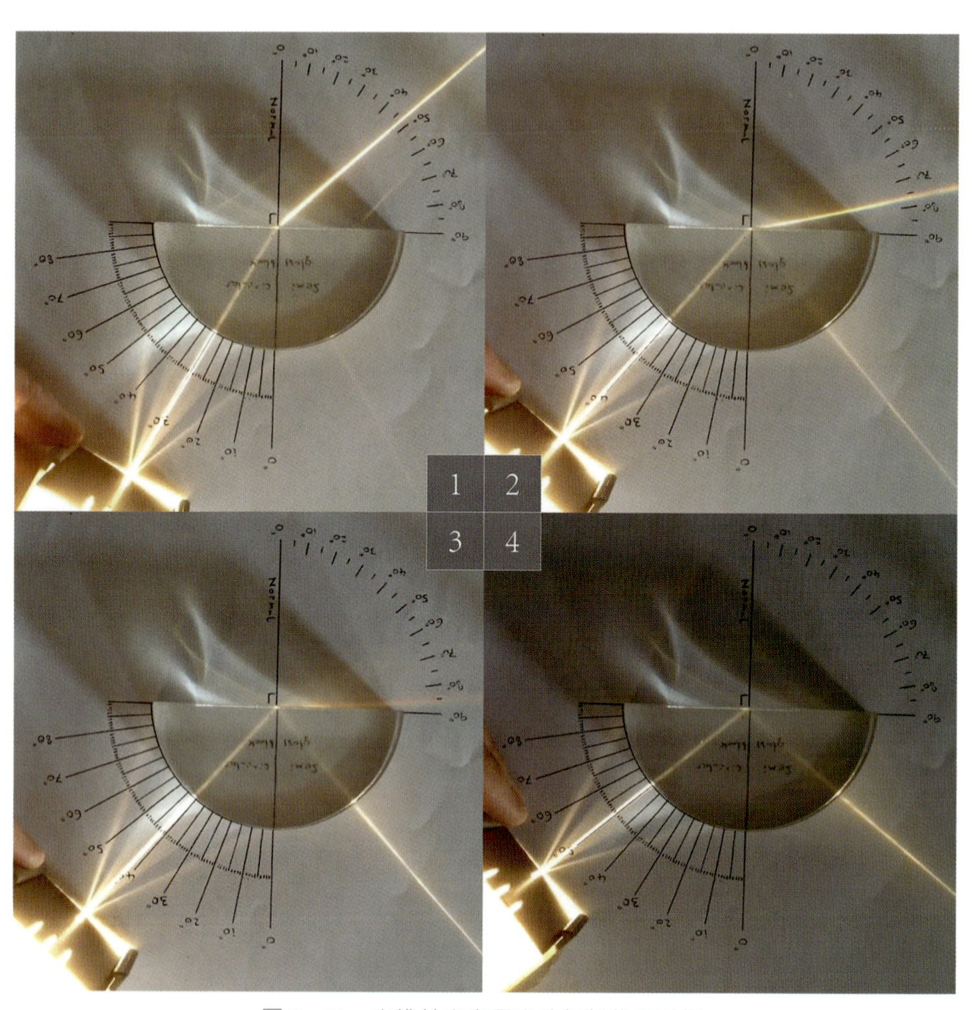

图 3-30　光线从光密至光疏折射的全过程

1 光由光密进入,光疏离开;2 内入射角增大,折射角同时增大,开始出现光谱色;3 内入射角接近临界角,反射光亮度增加,光谱色达到最宽,但亮度下降;4 内入射角大于临界角,光线发生全反射

此外在该现象中更重要的是,当折射角增大到一个较大角度时,可以清晰地观察到光谱色,且角度越大,光谱色的宽度越大,这是因为色散角正随着内入射角与折射角的增大而增大,而色散角张得越宽(大),则光谱色越宽,越容易被观察到,此乃形成钻石火彩的基本原理之一。

于是我们不禁发现一个问题:在折(透)射出来的光中,即包含了火彩,又包含了亮度,而光的总量却是相对固定的,于是这两者便形成了零和博弈,纵使光谱色宽度很大，但光的强度不仅弱了很多，且透射出的方向同样不利于火彩的表现。

假设透射出钻石的光量为一块蛋糕，而作为切磨师或琢形设计师则需要将这块蛋糕分予一个名叫火彩的孩子和另一个叫亮度的孩子，这里将前者简称为F，后者为B，无论分蛋糕的人给哪个孩子多，另一个孩子则必然分得小的一块。至于究竟该如何来分这块蛋糕，托尔科夫斯基给出了一种可能性，便是应用“极小极大原理”来切这块蛋糕。

重要概念

(1)如今钻石市场中销售的钻石已不仅限于成品钻石，还包括天然钻石原石饰品，其中还不乏使用彩色钻石原石的饰品。

(2)光学效果是评价成品钻石价值的重要考量因素。

(3)光学效果主要包括亮度、火彩和反光，三者间关系互相制约，一味追求单项只会造成整体光学效果的下降。

(4)钻石内的影像多以180°方式呈镜像，上下左右对称。

(5)并不是所有的“八心八箭”都能代表完美切工的钻石，其本身亦有品质高低之别。

(6)钻石之所以能呈现悦目的火彩、光泽、闪烁，与其本身的光学性质有着本质的联系，切磨则是人为将这一特性展现出来。

(7)光学效果的好坏可以反映出切磨质量的高低。

(8)钻石切磨是一项生产行为，追求的是经济效益，学习钻石加工的朋友应逐渐将从切工到切工的观念转变为从切磨到切工，这有助于以更远更理想的眼光来看待钻石。

第四章 原石检测
Chapter 4 Rough Diamond Testing

所谓钻石原石指的是自然界产出未经人为加工，具有天然原始表面的钻石晶体。原石的检测十分重要，可为采购、分类、设计与加工等众多环节提供至关重要的依据，包括了对净度、颜色、外形、重量与尺寸的检验。它们决定了加工方案如何制定，加工工艺如何实施。如能将钻石原石检测把握到位，可有效节约采购成本创造利润，规避加工时的潜在风险，提高生产效率。

原石检测时所使用的工具有别于成品钻石，绝大多数情况下只需一个10倍放大镜，有时甚至倍率更低。规格也与传统的成品检验时使用的三合镜放大镜有别，使用的是单片放大镜(图4-1)。该类放大镜的好处首先在于相比传统放大镜更轻薄，部分可折叠，在钻石加工中，单片放大镜可以充分发挥其轻薄优势，便于观察放置在夹具上的原石。其次原石检测时通常数量较多，单次检验数千甚至数万颗，故而低倍率放大镜可有效降低眼睛的疲劳程度。再次原石检测对放大镜要求较低，并不需要严格的消相差色差，轻微的形变不影响原石观察。

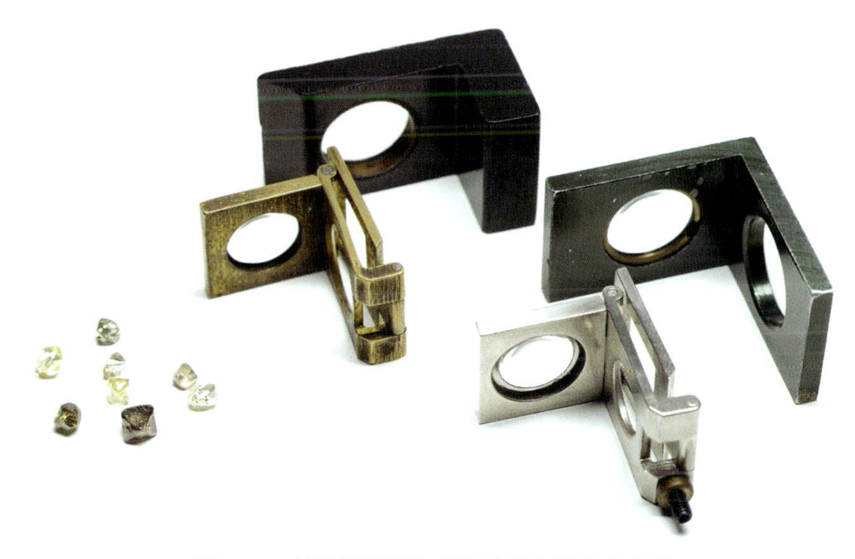

图4-1　检验原石与加工时使用的单片放大镜

外形检验

外形检验主要是对原石的晶体形态、尺寸、表面状态与变形特征等进行识别。

传统结晶学上将钻石原石主要分为八面体、菱形十二面体、立方体以及八面体与菱形十二面体聚形(图 4-2)。除了以上四大类外还可再细分为四六面体、三八面体和聚晶等。

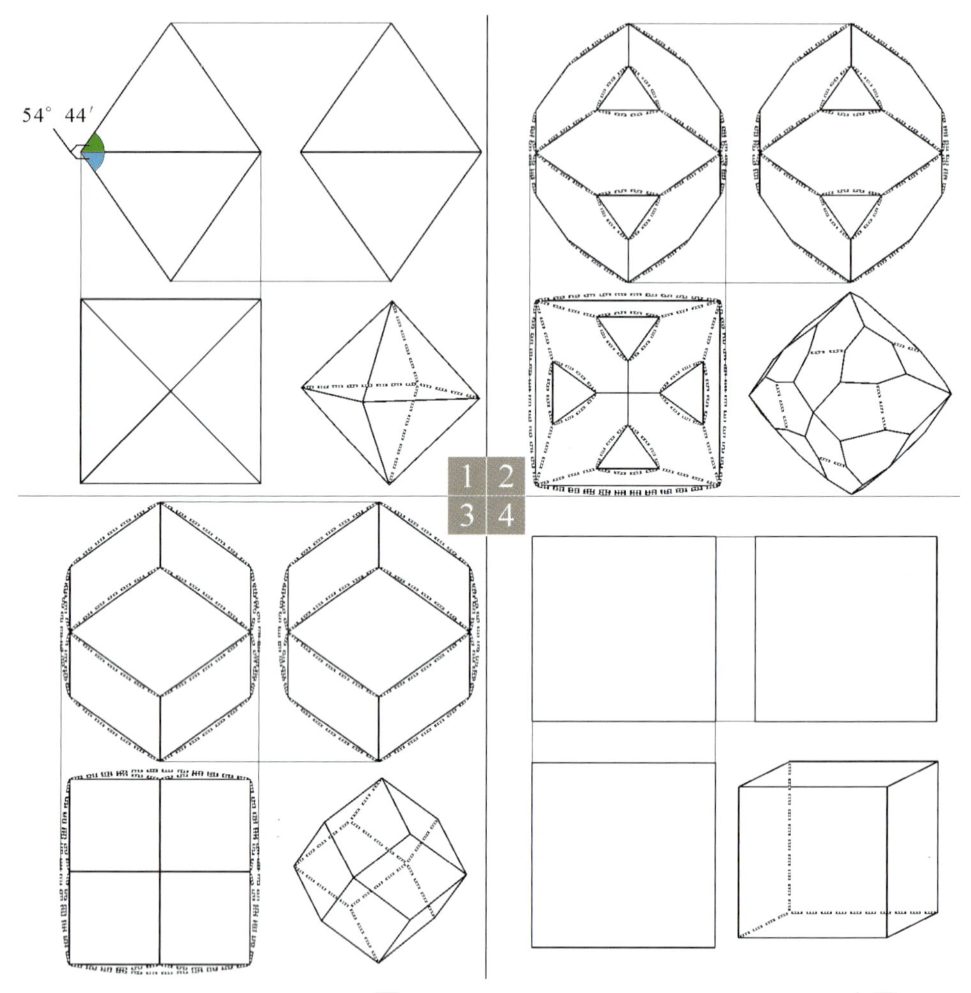

图 4-2 四类主要原石晶体形态:1八面体,晶面与水平面的夹角为固定的 54°44′;2八面体与菱形十二面体的聚形;3菱形十二面体;4立方体

在结晶学上通常用专门的术语来表示以上晶体形态的晶面特征,这个术语称为晶面符号。该符号特指某一晶面在假想空间内数轴上的截距,八面体(111)、菱形十二面体(110)、立方体(100),括号内的数字分别代表了每个晶面在数轴上截距的倒数。图 4-3 中立方体晶面与 z 轴、y 轴平行,与 x 轴截距为 1;菱形十二面体晶面与 z 轴平行,与 x 轴、y 轴截距均为 1;八面体晶面在三轴上截距均为 1。

矿物学上则将原石分为生长形态与熔解形态。平晶面晶体归类为生长形态,

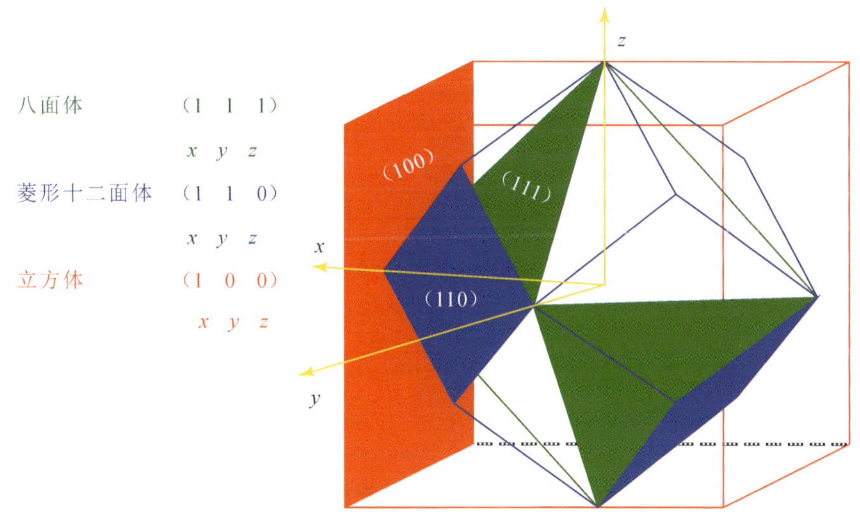

图 4-3　钻石晶体的晶面符号

在钻石加工上则放宽到仅有轻微熔解的原石(仅晶顶附近的熔解);过渡形态则指初始的平晶面大部分被保留,但又发展出具一定宽度的曲晶面;熔解形态则指全部或绝大部分平晶面已被熔解为曲晶面(图 4-4、表 4-1)。

图 4-4　变形的生长形态八面体(左);熔解的八面体晶体(右),可以看到其晶顶与晶棱由于熔解而钝化

表 4-1 原石晶体的矿物学分类

外观	晶体形态	分类
生长形态	八面体/立方体	锐晶棱
		凹晶棱
熔解形态	立方体	单晶/聚晶
	过渡形态	八面体与菱形十二面体聚形
	菱形十二面体	准平晶面
		曲晶面
		趋四六面体
	三八面体	曲晶面

钻石主要形成于上地幔岩浆中，当环境中的温度、压力与碳源等达到适合钻石结晶的条件时，碳原子将以金刚石键的形式开始结晶。晶体形成后若仍处于岩浆中则进入极缓慢熔解状态，开始表现出均匀的晶顶、晶棱与晶面的“钝化”现象。随着熔解状态的持续，晶体外形将渐趋圆形，最终彻底熔解于岩浆中(图 4-5)。

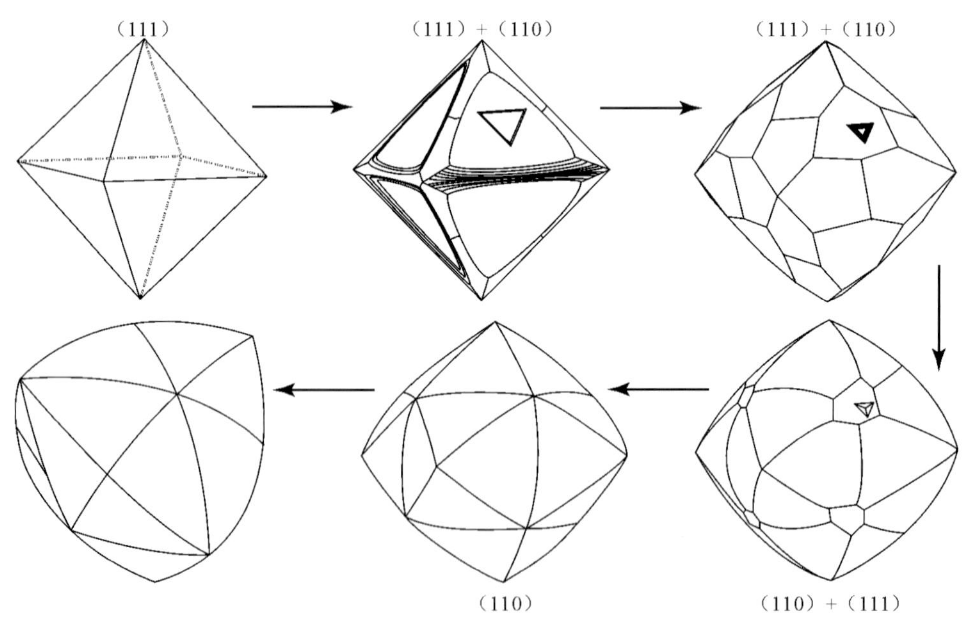

图 4-5 钻石晶体熔解一般过程示意图

未停留在地幔中的钻石则可能因偶然情况，随着岩浆喷发而离开地幔，但喷发并不会直接到达地表，而多是在能量释放后到达一个高度，并逐渐稳定，积蓄能量后再次喷发，循环往复直至到达地表，若上升过程过慢或地下喷发次数过多则钻石可能在其间由于压力减小而石墨化。故而能最终被人类采掘到的钻石，完全生长形态的十分少见，大部分钻石均表现出不同程度的熔解特征。

熔解的过程分均匀与不均匀两种，前者指熔解过程遵循晶体面网密度分布特征，以原石晶体上的每个晶顶周围为始至晶棱再至晶面，绝大多数熔解都遵循这一过程。后者的熔解过程则非各晶顶均匀熔解，而是以某一不确定位置为起点，迅速熔解晶体，常表现为单个晶体上结晶形态的八面体与菱形十二面体同存的现象（图4－6）。

图4－6　非规律熔解的钻石晶体，表现出右侧菱形十二面体，左侧八面体

不均匀的熔解属于偶然情况，能够辨识出其特征的钻石晶体也较为罕见。原因之一在于不稳定的熔解方式使其中间形态难以保存，此类形式的熔解无疑揭示了菱形十二面体的第二种形成方式。其成因目前推断为在岩浆中混杂有对钻石具强熔解能力的物质（如钛铁矿熔解后团聚于黏稠的岩浆局部区域），当钻石与其接触后剧烈的熔解使并始以接触点为整个晶体的突破点，用比均匀熔解快得多的速度逐渐向周围扩散。值得思考的是，如今挖掘出的完全菱形十二面体中，两种不同熔解方式所占的比例究竟各有多少？

在熔解对原石整体外形进行改变的同时，原石的晶面上也在发生着奇妙的变化，这种变化称之为熔蚀。

熔蚀与熔解均与晶体结构有着密切的关系，其中熔蚀的表现形式更多样。根据不同的形态分为蚀像与蚀纹两类，不同的晶面（面网）表现出的熔蚀痕迹极具特点，且各有不同（表 4－2）。

表 4－2　主要晶面熔蚀痕迹

晶体形态	晶面符号	熔蚀痕迹	
		蚀像	蚀纹
八面体	(111)	倒三角蚀像 正三角蚀像 六边形蚀像 盘状蚀像	—
菱形十二面体	(110)	叠瓦状蚀像 盘状蚀像	平行蚀纹 网状蚀纹 趋四六面体
立方体	(100)	方形蚀像	—

蚀像通常具有三维特征，表现出具有一定深度与面积的几何至无规则外形。蚀纹则表现出宽窄不一的条纹状特征。

对于钻石切磨师而言，掌握熔解特征有助于估算原石成品率及制定加工方案。而熔蚀特征不仅在原石真伪鉴定方面有重要意义，还可帮助我们认识钻石晶体结构，探索钻石在地下的形成过程与保存状态，在加工环节可以帮助切磨师判断加工取向，两者均是原石检测与加工中不可或缺的知识（图 4－7～图 4－9）。

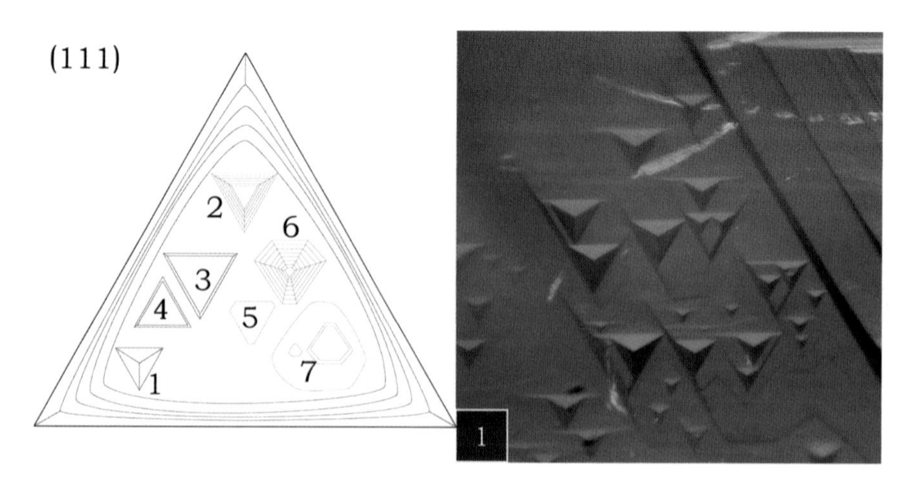

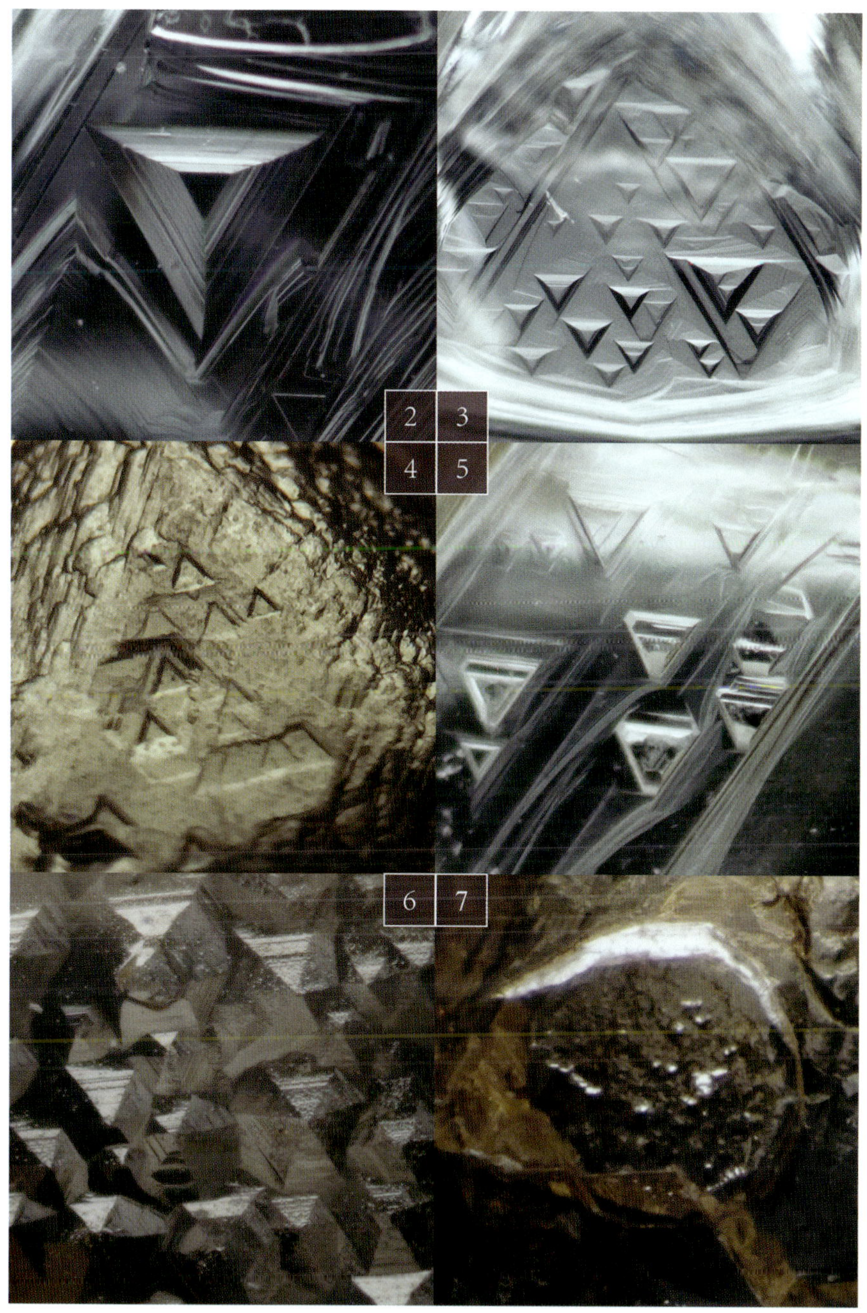

图 4-7　(111)晶面熔蚀痕迹：1底部锐利的倒三角蚀；2阶梯状下沉的平底倒三角蚀像；3平底倒三角蚀像；4正三角蚀像；5截角倒三角蚀像；6六边形蚀像；7盘状蚀像

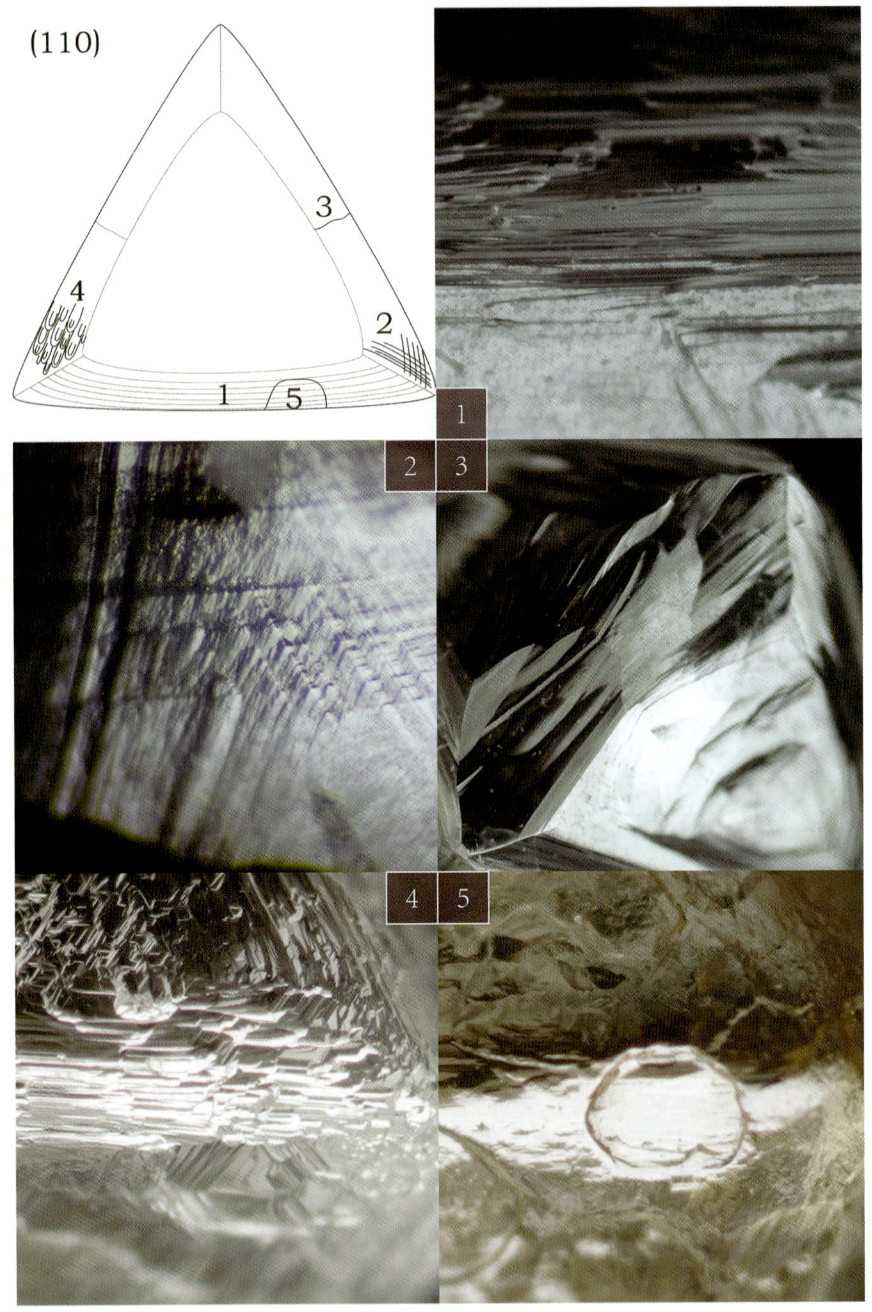

图4-8 (110)晶面熔蚀痕迹:1平行蚀纹;2网状蚀纹;3趋(210)隆起曲线;4叠瓦状蚀像;5盘状蚀像,区别于(111)盘状蚀像

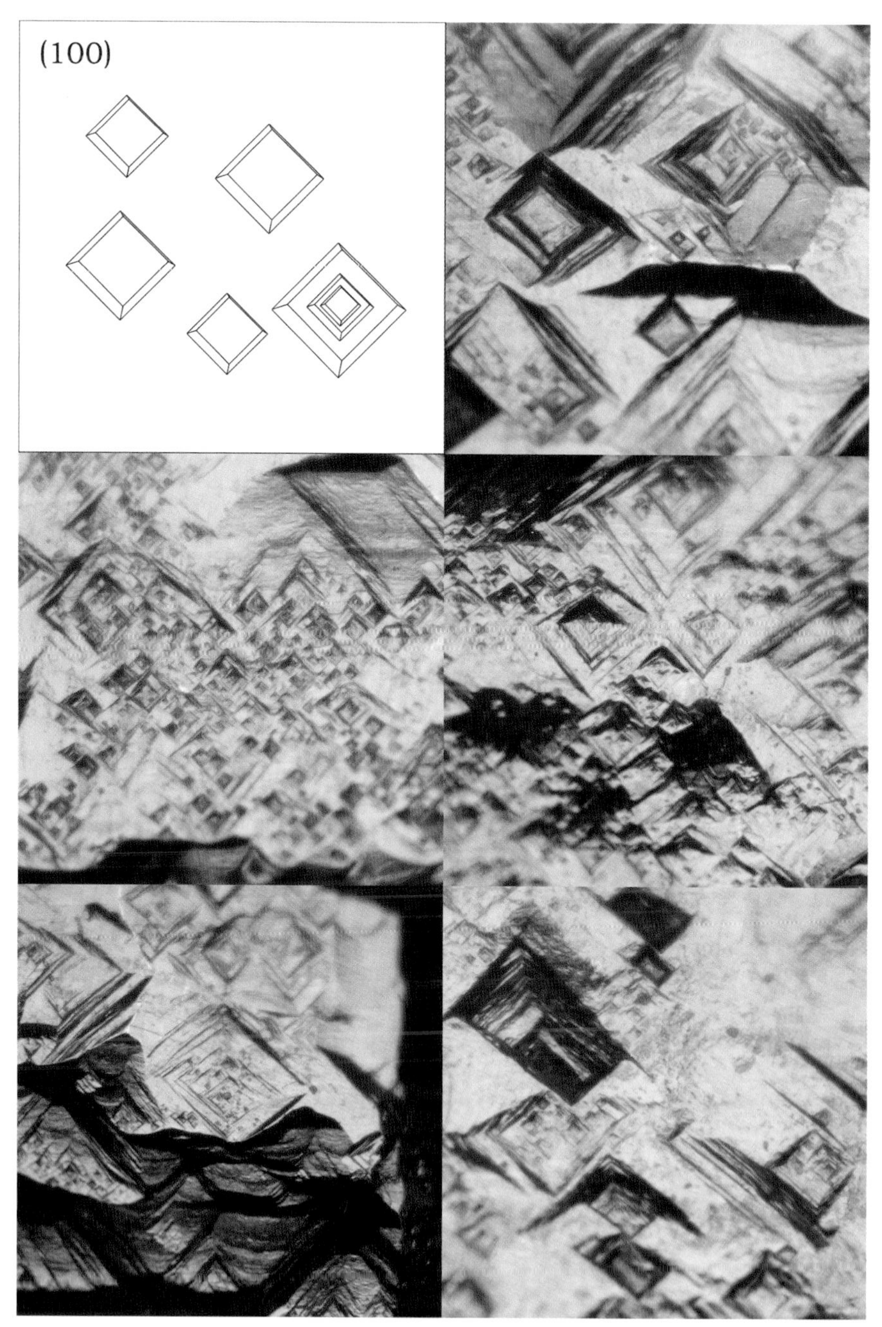

图 4－9　(100)晶面(方形蚀像)熔蚀痕迹示意图

原石的外形除了受熔解的影响外还与生长状态有着密切的联系，钻石形成于自然条件下，受环境压力等因素影响，理想的晶体形态极为少见，更多的是不规则的生长带来的某一方向的过度生长或双晶等。

通常这些不规则的生长形态被描述为变形晶体。变形主要体现为两类对称轴方向的过度伸长（“长”读第三声），分别为二次对称轴及三次对称轴，用符号表示为 $L^2\rightarrow$、$L^3\rightarrow$，L 表示对称轴，数字表示对称次数，箭头表示伸长。

除单一对称轴伸长外还存在多类型的叠加伸长，如 $L^2\rightarrow+L^3\rightarrow$、$2L^2\rightarrow$、$2L^3\rightarrow$、$L^2\rightarrow+2L^3\rightarrow$等表现出更加复杂的形态。设计师需要根据不同的变形形态制定适合的加工方案，发掘晶体的最大价值，下面以八面体为例简单认识一下不同形态的伸长（图 4－10、图 4－11）。

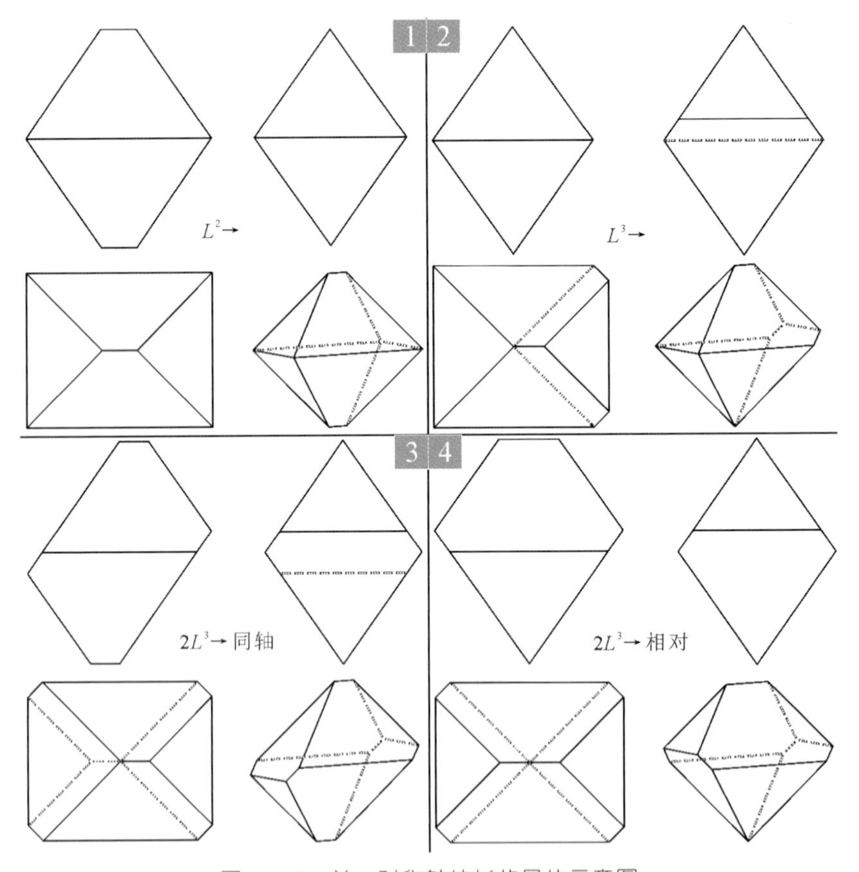

图 4－10　单一对称轴伸长的晶体示意图

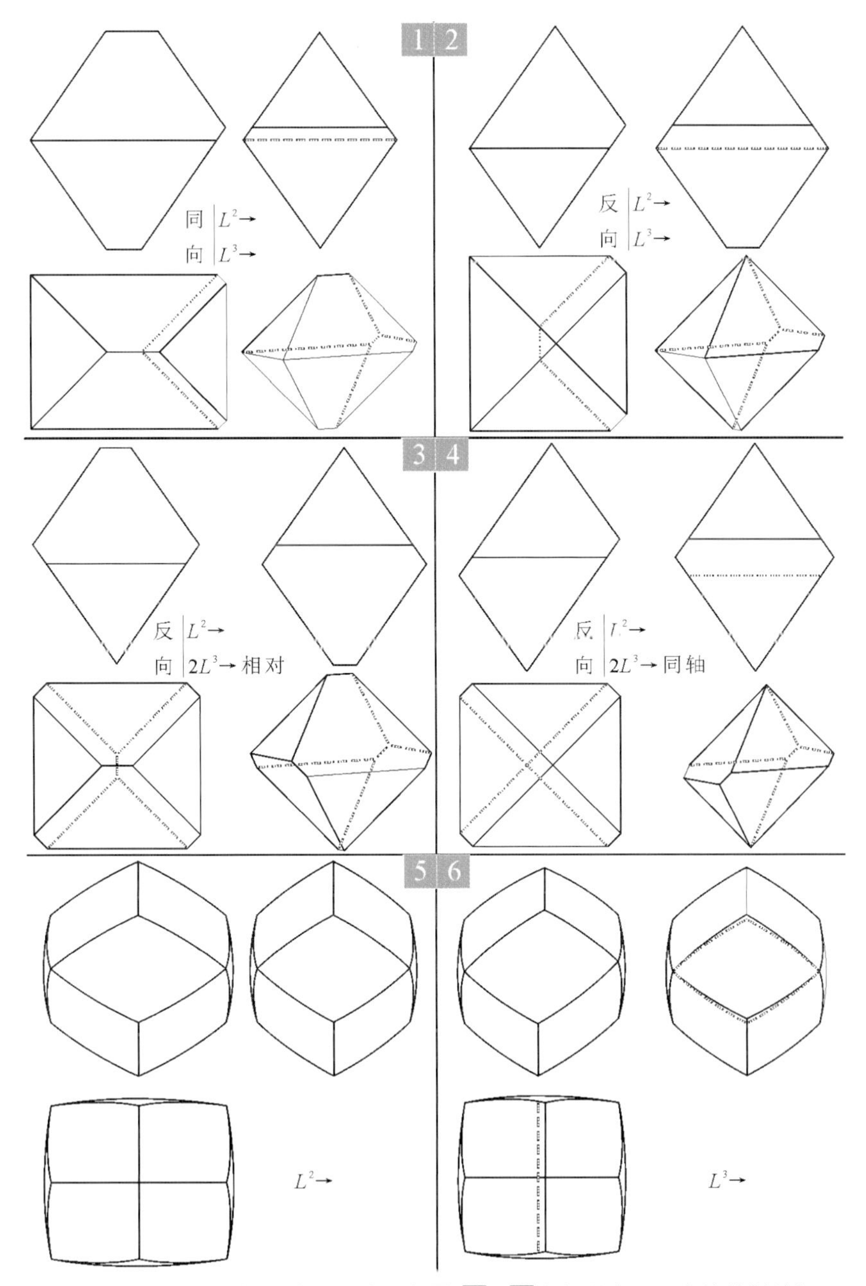

图 4－11　部分叠加型伸长晶体示意图，5～6为菱形十二面体的简单伸长

瑕疵检验

钻石的内部常含有包裹体、裂隙、色带等天然瑕疵,在加工前必须对瑕疵进行详细准确的检查。一则关乎加工过程的安全,二则瑕疵的具体情况也左右着加工方案的制定。

在传统的成品钻检验中对瑕疵的检验被称之为“净度分级”,并以中性词“内含物”替代具有贬义的“瑕疵”。然而在钻石加工中却不存在这样的问题,在乎的是去除瑕疵或是保留,“瑕疵”一词更能体现钻石加工的本质。

如上所述,从加工的角度来看瑕疵只存在两类:可去除的和不可去除的。前者指的是不保留在成品钻石上的瑕疵,包括去除后可以有效提高原石成品后价值的、原石成品区域外的、威胁钻石牢固性的。后者指的是瑕疵保留在成品钻石上,主要有:去除该瑕疵有较大风险,而选择保守加工方案,以降低加工风险的;去除瑕疵后的成品价值并不能得到有效提升,甚至低于保留瑕疵后的成品价值的;瑕疵位于成品钻石内部较深位置的;成品后价值并不以净度为主要价值衡量因素的,比如彩色钻石。

瑕疵的检验主要包含类型、位置、数量与颜色。类型与加工时的风险息息相关。不同类型的瑕疵在钻石中的分布状态及危害也各有不同,有些具有方向性,有些则有较大危害(图 4－12)。位置则是决定去除或保留瑕疵时的重要判断依据之一。

钻石中常见的瑕疵类型有以下几种。

(1)石榴石:作为钻石勘探的指示性矿物,石榴石是钻石中最常见的矿物包裹体之一,并可作为判断钻石真伪的依据,多为红色。

(2)辉石类:通常为深浅不一的绿色,无方向性,偶见较大包裹体。对钻石危害较大,遇高温膨胀后在其周围形成裂隙或应力纹。

(3)铁矿石类:主要包括钛铁矿或铬铁矿,在加工过程中对温度较敏感,受高热后可使钻石内部形成空洞或熔蚀管。

(4)硫化物:带有明显的方向性,平行(111)面网,可使晶体沿(111)解理面裂开或产生裂隙,有强烈的金属反光,扁平状。

(5)色带:常见于褐色钻石中,由晶体结构缺陷引起,平行于(111)面网,具有明显的方向性,少数黄色钻石亦可见色带。

(6)解理:危害极大,小的解理可延伸使钻石破裂,非常危险。

(7)裂隙:常见瑕疵之一,对加工有一定的危害。

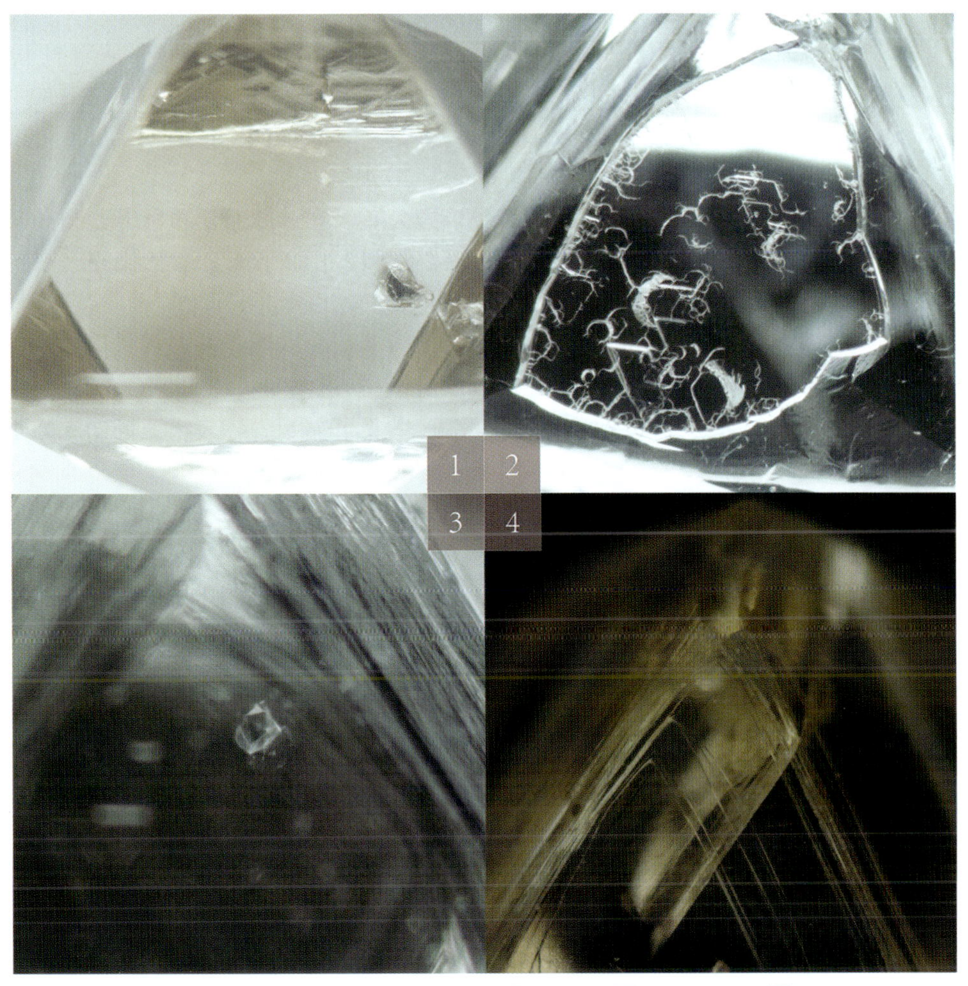

图 4－12　部分瑕疵实物图：1色带；2羽状纹；3钻石包裹体；4解理

(8)应力纹：任意方向，形状多样。显性应力纹表现出明显虹彩干涉色，隐性则须在偏光镜下才观察到。

(9)晶结：钻石内生长状态异常的区域，通常放大观察不可见，但在加工时常表现为晶面上的不规则突起，且很难抛磨平整。

(10)羽状纹：具有鉴定意义，仅存在于浅表层，常表现出曲面，甚至球形，原石上的羽状纹与成品钻检验中的羽状纹概念迥异。

(11)双晶纹：可表现为横跨数个晶面上的隆起纹，也可见环绕整个晶体的隆起纹，在三角薄片接触双晶上表现为鱼骨状的纹理。

(12)钻石包裹体:较少见,多呈现完整的单颗晶体。

以上诸多瑕疵中尤以裂隙、解理、硫化物在加工时威胁最大,须根据瑕疵大小、位置、数量谨慎决定去除或保留,如须去除亦需选择适合工艺以及工艺实施时的具体操作手法。比如是磨去还是锯开,避免因方法不当使瑕疵扩大,造成原石不可挽回的损失。

由于受钻石晶体外形及观察角度的影响,瑕疵位置往往所见非所得。当光进入钻石时会产生一定角度的偏折,寻找瑕疵位置等信息的原理类似于捕捉水中的鱼,而要捕捉钻石内的瑕疵难度则更高。如何判定瑕疵的实际位置,区分镜像、实像、虚像不仅需要一定的光学知识,还要积累相当丰富的实践经验。在早期的一些颇具实力的企业中会配备电子高倍三轴工业显微镜,通过读取显微镜上的数值来测算瑕疵的位置。如今有浸液观察(图 4-13)、投影扫描(图 4-14)等更先进的手段来准确定位。

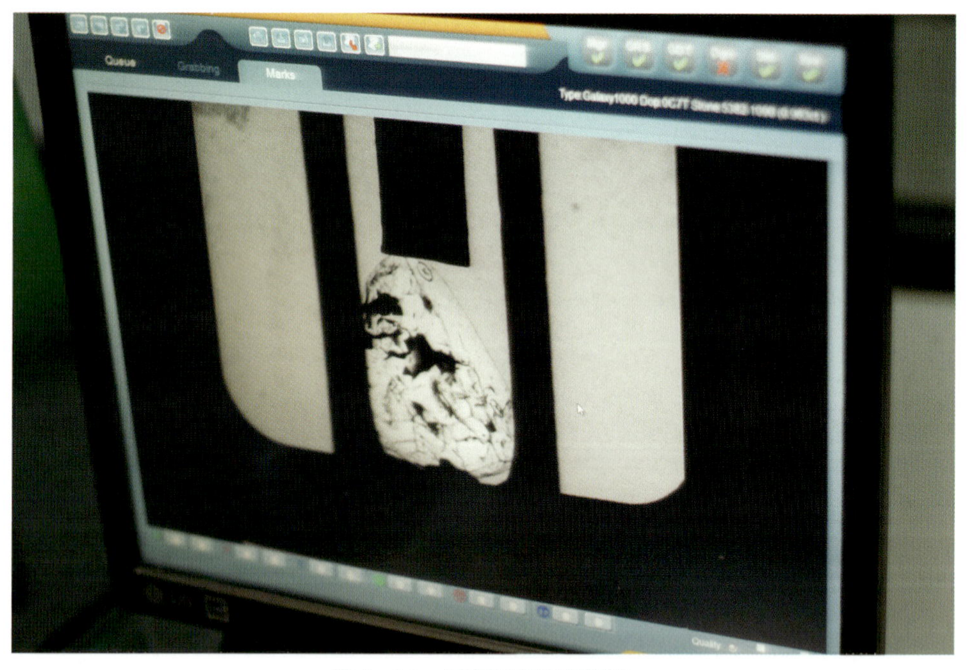

图 4-13　浸液观察原石瑕疵

随着科技的不断进步,在现代化的钻石加工企业中已经开始大量配备可以对瑕疵进行精确定位及简单分类的计算机辅助设计系统,特别是在成品超过 0.25ct 以上的钻石中应用广泛。设备连接电脑,在显示器中就可以直观地看到经数字化处理的钻石内部瑕疵情况,计算机也会自主判断瑕疵位置,并综合原石的其他信息

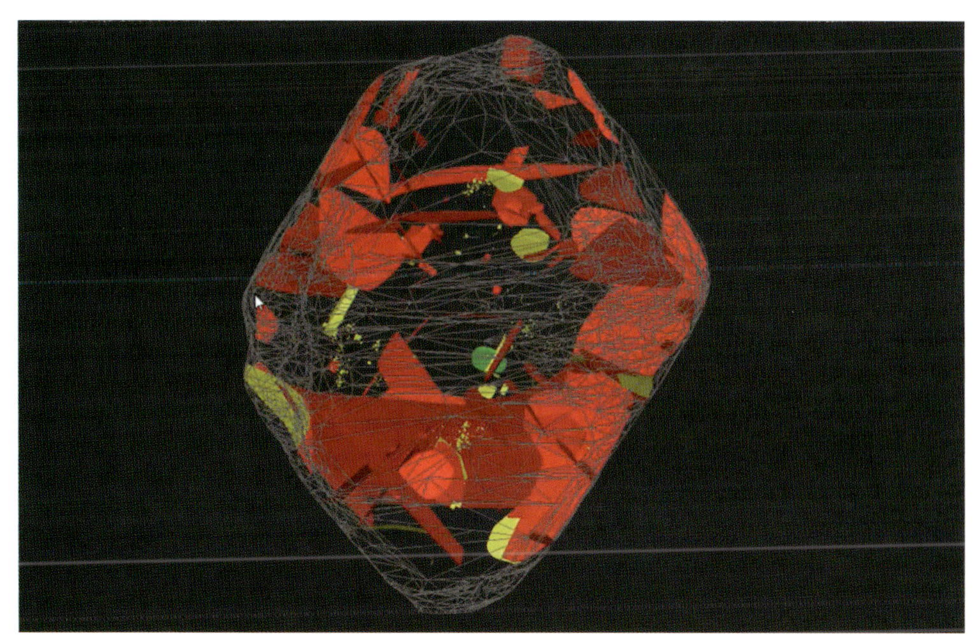

图 4－14　通过扫描设备显示出原石内的瑕疵情况

演算出若干设计方案供设计人员参考。有了计算机的辅助可以大幅减轻人的劳动强度，并减少人员配置与培训周期。但计算机并不是万能的，一则在给出加工方案后仍然要人工复核以考量计算机给出方案的合理性，二则在采购环节仍需人来检测原石，评估价值。故若想成为一名具有综合能力的钻石切磨师，需要学习掌握肉眼估测瑕疵位置的能力。

瑕疵位置的判断有五个重要原则：

(1)尽可能多角度地观察瑕疵的位置。原石中的瑕疵位置是三维空间概念，需要从前后、左右、上下以及更多方向来确定瑕疵的空间位置，不同的方向所观察到的结果也各有不同。

(2)瑕疵在钻石内的成像状态受原石晶面生长角度等因素的影响，大多不能直接以观察到的位置来认定它就是实际位置，因为光从光疏进入光密会产生折射，此时所见的是瑕疵经折射后的影像，并非其实际位置，此类影像称为虚像。比如当垂直于八面体晶棱(110)方向观察时，瑕疵的实际位置比观察到的位置靠后靠下。图 4－15 中实像的具体位置是通过分析各方向虚像的位置后获得的。

(3)除了虚像外还需要分清所观察到的瑕疵是否是镜像。所谓镜像是当瑕疵临近某两个以上晶面(晶棱或者晶顶位置)时通常会产生数个在周围的相同影像，晶面发挥如镜子般的作用(图 4－16)。

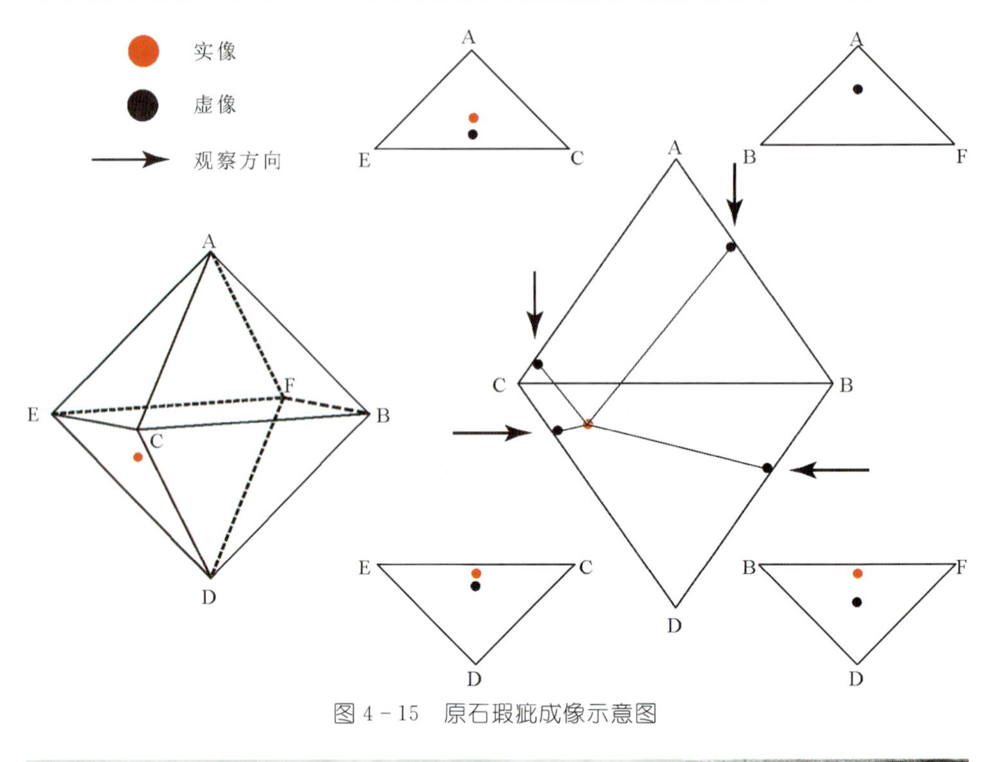

图 4－15　原石瑕疵成像示意图

图 4－16　在三棱汇聚顶或趋(210)隆起棱线的下方，瑕疵表现出多个重复影像

(4)曲晶面较之平晶面，瑕疵的确认更具迷惑性。由于曲晶面的缘故，晶面会产生单凸透镜的效果，导致瑕疵观察起来要比原来的大，增加了判断瑕疵大小以及位置时的难度(图 4－17)。针对此类情况可选择在合适的位置开一个小窗来观察瑕疵在原石内部的情况。

(5)晶体表面由于受熔蚀、过度生长、磨蚀等自然影响变得模糊，难以观察清楚内部情况(图 4－18)时也可以考虑磨开一个小面，起到类似于窗的作用，以便观察内部情况，通常开窗选择在晶棱位置。

瑕疵位置大小等信息的识别需与设计方案互通，即在设计方案中以图示的形式将瑕疵在钻石中的位置、大小、基本形状表示出来。

图 4-17 由于受曲晶面的影响，瑕疵的影像被拉长了

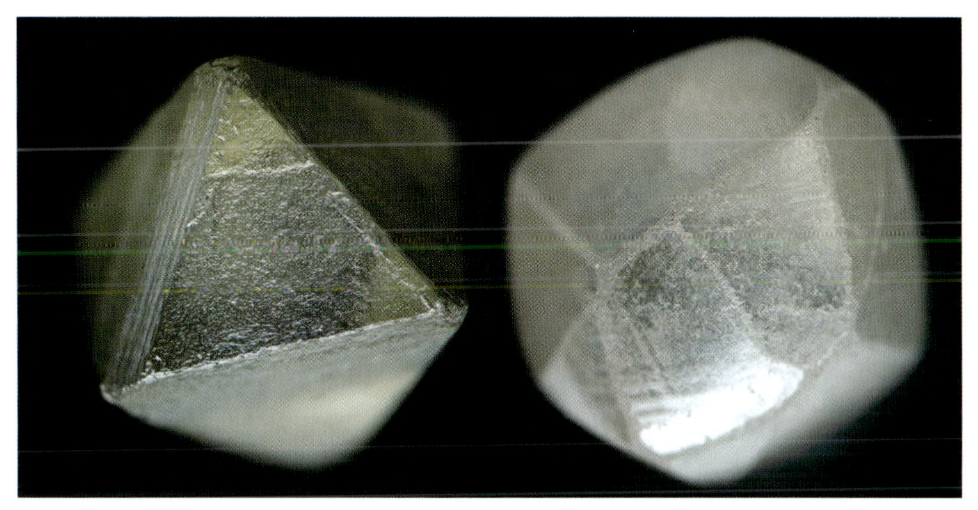

图 4-18 受各种自然环境的影响导致外观不清晰的钻石原石

图 4-19 示例一中瑕疵实际所在位置位于 EFBC 平面，靠近 EC 晶棱一侧。由于所处位置的原因，瑕疵会在靠近晶棱上下两侧晶面上呈现镜像效果，且根据晶棱的状态不同，锐晶棱看不见红色瑕疵实像，钝晶棱则可见包括红色实像以及镜像在内的三个相同影像。在俯视 EFBC 平面时则可见虚像与镜像两类影像。

示例二中，瑕疵位于 EFBC 平面下方靠近 ECD 晶面一侧，注意由于视角的不同，虚像所在的位置也各有高低差异，俯视 EFBC 亦可见镜像与虚像。

示例三中，瑕疵位于晶顶 A 附近靠近 AEC 晶面一侧，当瑕疵处于这样的位置时，经常可以在靠近瑕疵的其他晶面观察到镜像。根据镜像的位置，找出它们之间的中心位置，即是瑕疵实像的所在位置。

瑕疵位置的确定关乎设计方案的制定，故而要尤其慎重与仔细，有时位置也并不一定能马上确定，而是通过加工工序的推进而逐渐确定的。

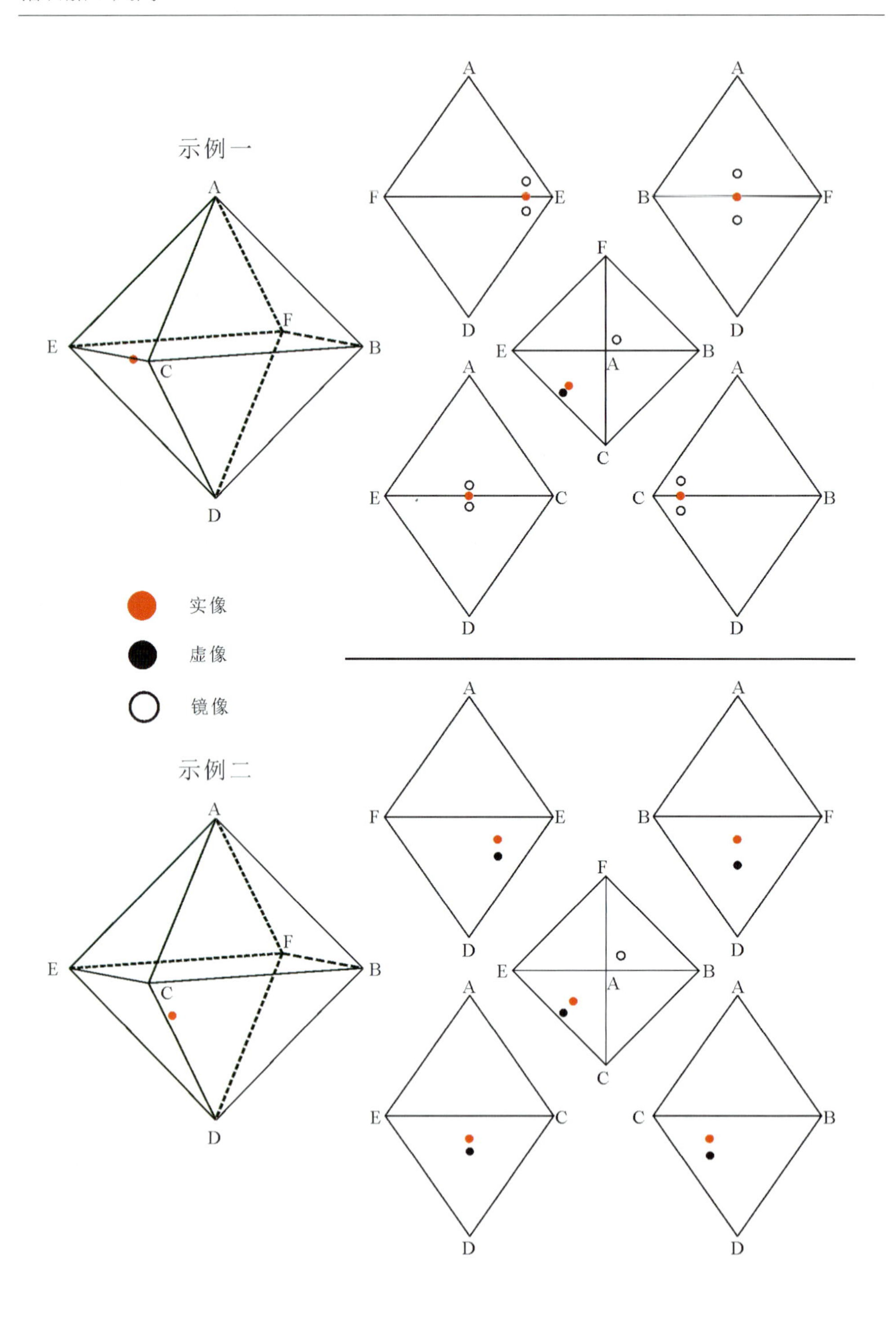

示例一
A
E
F
B
C
D
F
E
B
实像
虚像
镜像
示例二

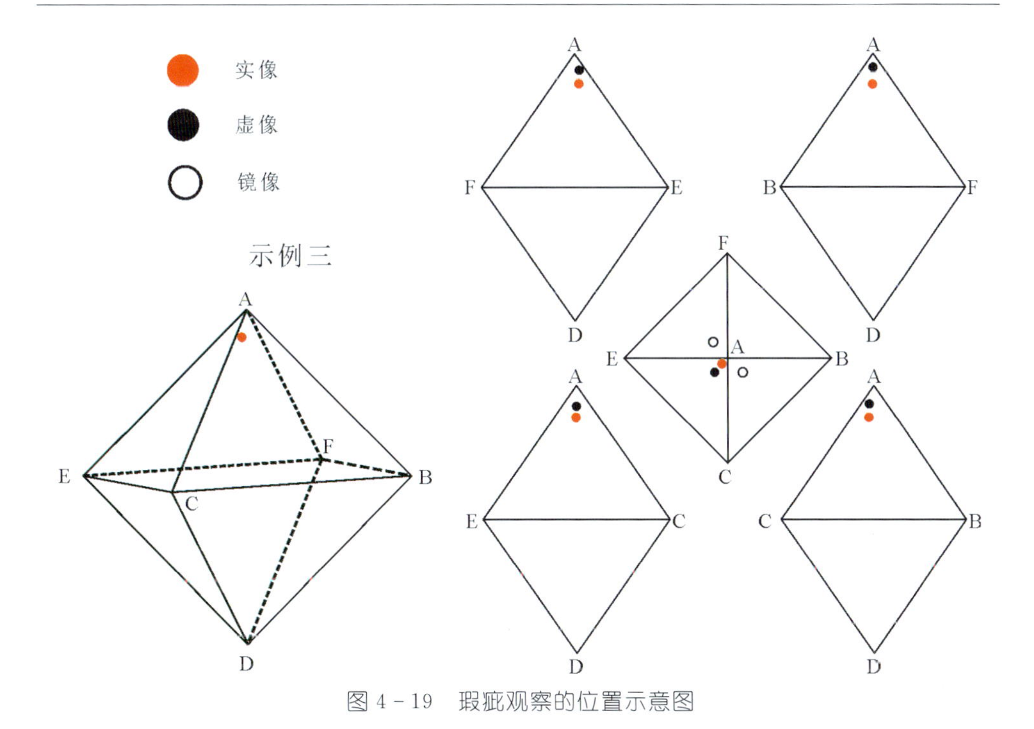

图 4－19　瑕疵观察的位置示意图

如图 4－20 所示，做两颗无瑕钻石，A 方案以虚像位置作为设计的考量参数，使用不对称锯切，从虚像位置锯切后得有瑕甲钻与无瑕乙钻。B 方案正确识别并

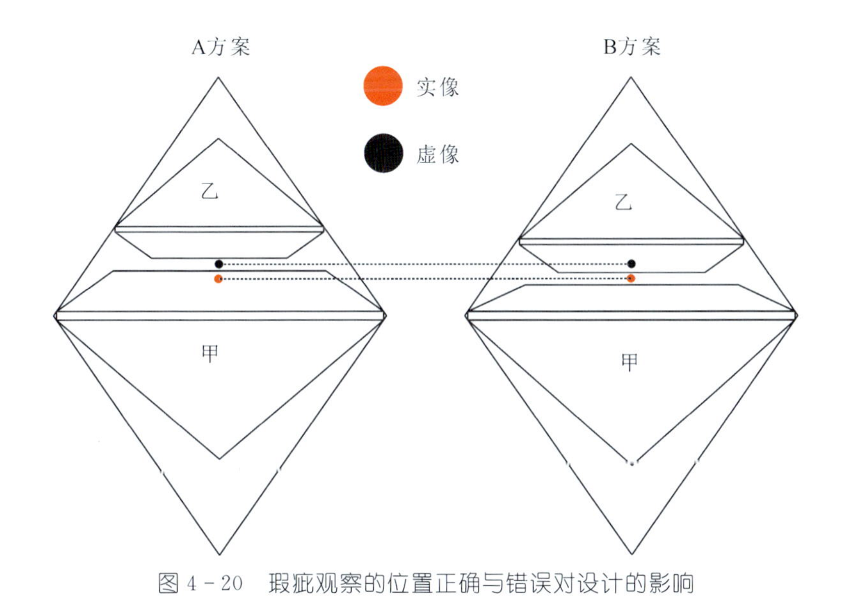

图 4－20　瑕疵观察的位置正确与错误对设计的影响

预估虚像与实像间位置差异，以实像位置为设计参数设计去瑕方案，通过降低甲钻冠高去除正面瑕疵，再增加亭角适当增加亭部重量以弥补冠部损失。乙钻由于甲钻冠高下降而得到直径上的增加，提高了乙钻的重量。故B方案为正确的设计思路，得益于瑕疵位置的准确判断。

当瑕疵无法去除需留于成品上时，需要注意瑕疵所留位置。若处置不当同样会造成如原石上的镜像效果，且由于刻面数量较多，往往镜像程度更甚，从而在视觉上对钻石净度产生进一步的负面影响。

图4－21中通过数字将相同位置的瑕疵一一对应，带撇的数字表示与不带撇的为一组对应关系。图中瑕疵实际所在刻面位置与镜像的关系十分明显地表现出，当瑕疵位于刻面间相交位置，且接近钻石表面时会在瑕疵所在位置的周围刻面

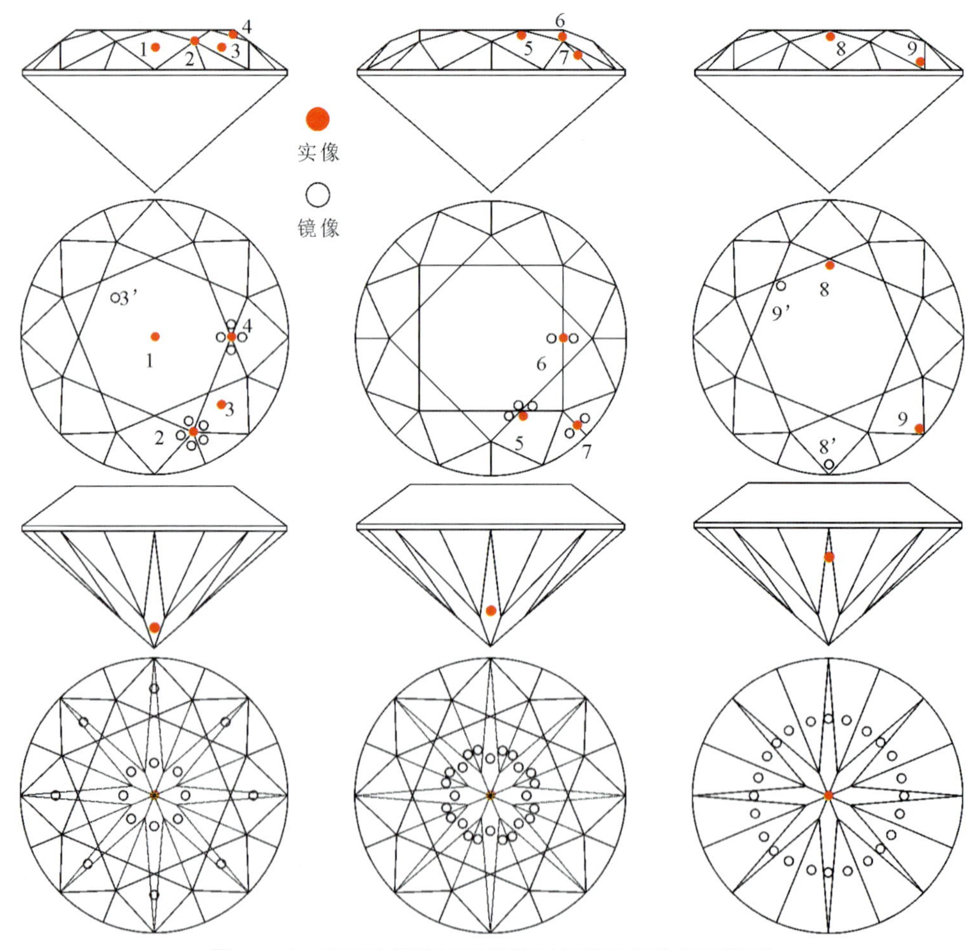

图4－21　钻石中瑕疵不同位置可能产生的镜像示意图

产生镜像，比如2、4、5、6、7出现复数镜像。而更严重的镜像是当瑕疵实像位于亭部中央位置时，极易在正面或背面观察到绕圆周分布的大量镜像。

颜色检验

原石的颜色决定了钻石成品后颜色的大致范围，而通过切工上的调整，可以在原石颜色的基础上进行相对的改善（以色调为主）。

原石颜色的判断具有一定的弹性，观察原石颜色不仅需要相当丰富的经验，还需要对钻石切工与加工有较深的理解，能够根据原石颜色预判其成品后的颜色。预判的结果受诸多因素影响，包括原石熔解与熔蚀状态、表面光泽、晶体形态、瑕疵与辐射等（图4－22）。

图4－22　可能影响原石颜色判断的情况：1曲晶面；2磨砂表面；3熔蚀表面；4带壳晶体；5辐射晶体；6粉色钻石中的色带

(1)熔解与熔蚀状态:曲晶面晶体的颜色比平晶面晶体具有更大的判断难度。严重且剧烈的熔蚀,会使原石表面变得坑坑洼洼,甚至会使原石表面失去原有的光泽,遮盖原石本身的体色。

(2)表面光泽:大多数次生矿中所产的原石会因为自然界中较硬物质长时间的打磨而变得毛糙,呈现磨砂状的外观,影响体色判断。

(3)晶体形态:八面体或菱形十二面体或立方体颜色的呈色方式各不相同,观察方法亦有区别。此外某些钻石晶体由于受生长环境变化等因素的影响使晶体表层包裹上一层类似壳状的聚晶层,壳通常为灰色、黑色,半透明一不透明,呈半包或者全包在内部透明体外围,厚度不一。这类晶体的判断具有较大风险,若要准确判定其内部状态,须将其表层壳去除后通过打开的“小窗”观察其内部状态,否则购买此类原石就好比赌博一般。

(4)瑕疵:并不是所有的瑕疵对钻石的影响都是净度上的,有些瑕疵还会附带颜色上的影响。比如褐色与粉色钻石中常见的色带,特别是后者更是粉色钻石非常重要的颜色表现方式。部分灰色钻石的颜色则是由于内部含有非常细小的石墨包裹体造成的。

(5)辐射:当钻石所在周围存在有辐射源时,钻石有可能受辐射源的影响而发生体色上的改变。这类改变通常由浅及深地改变钻石体色,表现为绿色或者褐色。受辐射强度、辐射源体积大小、辐射距离、辐射时间等因素影响,可呈大小不一的斑点状色斑,亦可整体改变钻石体色。值得注意的是,此类原石的颜色往往是不固定的,将表层磨去后会显现其本来的颜色,因此在购入或检验时需要对这一因素有所预判。比如,一些绿色钻石时常会保留部分绿色辐射颜色层于成品钻上,一部分绿色彩钻的颜色即来源于这种切磨理念。

不同颜色的原石产出比例各有不同,其中褐色原石产出比例最高,黄色原石也具有一定的比例。除此之外还有红、橙、绿、蓝、靛、紫、粉红、黑、白、灰等几种颜色,其中红、橙、绿、蓝、靛、紫、粉红、黑、白列入彩色钻石之列,而褐、黄、灰三色须要达到一定的饱和度及色调才能归类为彩色钻石(图 4-23、图 4-24)。

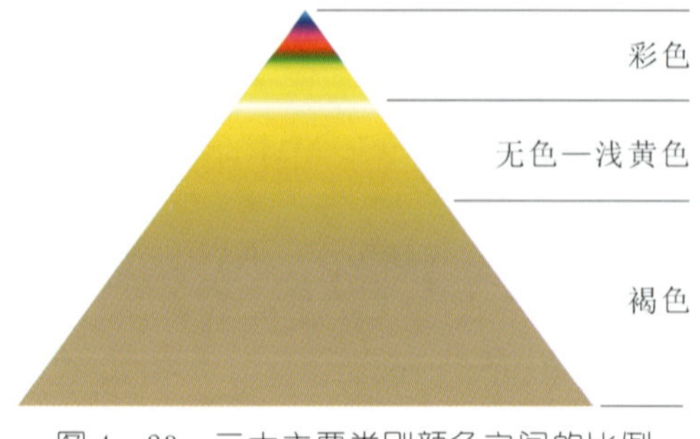

图 4-23　三大主要类别颜色之间的比例

黄色钻石评定字母等级	D E F	G H I J	K L M	N O P Q R	S T U V W X Y Z	
	COLORLESS	NEAR COLORLESS	FAINT	VERY LIGHT	LIGHT	黄色彩钻系统分级 淡彩黄色—彩黄色 FANCY LIGHT YELLOW
	无色	近无色	微黄	很淡黄	淡黄色	

褐色钻石	D E F	G H I J	K L M	N O P Q R	S T U V W X Y Z	
	评定字母等级		FAINT BROWN	VERY LIGHT BROWN	LIGHT BROWN	
			微褐	很淡褐	淡褐	褐色彩钻分级系统
			评定字母等级，附注褐色术语			

灰色钻石	D E F	G H I J	
	评定字母等级		不评定字母等级，K色以下灰钻以彩色钻石分级系统加以分级 K色灰钻评定为微灰（FAINT GRAY）

优顶级淡褐（top top light brown）：
是指具有极少量不易察觉褐色的钻研，镶上坐台后几乎不见颜色。

顶级淡褐（top light brown）：
多见于印度切磨厂产出之小钻。此语虽无精确定义，一般乃指正面具有微褐的钻石。

图4-24　GIA黄色系列钻石及褐色、灰色系钻石颜色分级图

原石的颜色观察技巧视不同形态有所差异，主要分生长形态、过渡形态与熔解形态之别，不同的形态颜色分布状态也各有不同，观察时需要格外注意选择颜色观察的位置（图 4－25）。

图 4－25　检验师正在观察原石颜色

生长型八面体与早期的过渡形态（以八面体晶面为主）参照生长形态的观察方法，中后期过渡形态的观察则参照熔解形态。

生长形态原石晶顶附近（图 4－26 中灰色）的区域颜色要明显深于其他位置，垂直八面体晶面观察时颜色最浅，故其以上位置均不适宜作为判断原石成品后颜色的参考位置。合适位置的选择应选取晶体上的既非深又非浅的位置，就八面体原石而言，图 4－26 中橙色的区域可作为颜色观察的适合位置。

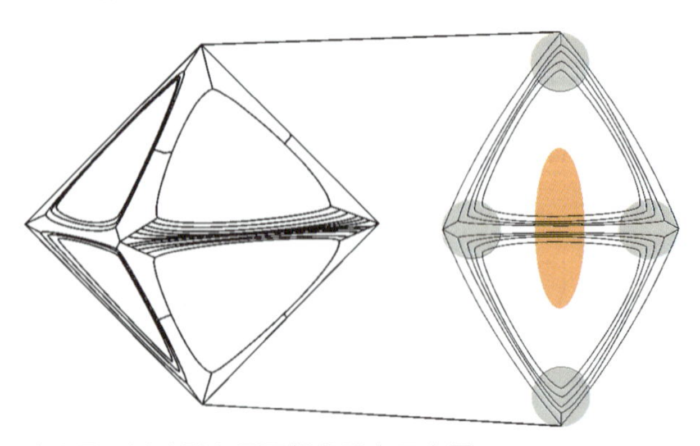

图 4－26　八面体或早期过渡形态原石颜色观察示意图

熔解形态与生长形态呈色不同，颜色主要在晶体边缘处较深（图 4－27），图中橙色位置可作为颜色判断的参照区域。

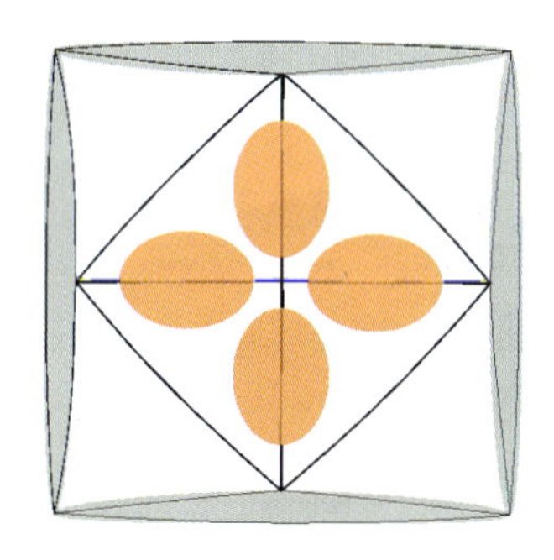
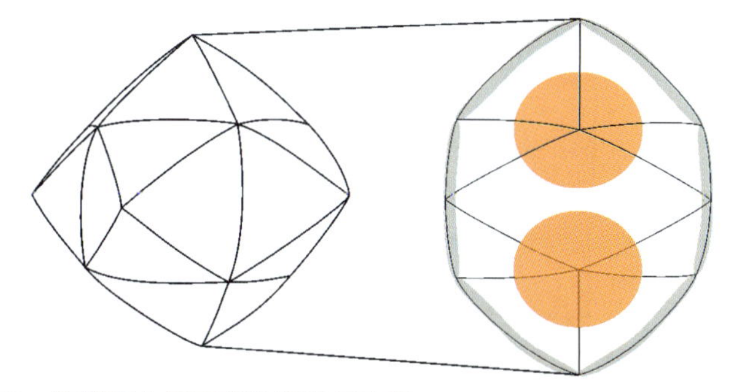

图 4－27　溶解形态原石颜色观察示意图

表面较为粗糙的原石，对颜色判断时会造成一定影响。可通过在原石表面涂抹“白油”来增加表面透明度，从而帮助颜色甚至净度的判断。所谓“白油”乃是行业中前辈流传下来的老办法，实为一种从石油中提炼出来的用于涂抹头发起定型作用的透明无色油性液体，利用钻石亲油特性使油附着于原石表面（图 4－28）。

图 4－28　白油

重量检验

原石成品率除了与外形关系密切外，最重要的还是原石本身的重量大小。外形可通过切磨上的技巧来弥补，而重量则是绝对的。重量检验的目的是对重量背后价值的衡量与选择。早期钻石交易时常使用个体重量差异很小的克拉豆来代替砝码（图 4－29、图 4－30）。

原石的重量通常分为以下四个等级。

特大原石：＞10.8ct，也有≥14.00ct 或≥15.00ct

大原石：≥1.00ct，也有≥2.00ct

小原石：＜1.00ct

混合小原石：0.15ct～0.025ct

图 4-29　老式的克拉秤(左)与克拉豆(右)

图 4-30　老式的克拉秤(左)与现代电子克拉秤(右)

在分选大原石以下规格时通常使用钻石筛片来区分原石大小(图 4－31)。在批量采购原石或分选时钻石筛片是好帮手,可以快速将相似大小的原石分选到一起。

图 4－31　钻石筛片

尺寸测量

原石尺寸测量是计算原石成品率、确定原石价值的重要手段之一。基础测量使用卡尺,类型包括游标卡尺、表盘卡尺、电子数显卡尺等,其中电子数显卡尺准确性较高,操作简便(图 4－32)。但对于企业则需使用精度更高更智能的设备,比如钻石原石自动加工设计软件。本书仅介绍如何使用电子数显卡尺人工测量原石尺寸。此技能是初学钻石加工所应掌握的基本技能之一,既可使学员更快更好地理解设计软件,亦可应对多种场合需要,比如原石采购、无辅助软件情况下的加工等。

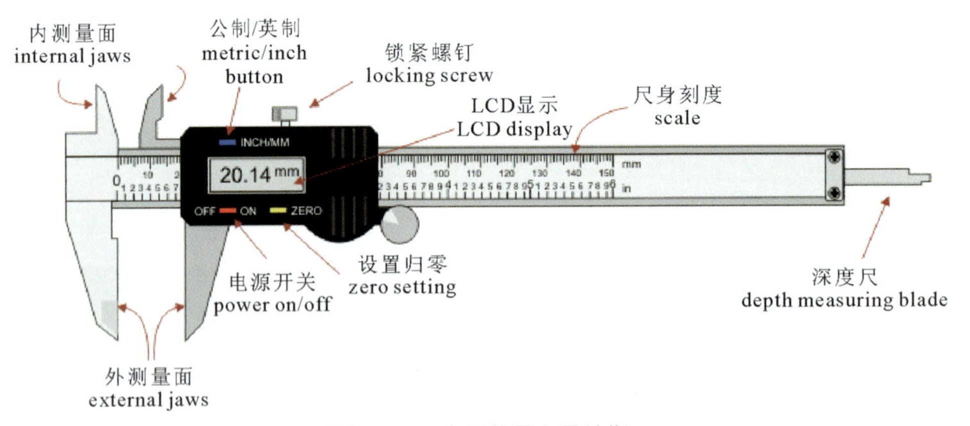

图 4－32　电子数显卡尺结构

尺寸测量讲求“拿稳”“摆好”“夹准”。

“拿稳”要求操作过程中将原石稳妥地拿捏于手指间,通常使用大拇指与中指拿捏原石,同时辅以食指调节原石位置(图 4－33 1、2)。注意原石测量原则上不使用镊子,尤其针对熔解型原石(图 4－33 5)。

“摆好”是用手指将原石调整至便于观察及测量的位置。通常将晶轴垂直于水平面,手捏晶棱或晶面两侧(图 4－33 3),图 4－33 4的手法不利于观察原石。

“夹准”是确保读数准确与否的先决条件,需要拿原石的手指与卡尺间的默契配合(图 4－34 6)。卡尺所夹位置应是位于晶棱或晶面的 1/2 处(图 4－34 1、4)。菱形十二面体晶面多有趋(210)现象,导致晶面沿短轴出现曲线形隆起,故而卡尺上应选用厚的部分进行夹持(图 4－34 2、5)。较锐利的晶棱,则应使用卡尺前端薄的位置夹持。

以八面体与菱形十二面体为例,八面体的测量以同一晶面上相邻的三个晶顶

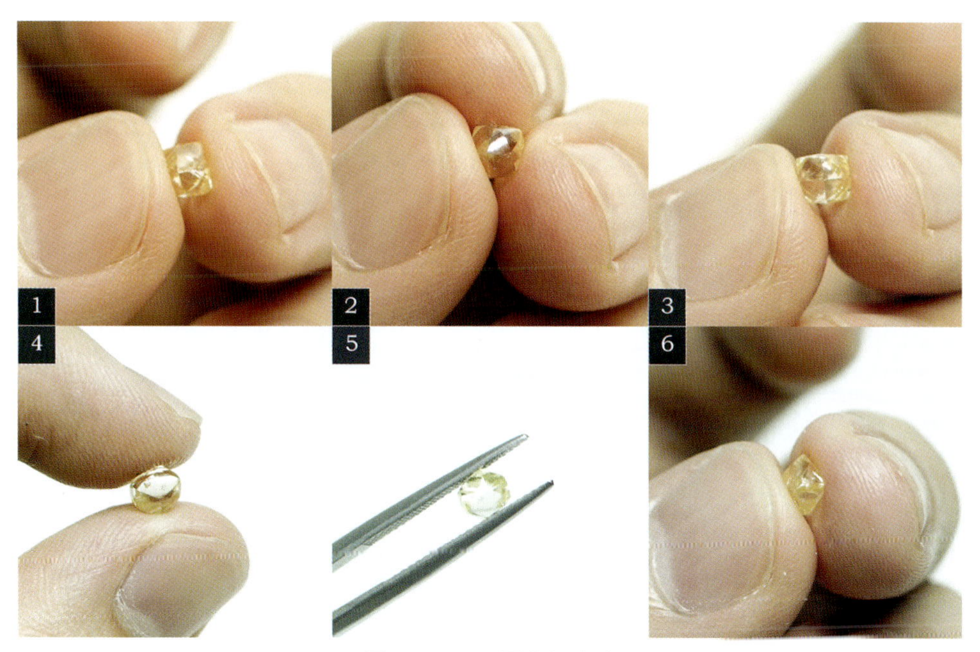

图 4－33　原石拿捏方法

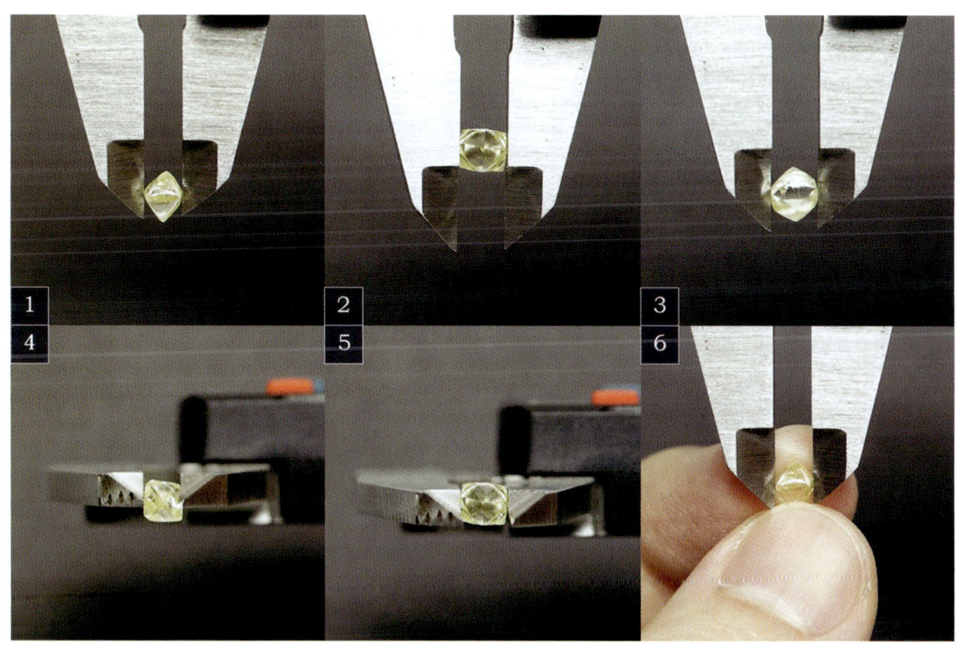

图 4－34　原石测量方法，其中：3中较薄位置夹持熔解型易使原石滑落；6可用手指拿捏原石配合测量

为参照，分别量取以这三个晶顶为晶轴 L^2 方向上彼此平行的两条晶棱 1/2 之间的距离，如图 4-35 使用卡尺尖端薄刃位置，夹持于晶棱 AB 与 DC 中间位置，测量两晶棱之间的宽度。重复该步骤测量晶棱 BC 与 AD 之间的宽度，经两次测量可得一组宽度数据。再次重复该步骤继续测量晶棱 AE 与 FC，EC 与 AF，BE 与 FD，ED 与 BF 之间的宽度，最终获取三组六个数据（表 4-3）。

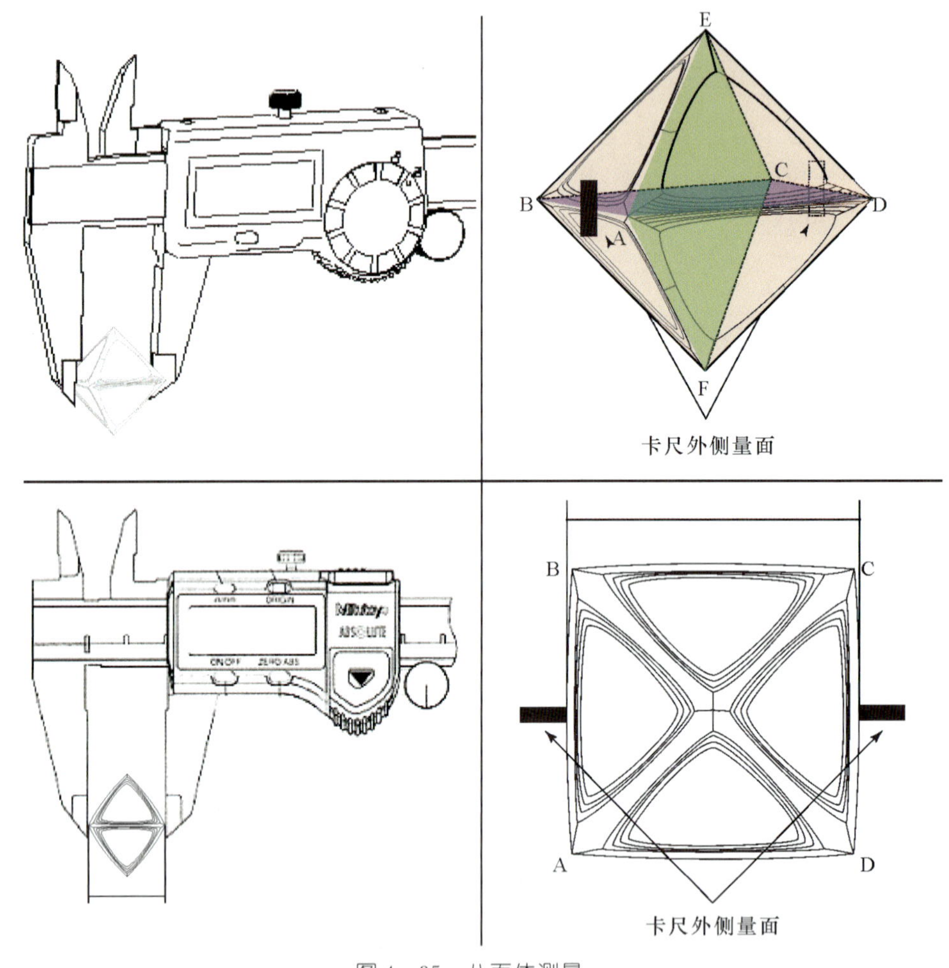

图 4-35　八面体测量

表 4 - 3　原石测量颜色与尺寸对照表

图 4 - 35 中颜色	晶棱	宽度(mm)	晶棱	宽度(mm)
蓝色	AB—DC	6.58	BC—AD	6.31
绿色	AE—FC	6.48	EC—AF	7.02
红色	BE—FD	6.64	ED—BF	6.21

菱形十二面体的测量以与三棱汇聚顶相邻的三个晶顶为参照，使用卡尺前端厚刃位置沿菱形晶面短轴方向(图 4 - 36①)量取以这三个晶顶为 z 轴(晶轴)L^2 方向上彼此平行的两个晶面(菱形面)之间的宽度。若短轴位置不理想还可选择旋转晶体 90°从长轴方向测量(图 4 - 36②)。

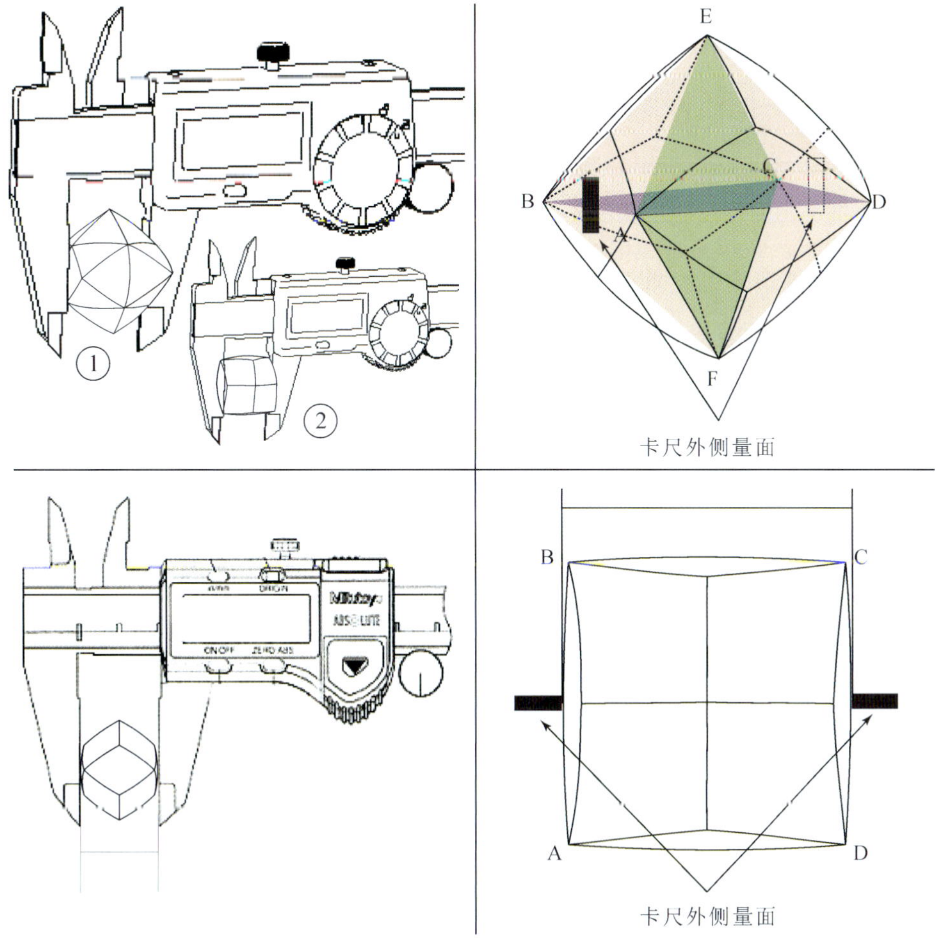

图 4 - 36　菱形十二面体测量

测量后数据的选择方法与八面体一致，最终数值的意义在于可确定钻石的加工基准面，在设计章节中将该数值称之为“最大制约尺寸”(详细参见第五章原石设计)。

重要概念

(1)对原石变形的检验可追溯至20世纪80年代，最初的检验只局限于长、短、扁等描述方式。

(2)对原石变形的检验主要服务于商业分类需要，原石的交易各取所需，根据不同生产用途对原石的外形亦有不同的要求。

(3)历史上原石研究大多是封闭的，但同时也是动态的，不断变化的，行业中有自己独特的交流方式。

(4)原石的变形更应解释为伸长(“长”读第三声)，本质上是原石某个方向上的过度生长。

(5)观察原石颜色应看其较暗的部位，这些部分是光透过率较低的部位，不应观察明亮的部位。

(6)往往晶面较好、金刚光泽强的原石中所含裂隙的数量或含有裂隙的比例要高于表面熔蚀严重的。许多熔蚀严重乃至已不具金刚光泽、表面呈现出半透明外观的原石其内部的裂隙往往较少，净度级别高。

(7)硫化物会在加工时对原石的安全构成威胁，除了通过金属光泽与平行(111)来识别外，它还具有浑圆状外观，有时似云朵一般，以非常薄的片状分布在(111)面上。

(8)对于首饰钻石而言其功能仅仅是装饰作用，但从更广阔的领域来认识钻石，钻石是推动人类文明进步的工具之一，起源于人类对钻石最早的认识——无比坚硬，可用来切削或打磨其他物质。

就当今世界而言，相比首饰用钻石，绝大部分钻石被应用于科研、工业、军事、航天等领域，其产品包括金刚石研磨膏、拉丝模、砂轮修整笔、视网膜切割刀、光纤切割刀、压针、导弹弹头外壳、激光透镜等。

随着合成钻石技术的不断提高，人类终将迎来合成钻石完全替代天然钻石在工具上的地位，可以预见总有一天所有的天然钻石将只用于首饰。

第五章 原石设计
Chapter 5 Rough Diamond Planning

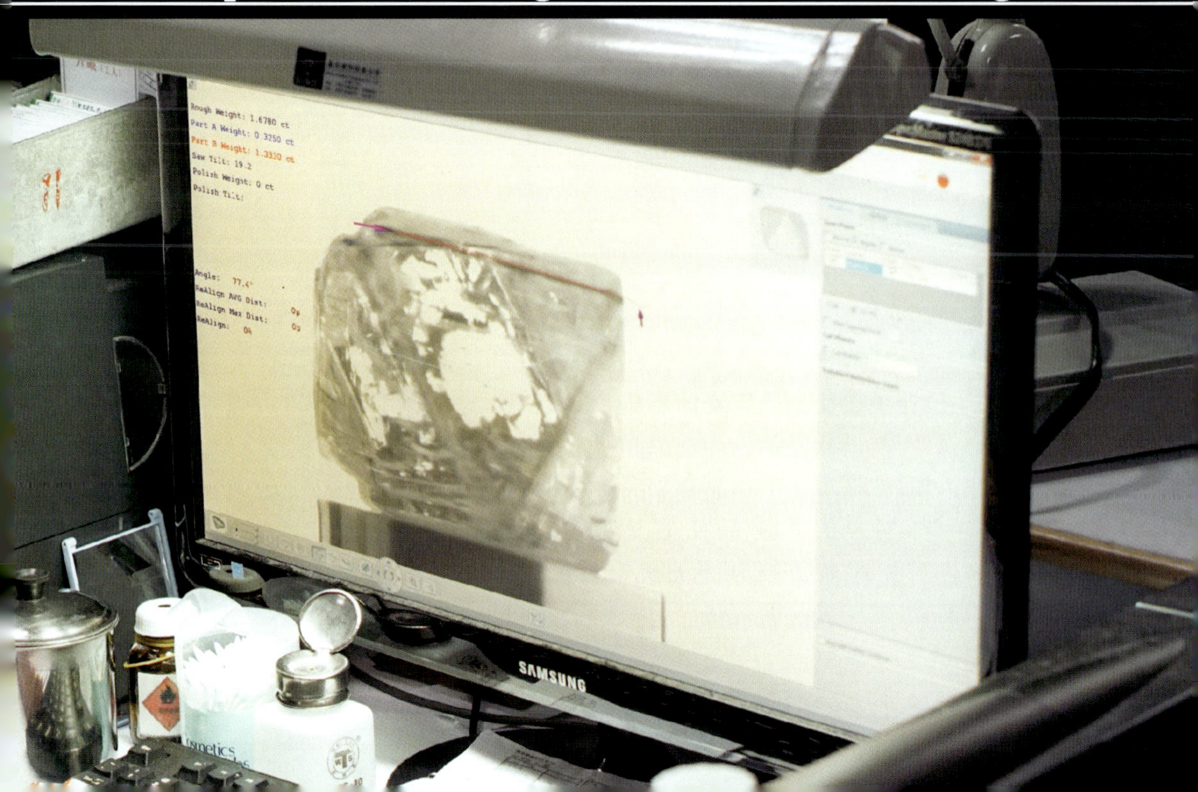

凡事预则立不预则废。在开展原石加工工作前，对加工的过程与结果进行规划设计必不可少，原石设计便是其概念的实体化。所谓设计指的是根据钻石原石的状态或加工需要，设计一套使其成品化的方案，并随着加工工序的逐步推进，确认或修改方案的过程。目的在于寻找原石最适合的加工方案，并按设计方案估算与原石加工、成品价值相关的各项设计指标，以实现原石的最大价值。

加工设计可根据加工企业的经营模式分为三种类型(图 5－1)。

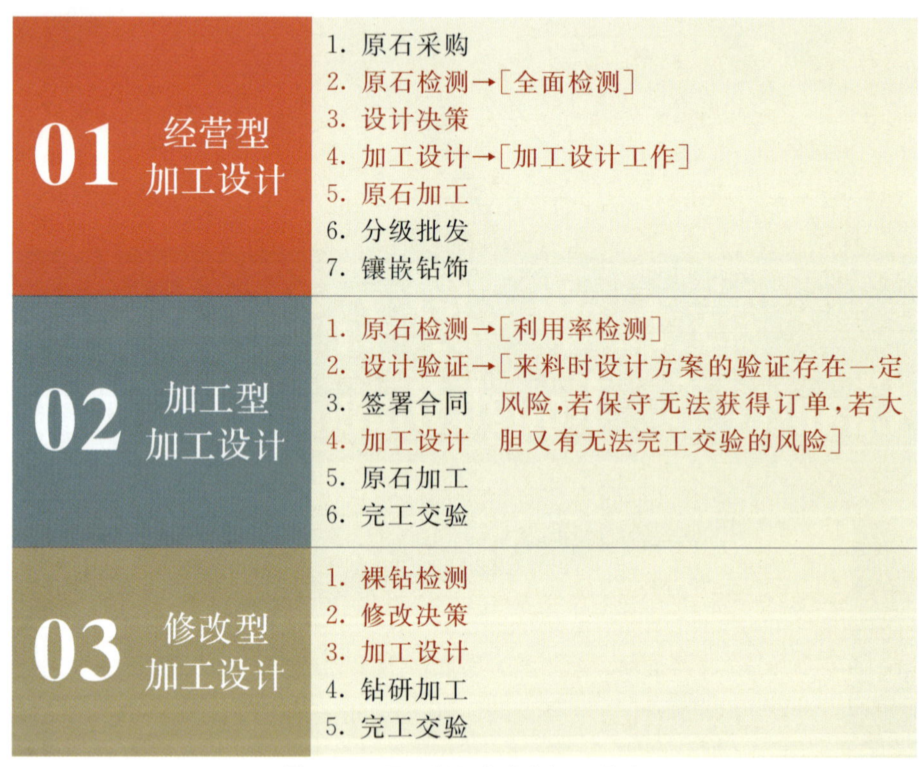

图 5－1　不同类型企业的加工设计

加工设计主要受五个因素的影响。

(1)设计师：设计师的设计理念和所掌握的设计专业知识与技能。

(2)市场：钻石市场的信息和相关法规、标准与评估的方法。

(3)原料：原石的类别、品级、晶体特征、颗粒大小和加工晶向等检测结果。

(4)生产水平：加工技术、管理标准、加工周期、加工成本等。

(5)安全：加工风险的评估。

常用加工方案

在制定原石的加工方案前通常需要先确定加工理念，这个理念转化为加工方案的设计原则，大致可分为五类（表 5－1）。

表 5－1　五类主要设计原则

名称	简介
款式的最大体积	在款式规定的条件下获取成品钻最大体积的加工方案
体积最大的琢型	以获得成品率最高为前提，选择相应的款式，换而言之就是哪种琢型获得体积最大就优先考虑
最小加工风险	以最安全可靠的加工方案为中心来设计加工方案
净度与体积的最大琢型	权衡净度与体积，并在后续加工中去除瑕疵后能获得体积最大的琢型
最小加工成本	以最小加工成本来设计加工方案

初学钻石加工在以上五类原则之下有两种具体可实施的基础方案：锯切方案和单颗方案。

一、锯切方案

锯切方案可选品质较好的浅黄色八面体、菱形十二面体或过渡形态，要求晶体外形变形度较低，推荐从工业钻石原石中挑选（图 5－2）。净度要求无大裂隙、解理、双晶纹等风险性或难处理的瑕疵，重量在 0.50ct～0.60ct 之间的原石。此类原石的优点在于机械强度较高，不易在加工过程中产生裂隙，加工风险较小。

图 5－2　品质较好的工业原石

锯切方案需要将挑选好的原石先用锯钻机对称锯开，得两个大小接近的原石。锯切应选择(100)四尖方向，此方向晶向规则有利于初学者建立起对钻石晶向的基本概念。

二、单颗方案

单颗方案主要针对品质较低的原石，与锯切方案所用原石不同之处在于晶体为浅褐色原石，亦可从工业原石中挑选(图 5－3)。优点在于成本相对较低、加工便捷。缺点是存在产生裂隙的潜在风险，若处置不当会在加工时使原石破碎，这也是该型原石尽量采用单颗方案的原因，可避免因锯钻增加额外风险。

图 5－3　性价比较高的褐色钻石原石

单颗方案操作时只需简单设计定出加工基准面(若原石品质较低，强烈建议使用四尖定向)，将晶顶多余部分直接磨去后取一颗钻石，可省去锯钻环节。

以上两种适用初学者学习的方案，针对性不同，操作者应对两个方案权衡后择优施行，亦可均尝试(图 5－4、图 5－5)。

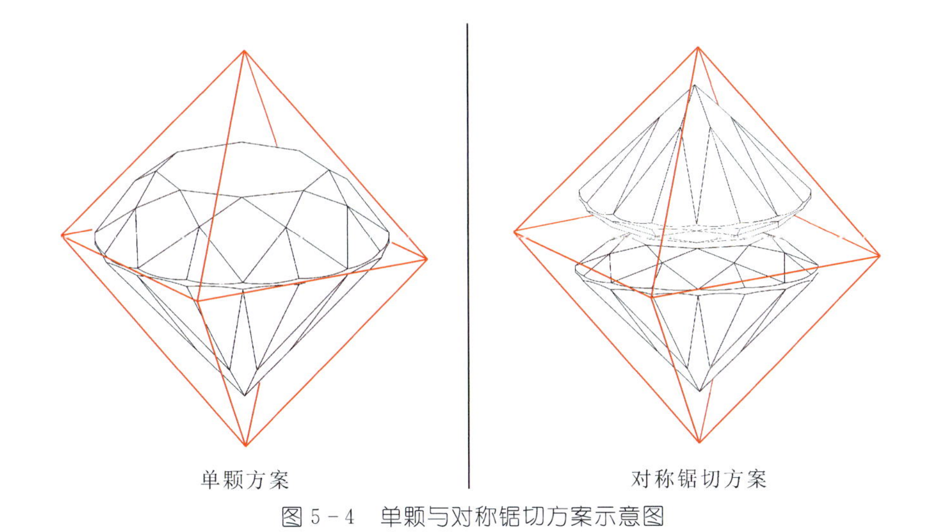

图 5-4　单颗与对称锯切方案示意图

图 5-5　对称锯切后的原石

设计加工方案

但凡大中钻石都必须有设计加工方案才能加工。所谓加工方案是指根据原石检验的结果，制定实施工艺的具体方法与流程，规范流程中需要达到的技术指标，并在方案内估算出原石最终成品率以及市场价值。

制定加工方案的设计师须对每个流程中使用的加工工艺都有所了解，有时设计师也兼切磨师，且方案的设计也有一个过程，并非自始至终都是一套设计方案，特别对于大中钻来说，修改设计方案是常规流程，对于 1ct 以上的钻石根据原石加工的情况可以有两到三次甚至更多次加工方案的修改。这种设计方法称为“过程设计”，设计覆盖整个加工的大部分流程。设计根据工序的推进、原石状态的变化适时调整方案，特别是在加工出现失误后。比方在锯钻后出现锯切面与设计标线不符，影响钻石成品率，设计方案就必须要根据实际情况进行相应调整，最大程度地挽回损失。

在学习如何设计加工方案前，需先熟知原石设计时所使用的专业术语以及术语所在原石上的实际位置(表 5－2、表 5－3、图 5－6)。

表 5－2　设计加工方案时所用术语及释义

名称	简介
最大制约尺寸	原石上制约钻石成品后最大直径的尺寸，即钻石成品后的最大直径不会超过该尺寸。该尺寸是计算钻石原石成品率时最重要的数据，用以确定加工基准面。该数值是基准面宽度值
加工基准面	最大制约尺寸所在的水平面
腰箍	锯切面至腰围下边缘的距离，包含抛面余量、冠高、腰围三部分
腰箍百分比	锯切面至腰围下边缘的距离与平均直径的百分比
锯切损耗	锯切后损耗的高度，与使用的锯片厚度密切相关，常使用的锯片厚度为 0.07mm，在计算方案时锯损常使用 0.2mm
抛面余量	将锯切面锯纹磨平所需去掉的量，锯纹过深就会使抛面余量增加，严重者将影响成品钻石的冠部高度。该数值在计算方案时常取直径的 1%～2%
腰箍系数	系数与腰箍百分比为对应数据，用以求取小钻直径

表 5－3　设计加工方案时所用符号及释义

<table>
<tr><th>符号</th><th>单位</th><th colspan="2">释义</th></tr>
<tr><td>D/ d</td><td>无</td><td colspan="2">D 指代大钻，d 指代小钻</td></tr>
<tr><td>h</td><td rowspan="4">mm</td><td colspan="2">高度</td></tr>
<tr><td>max</td><td colspan="2">最大制约尺寸(Dmax 即大钻 max，dmax 即小钻 max)</td></tr>
<tr><td>ϕ</td><td colspan="2">平均直径(Dϕ 即大钻直径，dϕ 即小钻直径)</td></tr>
<tr><td>a</td><td colspan="2">计算 dmax 需扣除的量(见图 5－11、图 5－12、图 5－18)</td></tr>
<tr><td>W</td><td>ct</td><td colspan="2">克拉重量</td></tr>
<tr><td>CH</td><td rowspan="4">%
(相对平均直径)</td><td>冠部高度百分比</td><td rowspan="4">DCH 即大钻的 CH，dCH 即小钻的 CH，DGH 等同理</td></tr>
<tr><td>GH</td><td>腰围厚度百分比</td></tr>
<tr><td>PH</td><td>亭部深度百分比</td></tr>
<tr><td>TH</td><td>全高度百分比</td></tr>
</table>

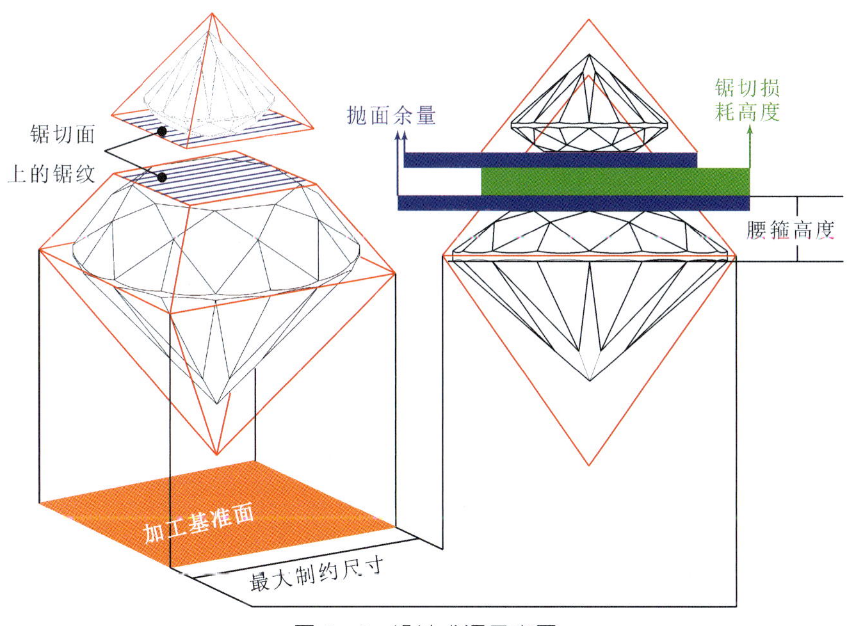

图 5-6　设计术语示意图

本书仅介绍圆钻设计方案几种基本的思路。

一、八面体原石不对称锯切方案

不对称锯切方案是外形规正的大中原石首选的方案，此方案可从一颗原石中获得大小两颗钻石，原石利用率高、经济价值大。

例：某锐晶棱八面体钻石原石重 2.00ct，颜色 G，净度 VVS1。

释义：经测量得 Dmax＝5.80mm，故而加工基准面确定为 ECFB 平面（如图 5-7，相应方法请查阅第四章原石尺寸测量章节）。

①测量 Dmax＝BF－FC＝5.80mm

②估算 $D\phi$＝Dmax×99%＝5.80×0.99＝5.74mm

释义：$D\phi$ 的估算与八面体晶棱溶解状态有关，锐晶棱与钝晶棱在计算与实际加工过程时有所区别，前者相比后者在车钻时的宽容度更低。出于保留更多重量的目的，针对锐晶棱的车钻并不会将腰围车足，而是在相对最薄处将腰围仅连接起来即可（图 5-8）。

抛磨时会在亭部腰围附近留有部分天然面，当正面观察时不会因天然面在冠部而影响钻石的视觉效果。如此可最大程度地保留最大制约尺寸，且由于将钻石腰围下沉至晶棱以下，使得小钻石的直径得以相对增加。

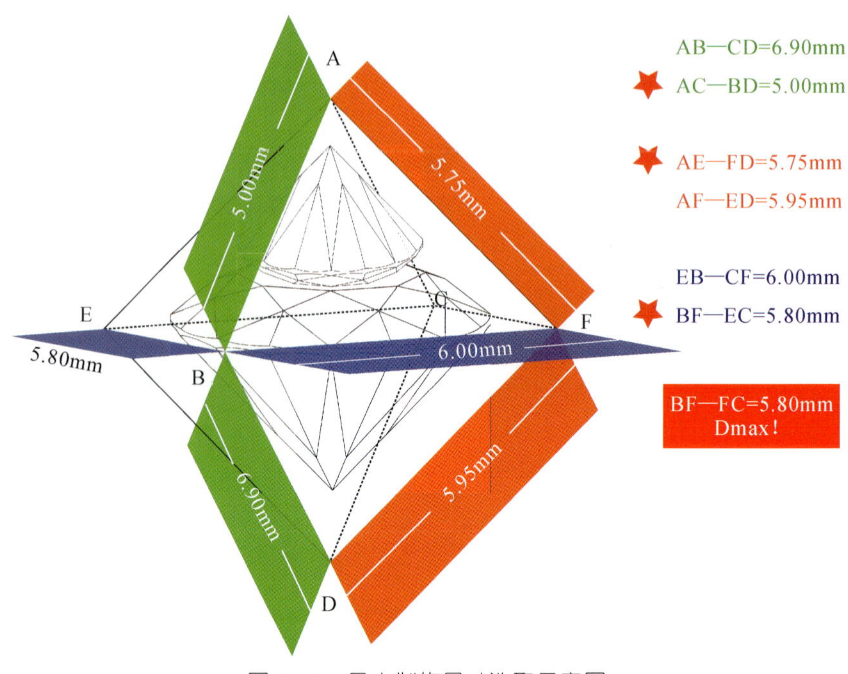

图 5-7　最大制约尺寸选取示意图

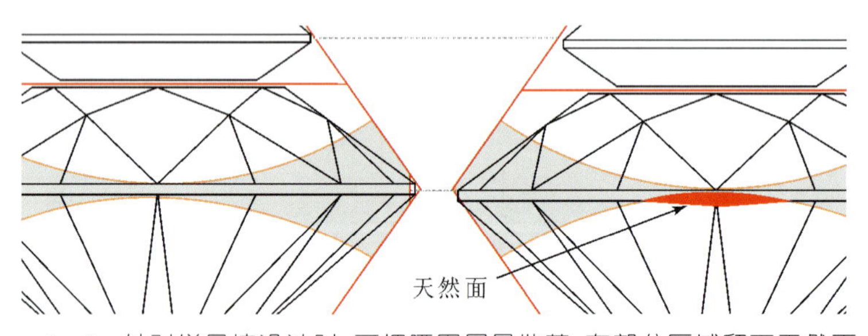

5-8　针对锐晶棱设计时,可把腰围尽量做薄,在部分区域留下天然面

公式 $D\phi=Dmax\times 99\%=5.80\times 0.99=5.74$mm 中,99%为因针对锐晶棱的保克拉思路,故此处扣除 1%的车钻直径损耗。

若是钝晶棱,则由于晶棱本身的宽度使得在同样选择 1%尺度的情况下将不会有天然面留下(图 5-9)。

③估算 $Dw=5.74^3\times 61.5\%\times 0.0061=0.71$ct

释义:直径是估算钻石成品后重量的最重要数据,也是成品钻石重量的主要贡献位置,估算直径后便是确定钻石的全深比,该比例在设计时主要的考虑因素如下。

(1)原石高度、直径和全深比三者之间的关系:全深比乃是钻石高度与钻石平

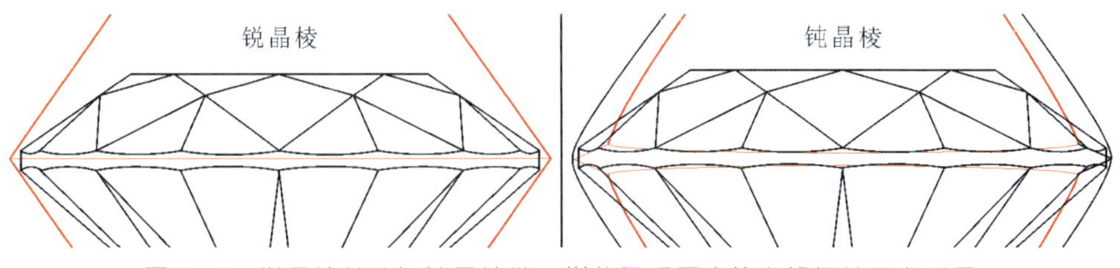

图 5-9　锐晶棱若欲与钝晶棱做一样的腰围厚度势必将牺牲更多重量

均直径的比值，故而直径限制了全深比的大小，当一些原石表现出宽度(最大制约尺寸)充分，但高度不足时(图 5-10 1)，应优先考虑高度再以适合的直径与之进行搭配，这种设计思路称为“以高度定直径”，不能因为宽度充分不顾及全深比。

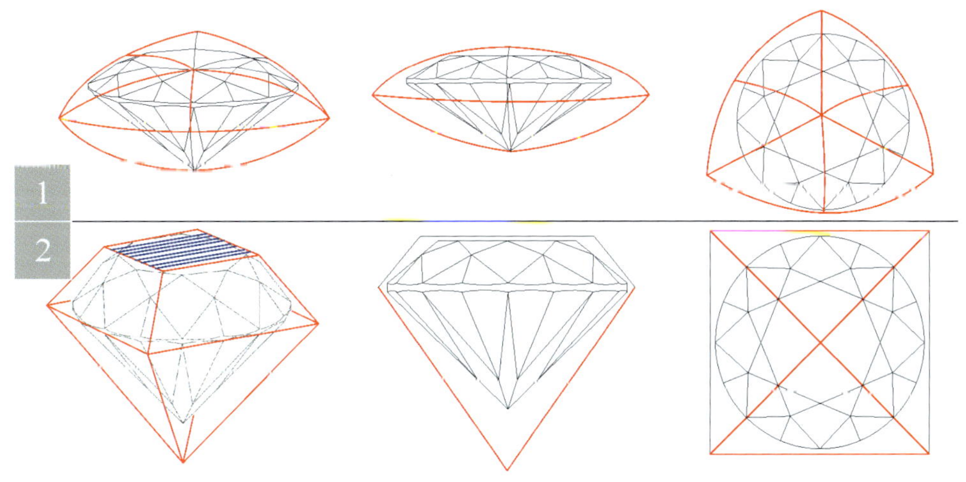

图 5-10　原石高度对加工设计的影响：1宽度充裕；2高度充裕

全深比的设计同时也受原石宽度的制约，当原石宽度有限，但高度充分时(图 5-10 2)，应优先考虑直径，再选择适合的高度与之搭配，这种设计思路称为“以直径定高度”。

(2)成品钻石重量：绝大多数情况下，当估算钻石成品后重量少于关键重量级别时，可视情况选择增加全深比(主要为其中的腰厚比一值，非唯一手段)。比如当某原石经初步估算后得预计重量为 0.96ct 时，通过增加腰厚比使成品重量达到或越过 1.00ct 级别。

(3)原石净度：当原石上的一些瑕疵位于或靠近设计成品区域内时，根据瑕疵具体情况以及设计思路可选择保留、去除或避让瑕疵，当选择去除或避让瑕疵时，瑕疵可能会限制钻石的设计高度。

初步设计时大钻可采用 CH16%+GH2%+PH43.5%=TH61.5%。

使用钻石重量估算公式：$Dw = D\phi^3 \times TH\% \times 0.0061$

$Dw = 5.74^3 \times 61.5\% \times 0.0061 = 0.71ct$

④估算 dmax= Dmax$-2a$ =5.80−0.83×2=4.14mm

释义：估算小钻直径时需先估算 dmax，即八面体晶面与当前加工基准面的夹角为 54°44′。

计算 dmax 需要借助三角函数：

$$a = \frac{D\text{实际冠高} + D\text{抛面余量} + \text{锯切损耗}}{\tan 54°44'} = \frac{5.74 \times 0.16 + 5.74 \times 0.01 + 0.2}{1.414}$$

=0.83mm

dmax= Dmax$-2a$ =5.80−0.83×2=4.14mm

⑤估算 $d\phi = 4.14mm \times (1-0.17) = 3.44mm$

释义：估算 $d\phi$ 时需要使用腰箍百分比及腰箍系数（表 5－4），公式为 d=dmax×(1—腰箍系数)。

表 5－4 常用腰箍系数与腰箍百分比对应关系

系数	0.20	0.19	0.18	0.17	0.16	0.15	0.14
百分比/%	17.7	16.6	15.5	14.5	13.5	12.5	11.5
系数	0.13	0.12	0.11	0.10	0.09	0.08	0.07
百分比/%	10.5	9.6	8.7	7.8	7.0	6.1	4.9

在不对称锯切中，小钻由于受高度的限制，冠高常使用较薄的高度以换取更大直径得到更多重量。小钻设计 CH 为 11%，抛面余量 1 %，GH 为 2%，合计腰箍百分比为 14%，对应系数 0.165≈0.17，$d\phi$= dmax×(1－腰箍系数)=4.14mm×(1−0.17)=3.44mm。

⑥估算 $dw = 3.44^3 \times 57\% \times 0.0061 = 0.14ct$

释义：因为小钻在高度上有余量，为进一步提高小钻重量可通过适当增大亭深比（亭角）来增加小钻重量。

预设计小钻 CH11%+GH2%+PH44%=TH57%，则 $dw = 3.44^3 \times 0.57 \times 0.0061 = 0.14ct$。

⑦估算成品率=42.5%

释义：所谓成品率是为了解原石切磨完工后整颗原石的利用情况，成品率越高即说明原石利用率越大，是经济效益的体现。据之前的计算结果 Dw=0.71ct，dw=0.14ct，共计 0.85ct。

成品率＝(成品钻石重量/原石重量)×100%＝(0.85÷2.00)×100%

=42.5%。

该不对称锯切方案示意图如图 5-11 所示。

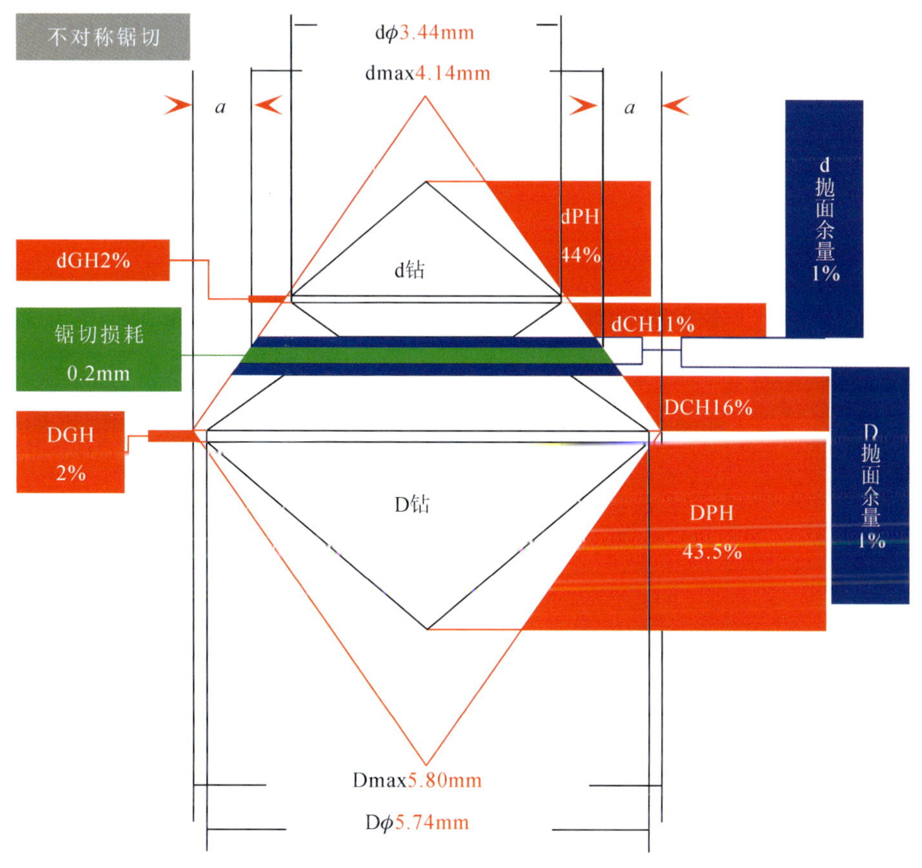

图 5-11　不对称锯切方案示意图

二、八面体原石对称锯切方案

对称锯切从晶顶切入沿晶棱锯切，可得两颗钻石，该方案主要针对颗粒较小的八面体原石（成品后重量不足 0.20ct 的原石）或菱形十二面体原石，可简化设计与加工过程。该方案示意图如图 5-12 所示，使用的原石规格与之前不对称锯切方案中的八面体原石规格一致。

①测量 max =5.80mm

释义：因是对称锯切，两颗钻石重量近似，无 Dmax，且 max 不能直接应用于 dϕ。

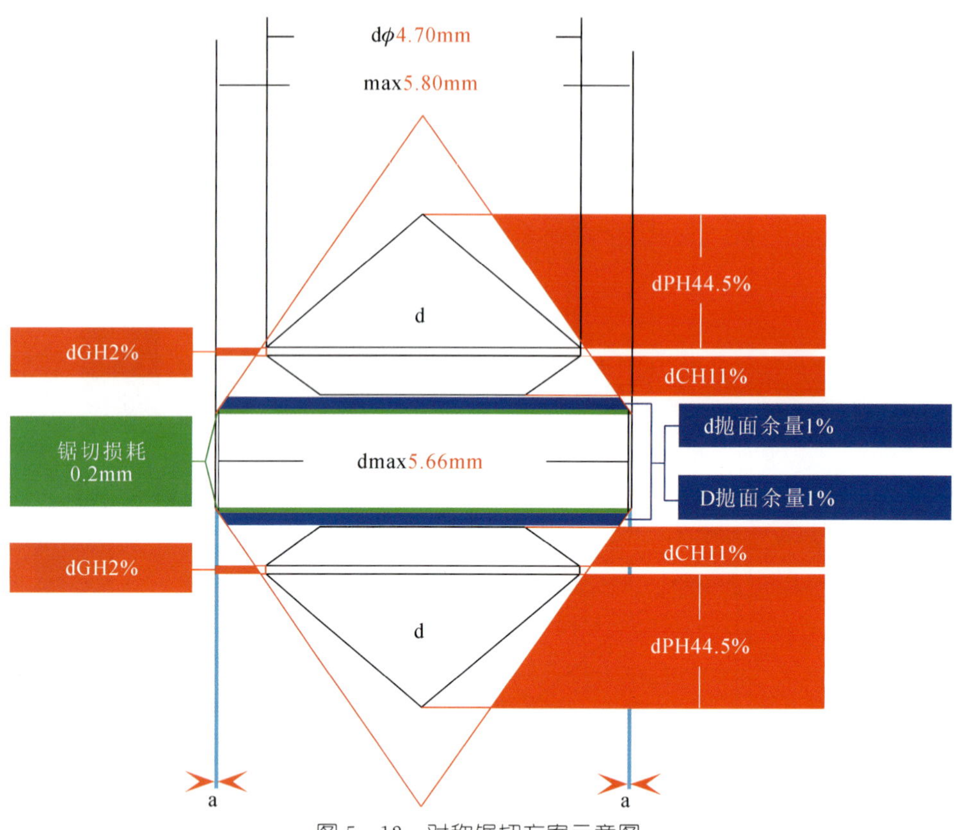

图 5-12　对称锯切方案示意图

②估算 $dmax=5.80-2\times\frac{0.10}{\tan54°44'}=5.66mm$

释义：dmax 为对锯后锯切面宽度，锯损 0.20mm，平分两钻各有 0.10mm，借助三角函数计算出 a 的长度，并乘以 2，得 $2\times\frac{0.10}{\tan54°44'}$。

③估算 $d\phi=5.66\times(1-0.17)=4.70mm$

释义：同不对称锯切小钻计算方法，使用 0.17 的腰箍系数，设计小钻冠高 11%，腰厚 2%，抛面余量 1%。

④估算 $dw=4.70^3\times57.5\%\times0.0061=0.364ct$

释义：预设计小钻 CH11%＋GH2%＋PH44.5%＝TH57.5%，则 $dw=4.70^3\times0.575\times0.0061=0.364ct$

⑤估算成品率＝36.5%

两颗小钻重量合计 0.364×2＝0.728ct≈0.73ct

成品率＝(成品钻石总重量/原石重量)×100%＝(0.73/2.00)×100%＝36.5%。

比较不对称锯切与对称锯切两方案(图 5－13),方案 1 为不对称锯切,方案 2 为对称锯切,很明显,针对八面体原石,使用不对称锯切方案更为符合经济效益,若使用对称锯切则损失巨大。

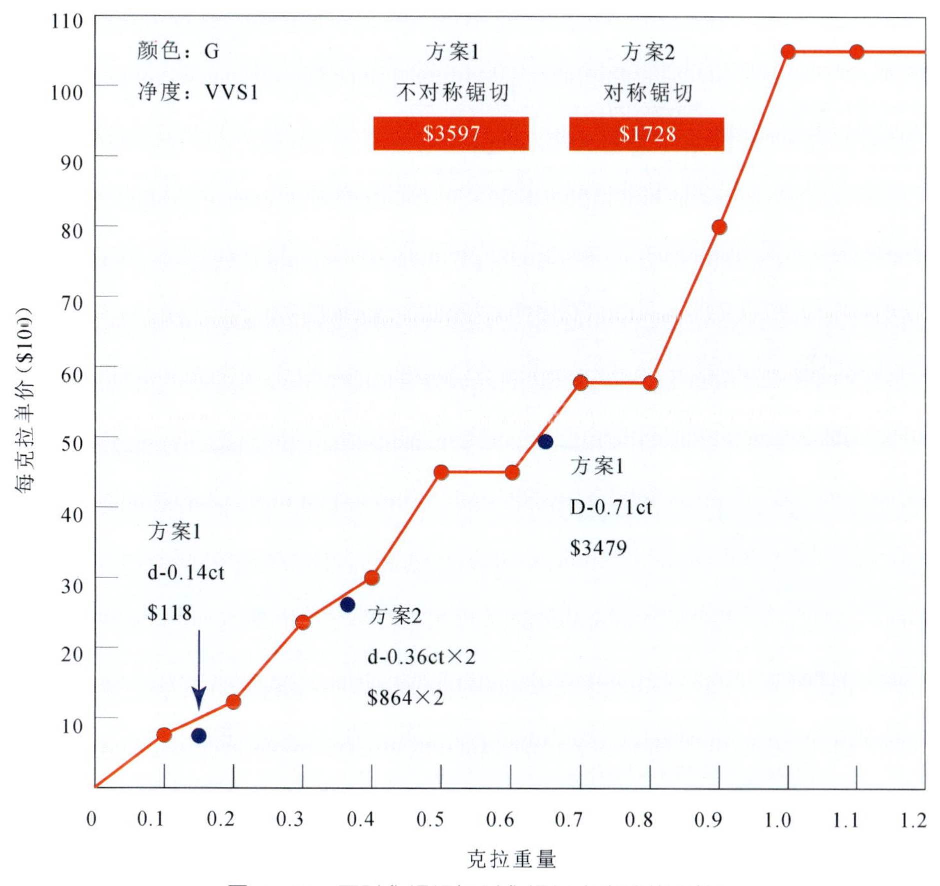

图 5－13　不对称锯切与对称锯切方案价值比较

(参考 2017 年 2 月 24 的 Rapaport Diamond Report)

若仅以不对称锯切来看,方案须能挖掘原石的最大经济价值,绝大多数情况下最优先保证大钻重量,尤其在关键克拉位上。如图 5－14 与图 5－15,当 Dmax＝6.30mm 时,保大钻的收益明显高于小钻。

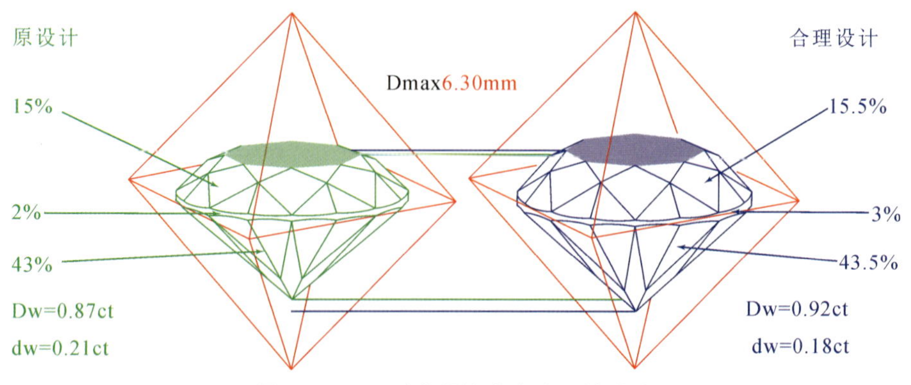

图 5-14　不对称锯边方案合理性设计

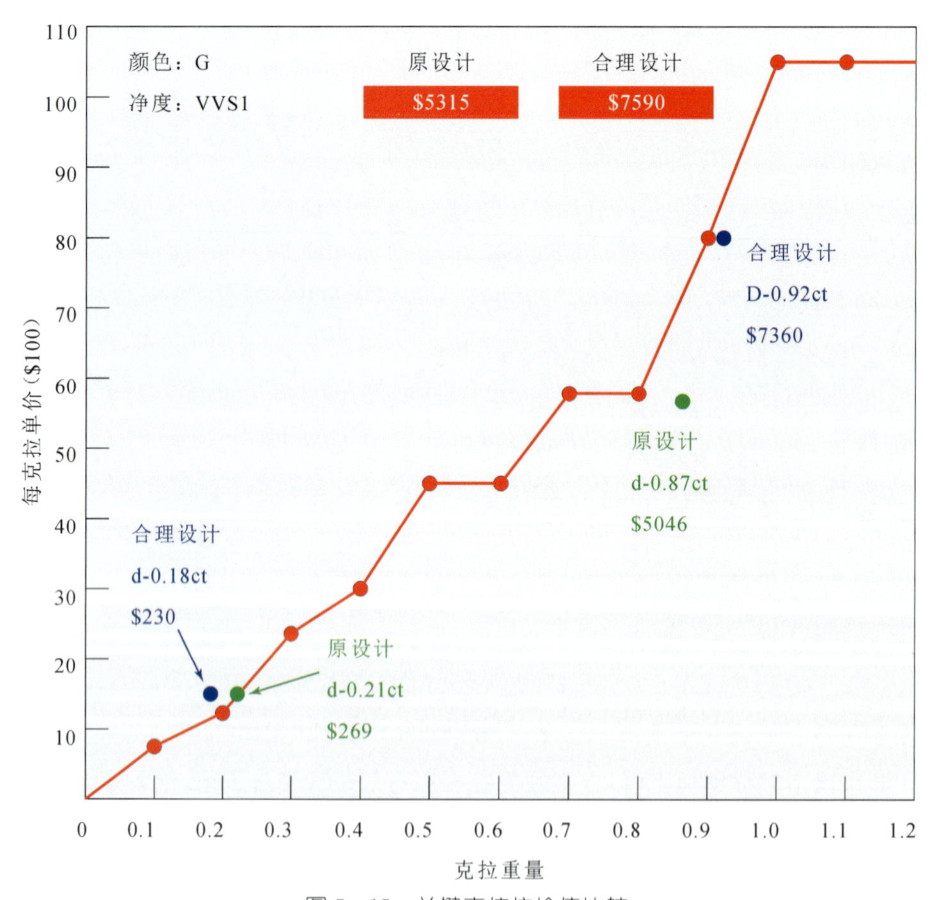

图 5-15　关键克拉位价值比较

（参考 2017 年 2 月 24 的 Rapaport Diamond Report）

三、变形原石方案

外形规正的原石所占的比例要远低于外形不规正的原石，所谓不规正外形主要包括变形晶体、缺损晶体、变薄晶体、双晶晶体，其中变形晶体的比例较高。根据不规正程度的不同，设计师需在原石利用率与经济价值间进行权衡。

例：某一锐晶棱八面体变形原石，$2L^3$→同轴伸长，重 2.50ct。比较仅考虑圆钻琢型下对称锯切与不对称锯切两方案之间的区别。

方案 1(图 5－16)与方案 2(图 5－17)分别使用不对称锯切与对称锯切，结果同样是不对称锯切更为合理。需考虑到此类变形原石做异形钻的经济价值更高的可能性，本章节不涉及异形钻设计，故仅用标准圆钻琢型举例[另见本章重要概念(7)倾斜设计]。

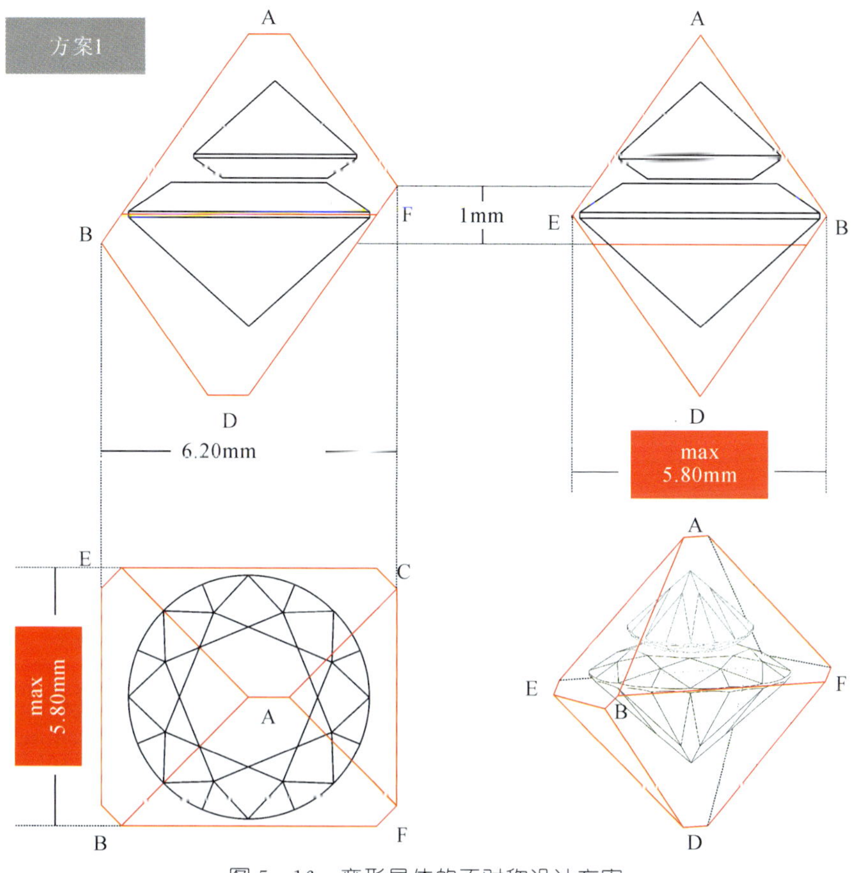

图 5－16　变形晶体的不对称设计方案

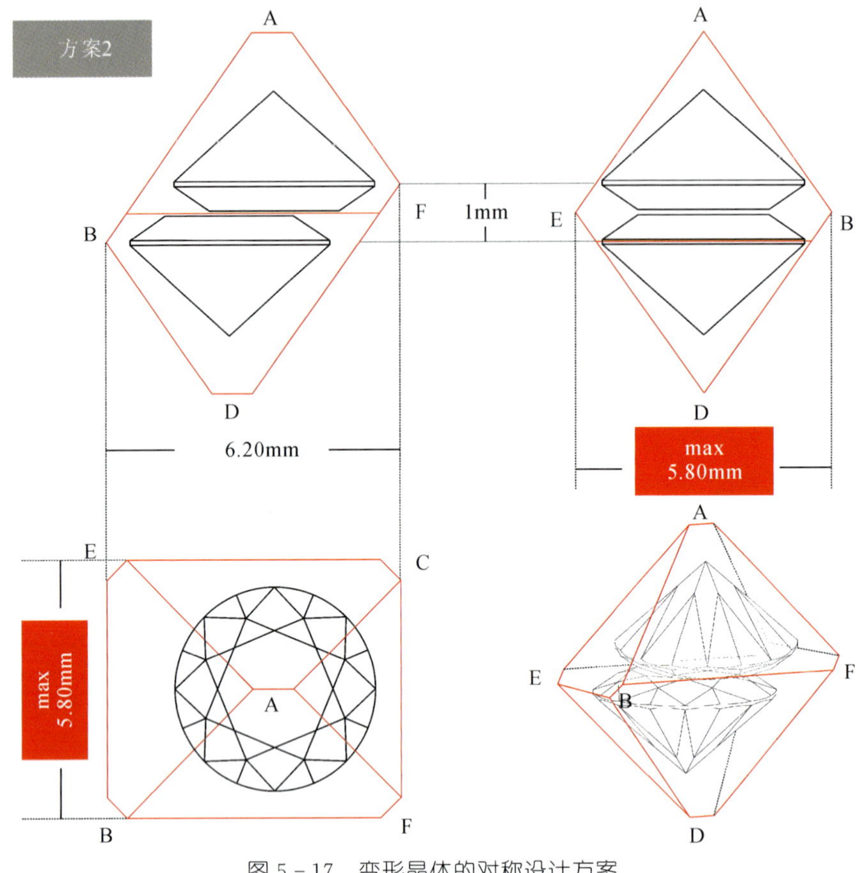

图 5－17　变形晶体的对称设计方案

四、去除瑕疵方案

对于有瑕疵的原石，设计师需要在对瑕疵大小、类型、位置进行细致分析后在保留或者去除瑕疵中择选最合适的方案。去瑕方案主要针对瑕疵数量较少，分散区域小，去除后可增加经济价值的原石。

例：一颗锐晶棱八面体钻石原石重 2.00ct，在原石中心处有一瑕疵需去除，大钻的直径及冠高会受此影响。经测量瑕疵高 0.22mm，瑕疵距离晶棱 0.40mm。

①计算 $D\phi=5.80-\left[\dfrac{0.02\times D\phi+(0.12\times D\phi-0.40)}{\tan 54.44^{\circ}}\right]\times 2=5.31\text{mm}$

释义：DCH12％，GH2％。公式中 $0.02\times D\phi$ 为 D 腰围厚度，$0.12\times D\phi$ 为 D 冠高高度，0.40 为瑕疵距离晶棱 0.40mm，$0.02\times D\phi+(0.12\times D\phi-0.4)$为晶棱 BF 下大钻合计冠高高度，利用三角函数关系计算出 a 的长度，再用 $\max-2a$ 便可

计算出 $D\phi$。

②计算 $Dw = 5.31^3 \times 0.58 \times 0.0061 = 0.53ct$

释义：因是去除瑕疵，大钻直径迁移至棱下，故将大钻冠高设计为12%，腰厚比为2%，亭部适当增大为44%，合计全深比为58%。

③计算 $dmax = 5.80 - \frac{0.2 + 0.22 + 0.40}{\tan 54.44'} \times 2 = 4.64mm$

释义：0.20为锯损，0.22为瑕疵高，0.40为瑕疵距离晶棱高。

④计算 $d\phi = 4.64 \times (1 - 0.17) = 3.85mm$

⑤计算 $dw = 3.85^3 \times 58\% \times 0.0061 = 0.20ct$

⑥计算成品率$=(0.20 + 0.53)/2 \times 100\% = 36.5\%$

该去除瑕疵的不对称锯切方案如图5-18所示。

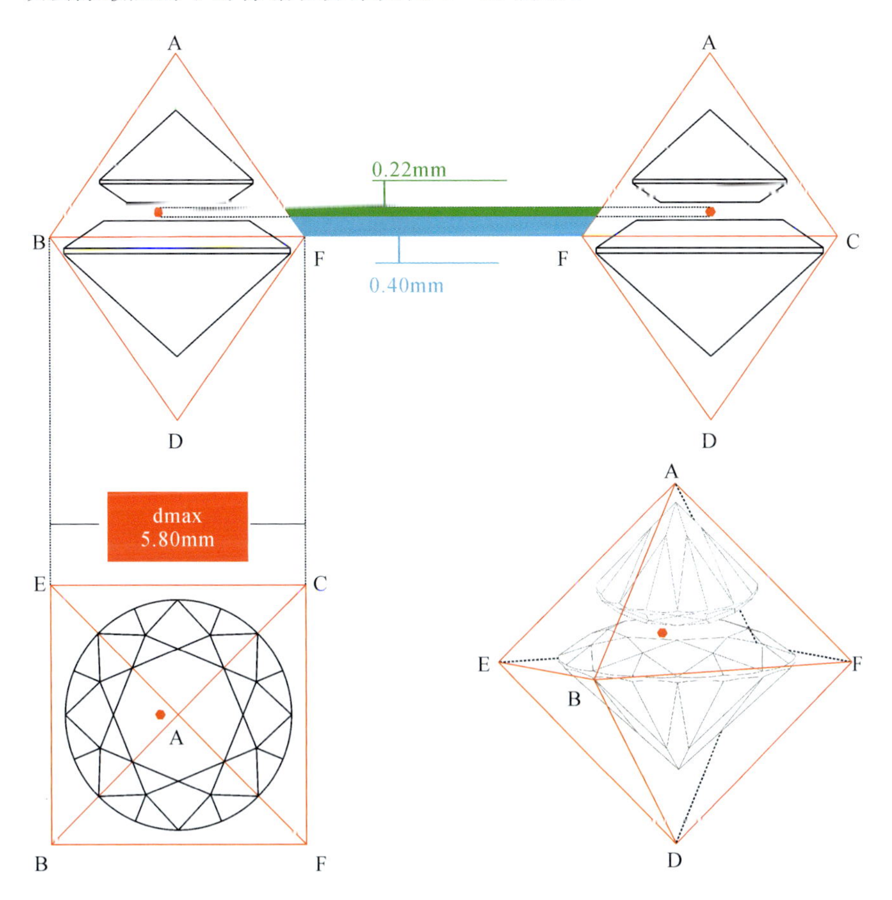

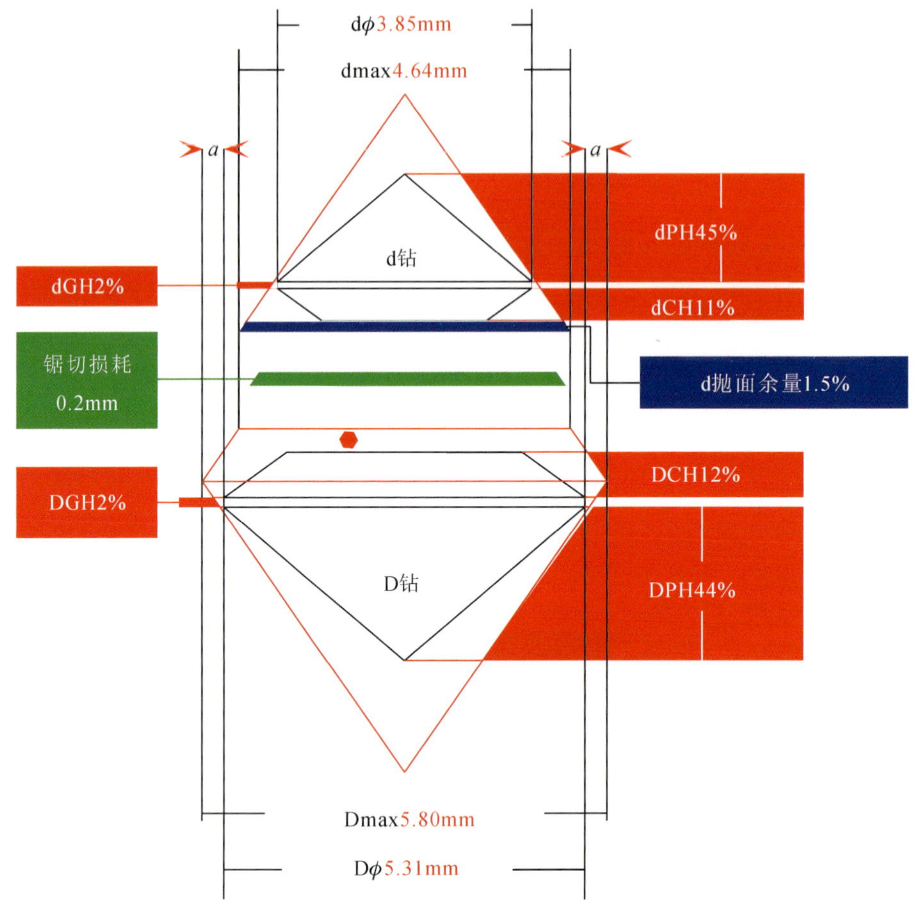

图 5－18　去除瑕疵的不对称锯切方案

五、菱形十二面体原石方案

针对外形较为规正的菱形十二面体原石(包含平晶面、曲晶面、趋四六面体),由于宽大的晶面提供了足够的高度,故对称锯切为首选方案,且成品重量也高于不对称锯切的重量。设计加工方案时较为简单,有时甚至不设计,检测后直接进行锯切。

以图 5－19 中原石为例,该原石有轻微变形,但仍可使用对称锯切设计方案,测量方法和过程请参见第四章图 4－36。

经测量原石的最大制约尺寸为 5.90mm,由于未来成品钻的腰部位于原石晶面位置,车钻时有充足的余量,故两钻直径只需在原最大制约尺寸的基础上扣除

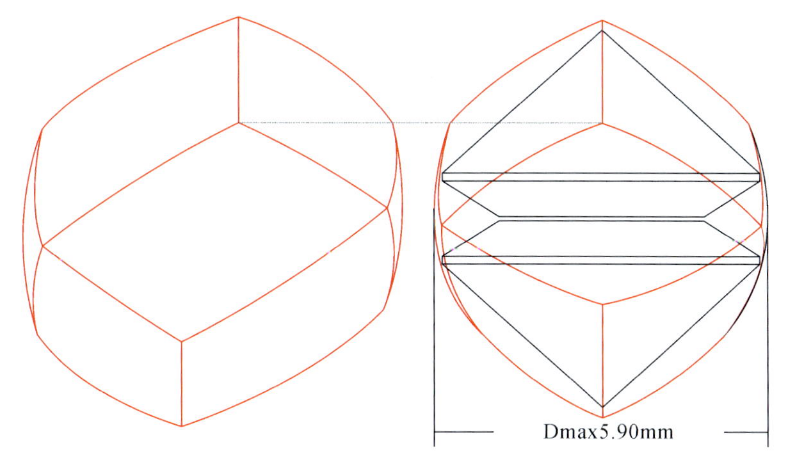

图 5-19　轻微变形的菱形十二面体设计方案

1%即可。

①测量并估算 $D\phi = Dmax \times 99\% = 5.90 \times 0.99 = 5.84mm$

②估算 $Dw = 5.84^3 \times (14\% + 3.5\% + 44\%) \times 0.0062 = 0.76ct$

六、非常规形态

图 5-20 中的原石示意图中表现出上半部分形状接近生长形态(晶棱)，故用 tan54.44 估算其重量。其设计方案如图 5-20 所示。

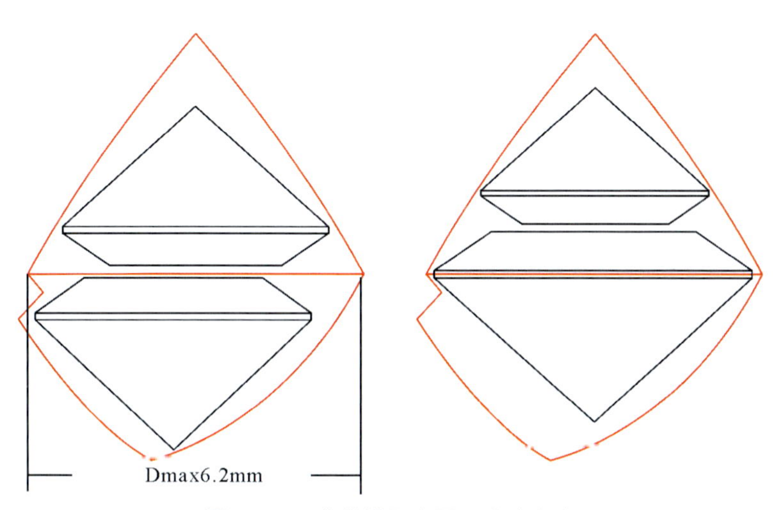

图 5-20　非常规形态原石设计方案

①估算 $D\phi = Dmax \times 99\% = 6.20 \times 0.99 = 6.14mm$

②估算 $Dw = 6.14 \times (15\% + 2\% + 44\%) \times 0.0061 = 0.86ct$

③估算 $dmax = Dmax - 2a = 6.20 - (0.92 + 0.20) \times 2 = 3.96mm$

④估算 $d\phi = 3.96mm \times (1 - 0.17) = 3.29mm$

⑤估算 $dw = 3.28^3 \times (11\% + 2\% + 44\%) \times 0.0061 = 0.12ct$

综上所述，钻石的加工设计乃一项非常灵活的工作，需要设计师能巧妙精准地设计原石，必要时可设计多套加工方案，根据工艺的逐渐推进而选择最适合的方案或对方案进行及时调整。

随着科技的不断进步，设计师的工作变得越来越简单，原先的人工设计已全面过渡至电脑智能设计，设计师所扮演的角色则是从电脑给出的诸多方案中选择最优方案(图5-21)。相信在不久的将来电脑将全面替代设计师进入全面自动智能设计。

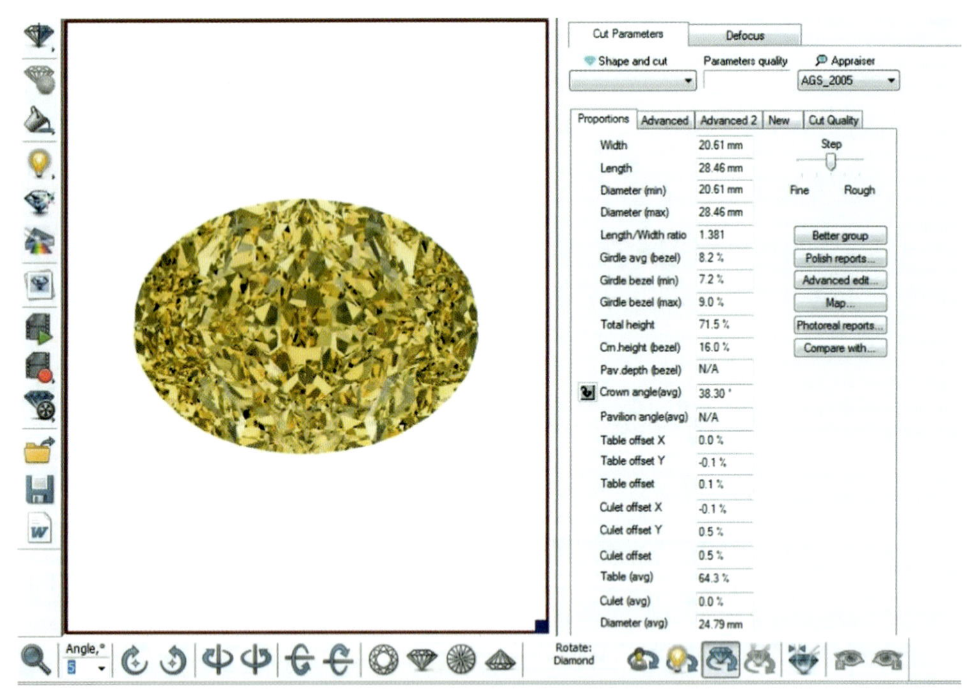

图5-21 电脑自动设计彩色钻石加工方案，计算机可以自动模拟切磨后钻石的颜色状态

重要概念

(1)尺寸测量是原石设计前最重要的步骤,测量上的略微失误将导致整个设计方案的错误。

(2)原石设计乃一灵活计算工作,要求设计师能通晓钻石切工分级、市场价值、成本核算等多方面知识,合理调配其间关系使之能以最佳方式组合成一价值最高方案。

(3)亭角的设计需尤其小心,因它对钻石整体光学效果影响甚大,故在保克拉方案中多以在腰围上做文章为优先选择。

(4)设计方案是设计师之预想方案,并非能面面俱到,切不可纸上谈兵,如有需要还应进入实际生产环节与切磨师进行积极沟通后共同拟一最佳方案。

(5)如今市场中流通的大部分钻石为能争取更多的重量腰围厚度,多半已不按照早先的薄腰(2%～3%)来进行加工。

(6)市场中常有一些钻石重量诸如 0.69ct、0.79ct 者,此类未能进位至更高克拉区间的钻石,其原因主要在生产环节:一是由加工过程中的不确定因素导致(可视为某种意义上的不合格产品);二是与某些去瑕方案有关,亦有可能与加工型企业的订单要求有关。

(7)许多原石由于变形等缘故,可能需要倾斜设计才能获取更大体积,对于变形原石应积极思考这方面的可能性(图 5-22)。

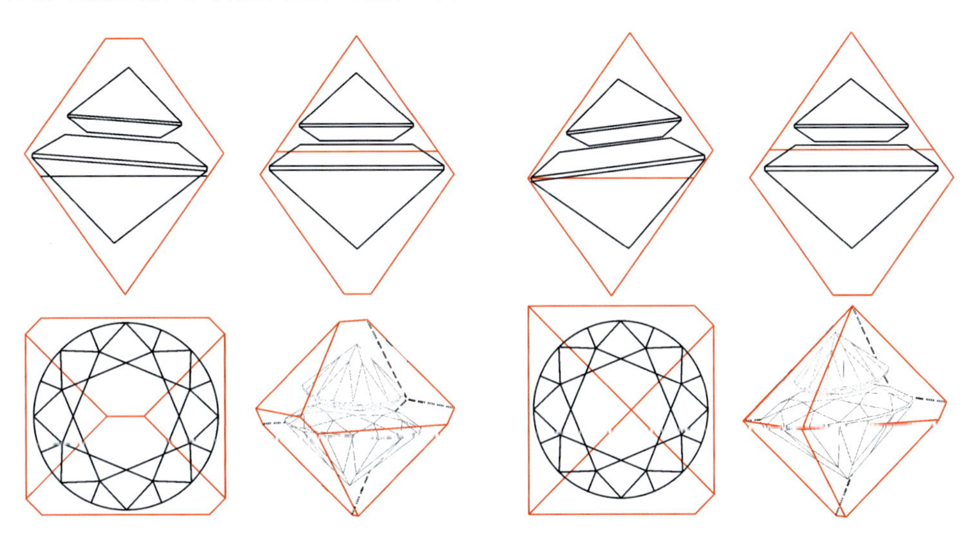

图 5-22　有些原石由于变形,通过倾斜设计可获得更大的重量

第六章 劈钻
Chapter 6 Diamond Cleaving

劈钻的历史非常古老，是人类对钻石加工最早的认识之一。在没有发明锯钻之前，劈钻是将钻石分割开的唯一快速手段(图 6-1)。早期的巨钻均是通过多次劈，将一颗大钻石分割成若干颗小钻石。

在初期，劈钻是一门极其隐秘的工作。民间还曾流传有该工艺的传说，更为劈钻蒙上了一层神秘的面纱。相传只有将钻石浸没于山羊血中才能将其劈开，并有诗记载："唯独化解山羊血，不怕铁砧银匠鞭。"这些误解的形成源于早期工匠们对钻石晶体结构的不了解以及行业的封闭。而掌握劈钻工艺的人也多是基于以往经验上的积累，而非建立在科学的依据之上。

劈钻是钻石加工工艺中对原石损耗最小的工艺，且劈钻后的废料可回收利用。但需知晓，劈钻也是一项高风险的工作，其结果存在一定的不确定性。需要劈钻师对所劈钻石有足够的了解，有时甚至需要花上数月的时间，对一颗钻石进行仔细的研究，并做一定的试验。若原石仅是八面体要判断可劈位置并不十分复杂，难的是如何能准确判断既有熔解又有变形的晶体，这也是这项工作高风险的原因之一。此外，若劈时的力道、方向不到位，也有可能出现劈坏的情况。劈钻上的任何失误，都可能使原石的利用率大打折扣。

适合使用劈钻的情况有以下几种：

(1)劈钻后得到的晶体同锯切相比利用率更高、更经济。

(2)瑕疵分布在劈钻可以去掉且原石损耗最小的位置。

(3)钻石晶体解理面上有瑕疵(裂纹或者包裹体)。

(4)钻石晶体是接触双晶，且结合面有破损。

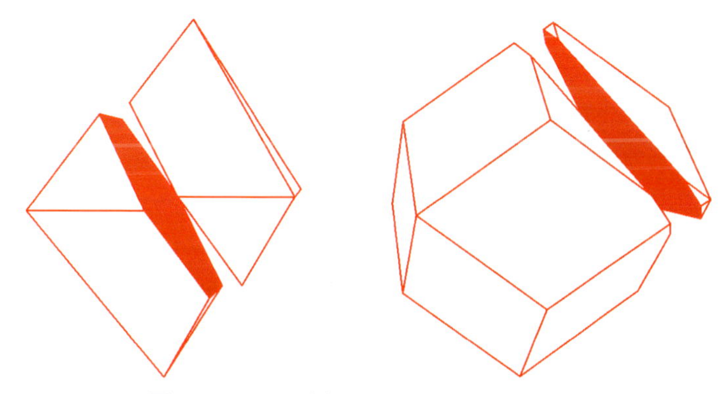

图 6-1　八面体与菱形十二面体劈裂方向

劈钻原理

钻石是典型的共价键晶体，每个碳原子与周围 4 个碳原子以共价键形式相连接，组成晶体的基本结构——四面体。键与键相距 0.154 2nm，并互呈 109.5°角。每个单位晶胞中包含有包括 4 个四面体在内的 8 个碳原子，它们的分布状态是 4 个位于体中心（它们正好与组成这个立方体的 8 个小立方体中的 4 个中心重合）；8 个位于角顶（但它们每一个同时又为周围的 7 个晶胞所共有，故而每个只有 1/8，总共只有 1 个）；6 个位于面中心（它们则与相邻的晶胞所共有，故每个只有 1/2，总共有 3 个）（图 6－2）。单位晶胞的棱长 a＝0.356 688nm。

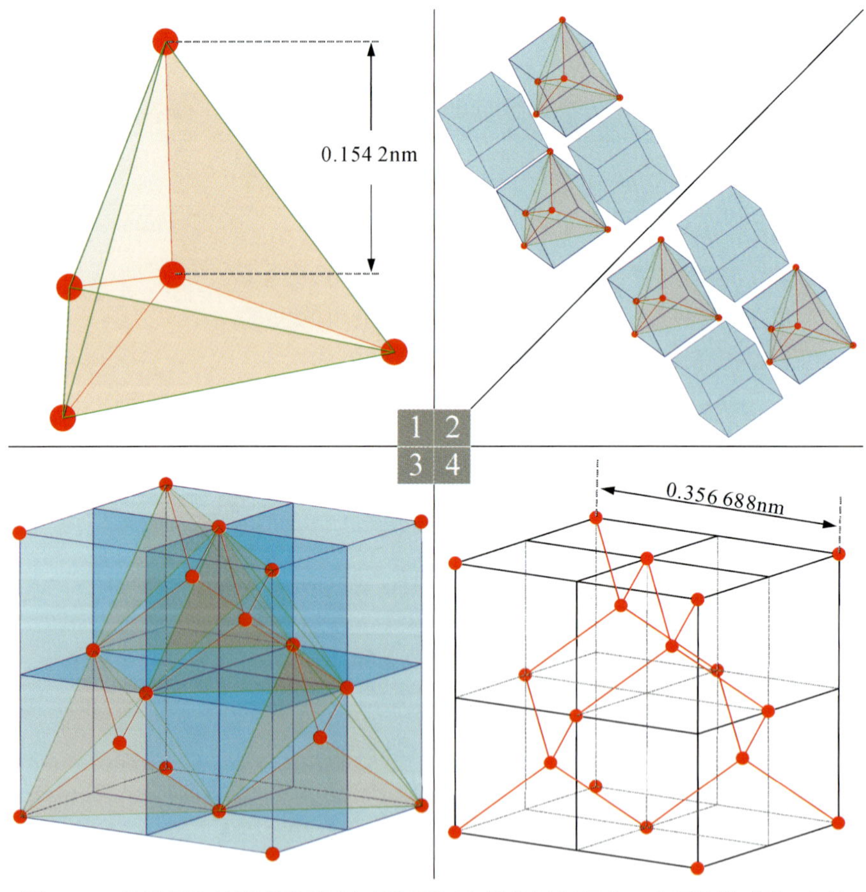

图 6－2　钻石晶体结构：1 四面体；2、3 每个单位晶胞包含 4 个四面体；4 1 个单位晶胞中碳原子分布状态

在整个四面体结构中，垂直于共价键的4个面是晶体最薄弱的面，即解理面。当沿共价键方向向两端施以一定的力时，键就被分开了，劈钻就是利用这个原理把两层整齐排列的原子层分开，两层原子的间距就是键的长度，即0.154 2nm(图6-2 1)。

在单位晶胞中，原子排列最为密集的面网有3个(图6-3)：

(100)面网，面积为1个单位晶胞的1个正方形面。

(110)面网，面积为单位晶胞沿对角线横截面的1个矩形。

(111)面网，面积为连接3个角顶的等边三角形。

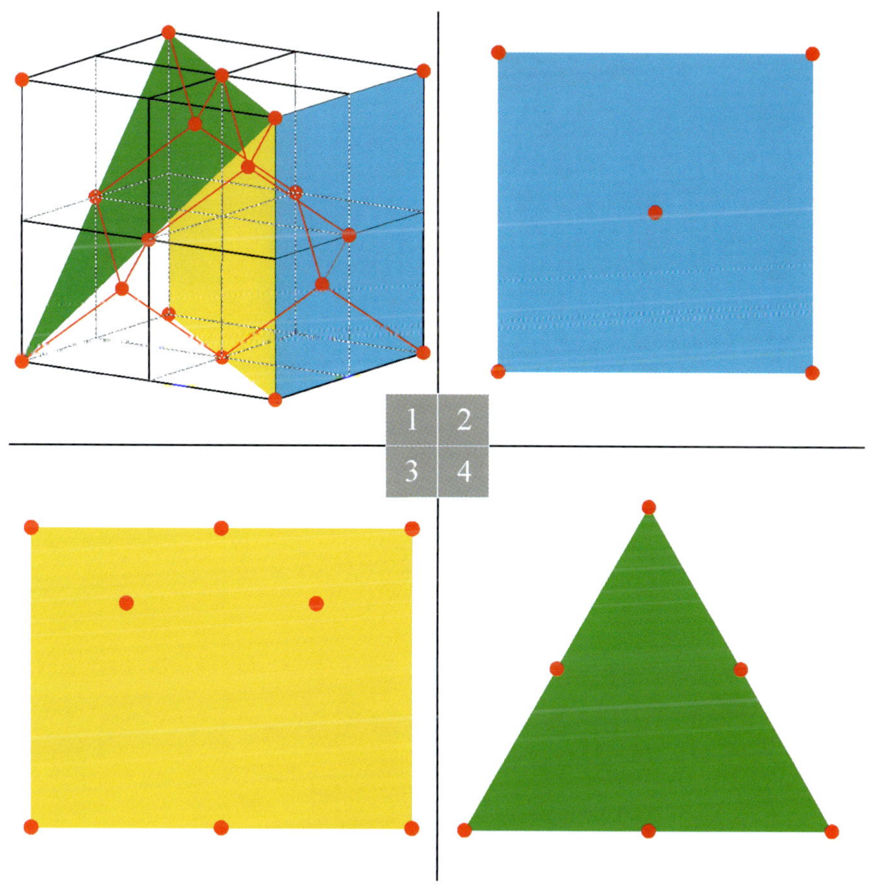

图6-3 3个主要面网与原子的分布状态：2(100)；3(110)；4(111)

从面网结构上来看，面网之间的间距决定了两层面网间的引力大小，间距越大引力越小，反之越大。通过计算可得：

(100)面网的间距正好为一个单位晶胞棱长的1/4，为0.089 172nm(图6-4)。

(110)面网间距为一个单位晶胞对角线的1/4，为0.126 108nm(图6-5)。

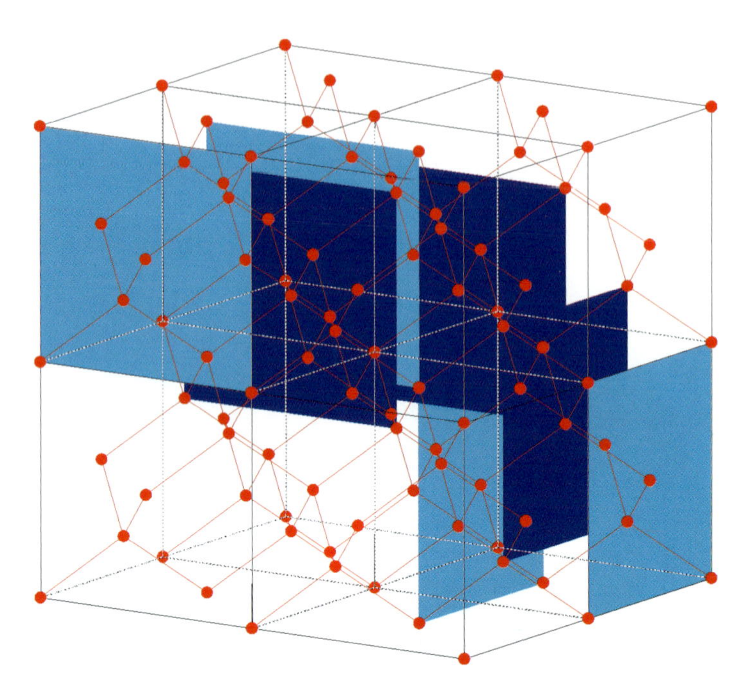

图 6-4 (100)面网在多个晶胞内分布状态

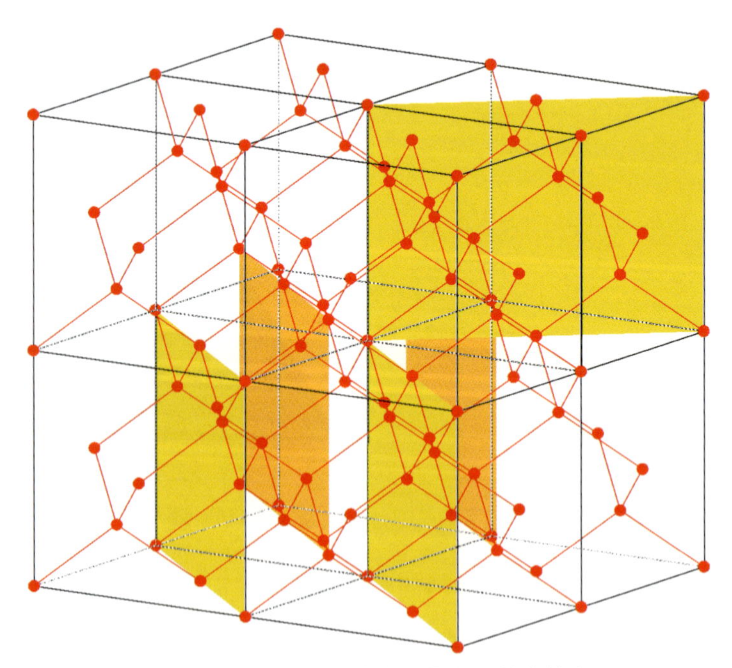

图 6-5 (110)面网在多个晶胞内分布状态

(111)面网间距分布状态较为复杂，为一窄一宽，有两层面网非常靠近，之后又隔一个键长，再是两层非常靠近的面网，这一特殊现象称为“双层面网”。窄的间距为0.051 483nm，宽的间距为碳原子键长(0.154 2nm)(图6-6、图6-7)。

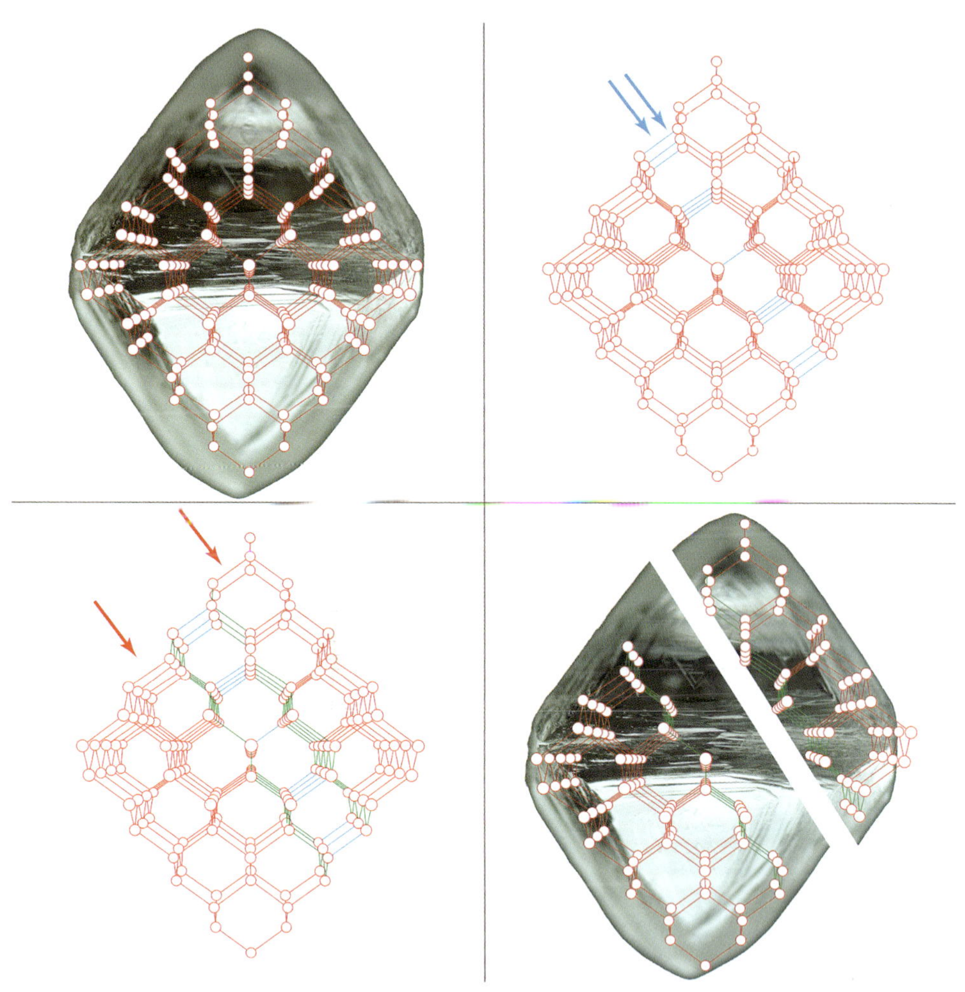

图6-6　钻石晶体中碳原子的排列方式，蓝色为面网间距最宽的一段，通过敲击两侧，可将钻石劈裂开

三个面网中(111)面网间距最宽，最容易分开。层宽间距即是之前提到的解理面位置所在，该面网在钻石上共有四个方向，也就是说理论上有四个方向可供选择劈开。除最理想(111)面网外，经验老道的劈钻师还可以从(110)方向劈钻。

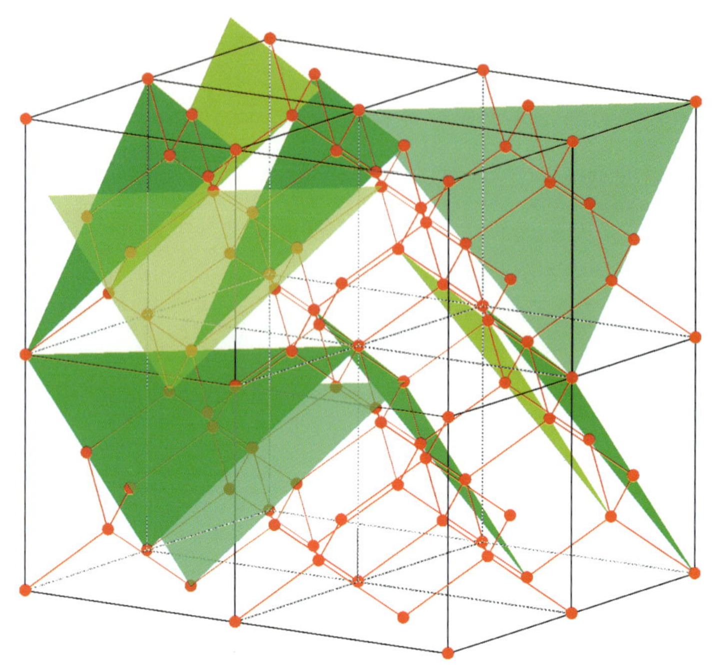

图 6-7 (111)面网在多个晶胞内分布状态

然而仍需注意的是，在实际晶体结构中，并没有像理论上描述的那样完美无缺。实际的晶体在结构上可能存在一定缺陷，比如结构上的位错、天然包裹体等，致使劈钻时没有沿解理面分开，这便是劈钻的风险之一。

劈钻的设备

劈钻作为一种传统且古老的加工工艺，一直秉承着先辈流传下来的宝贵经验，其设备上亦没有什么太大的变化，改进的是对劈钻工艺本身的认识。

劈钻如其他工艺一样，有一套专门的工具，大体来说是由一个盒子与一些木棒组合起来的一套以木制结构为主的工具(图 6-8)。

劈钻设备包括如下：

(1)钻石收集盒(一般分离三层，可分别用来收纳待劈钻石、刻刀用原石及已劈钻石)，盒上有盖可以锁上，盒上有两个定位立销。

(2)数把木棒杆(包括粘钻棒与刻刀棒)，长 26～30cm 左右。

(3)一块固定用的铝板。

(4)敲击工具(有铁杆、木棒等多种类型材质)。

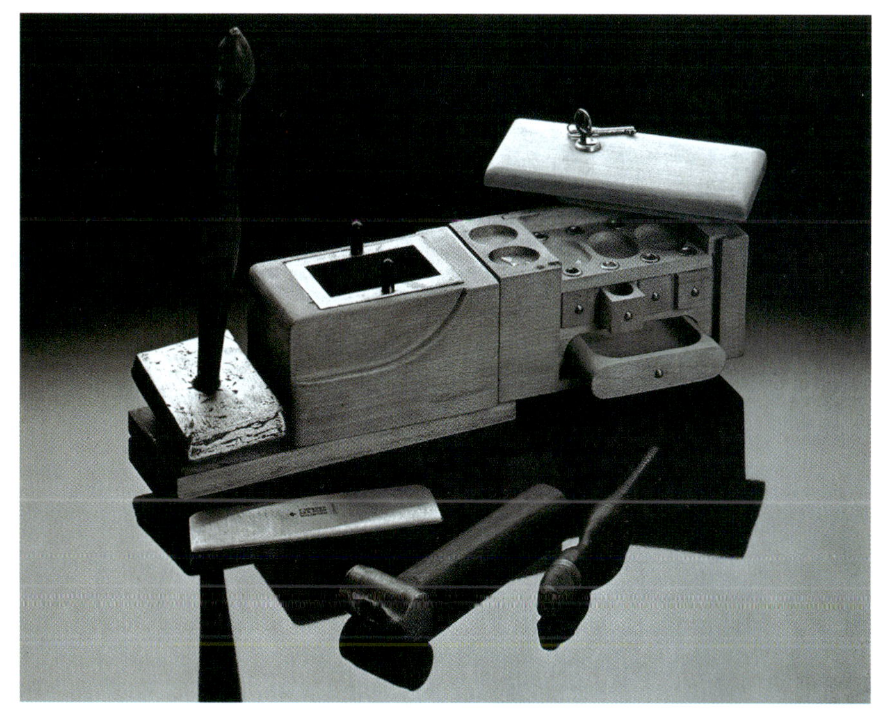

图 6-8　劈钻设备

（图片来自《Diamond》）

(5)原石粘结剂(不可用火漆,因火漆韧性不足太脆,熔点较低),粘胶需具有一定的黏性,使钻石劈开后不至于跳脱,上海钻石厂曾使用热熔胶(一种虫胶＋黑胶唱片粉的混合粘结剂,冷却后具有较好的韧性与硬度)。

(6)劈刀(多为钢制,也可自制,刃口并非完全锋利的,应为钝口,劈钻时不能触及刻槽底部)(图 6-9)。

(7)酒精灯、碳炉、煤气灯,主要作用为软化粘结剂。

(8)围裙,用于接劈落下的原石。

如今的劈钻工艺已很少使用,现在留下的是一种介于劈钻与粉碎钻石之间的工艺。该工艺无需像传统劈钻一样经仔细设计,再刻槽等一系列过程。主要针对一些小颗粒原石(质量较差)。将原石置于一块锡铝合金板上,板的表面有凹陷的承窝,用以放置固定原石。施艺时直接将劈刀置于所劈钻上方用榔头敲击,将钻石劈碎,碎裂的钻石主要服务于其他工序或作消耗钻用。

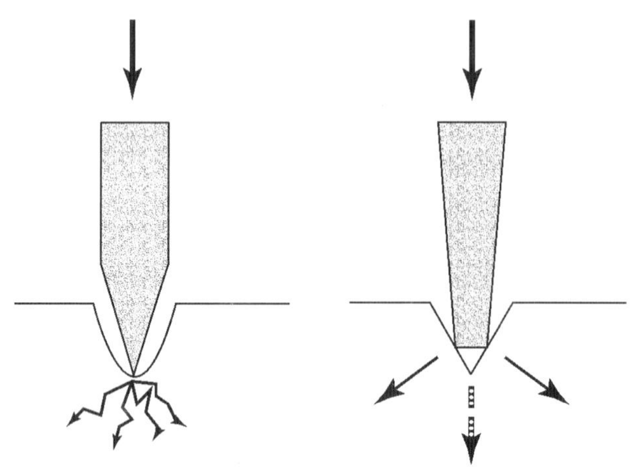

图6-9　劈刀刃口为钝，若过锐则会使钻石无规则地碎裂

劈钻的过程

钻石的晶体结构决定了劈钻工艺的特殊性——几乎无修改纠错的可能。过程可分为三个阶段：前期准备、实施劈钻、收集钻石。

三个阶段中最重要的是前期准备阶段，此为整个劈钻工艺的关键，实施过程乃一瞬间完成。收集钻石则是将钻石从粘杆上拆下，并收集劈后掉落的另一块钻石，以及可能产生的碎屑。

一、前期准备

(1)制备粘胶：通过煤气灯或其他热源将原料溶解后，将原料放置于粘杆上，待温度降至可塑形后，用手将其捏成需要的形状以供后续粘钻之用。这个过程有点类似于宝石加工中，利用火漆将宝石粘于粘杆上。粘胶的外形，通常塑造成锥状，或者形似手指头的外形，原石则嵌于其上。

(2)粘原石(选取适合所劈原石大小的粘杆)：粘胶塑形完成后将原石粘于其上。粘钻前先将胶软化，软化时需掌握火候，注意不能破坏原本塑造好的胶形。通常将胶置于火焰边缘，以较低的温度烤至软化。无论何种形态的原石均粘于胶头的一侧，劈时有胶一侧朝向自己，原石朝外。原石摆放的角度以劈裂面为依据，可垂直于水平面或与之呈一定夹角。菱形十二面体与八面体的摆放位置有所不同。

(3)粘刻刀用原石(选取适用所劈钻石大小的刻刀钻)：刻刀用原石使用较为锋利的扁薄型晶体或碎裂块，取其韧口作为开槽的一边，原石的位置根据所劈钻刻槽的所在位置斜交于晶棱。

(4)开槽:开槽是刻刀与待劈钻均准备完毕后进行劈钻前最重要的一步,关键在于所开槽的宽窄。这完全取决于劈钻师技术水平,包括曲直程度、来回刮擦几次、用力几许、角度如何把握等,一名资深的劈钻师深谙其中之技巧。刻槽工艺现也可以通过镭射来完成,镭射所刻之槽较之手工其精准度与平直度有很大的提升。所开槽必须为(111)面网所在的晶棱方向上,取两(111)面网相交位置。

刻槽前需用放大镜检视墨水的设计标准线所在位置,做到心中有数。刻槽时左手持装有待劈钻石的粘杆,右手持刻刀粘杆,两根粘杆分别放置于劈钻盒上方的固定立销上,左手拿稳粘杆,右手握住粘杆,前后摆动,对准设计标线所画位置进行擦琢,左右手食指扣于固定立销上,所刻槽大小视钻石的实际情况而定(图6-10)。这里需要注意的是刻刀用原石是有损耗的,刀口会钝甚至崩缺,那么就需要及时更换刀口,如果原石上已无利用之处则需要更换刻刀。若所开槽的位置不对或有破损则需考虑是否能修正,若破损过于严重则应考虑将钻石卸下,重新粘后在别的晶棱另开槽。擦琢下的粉末需收集于劈钻盒的专门收集槽中。

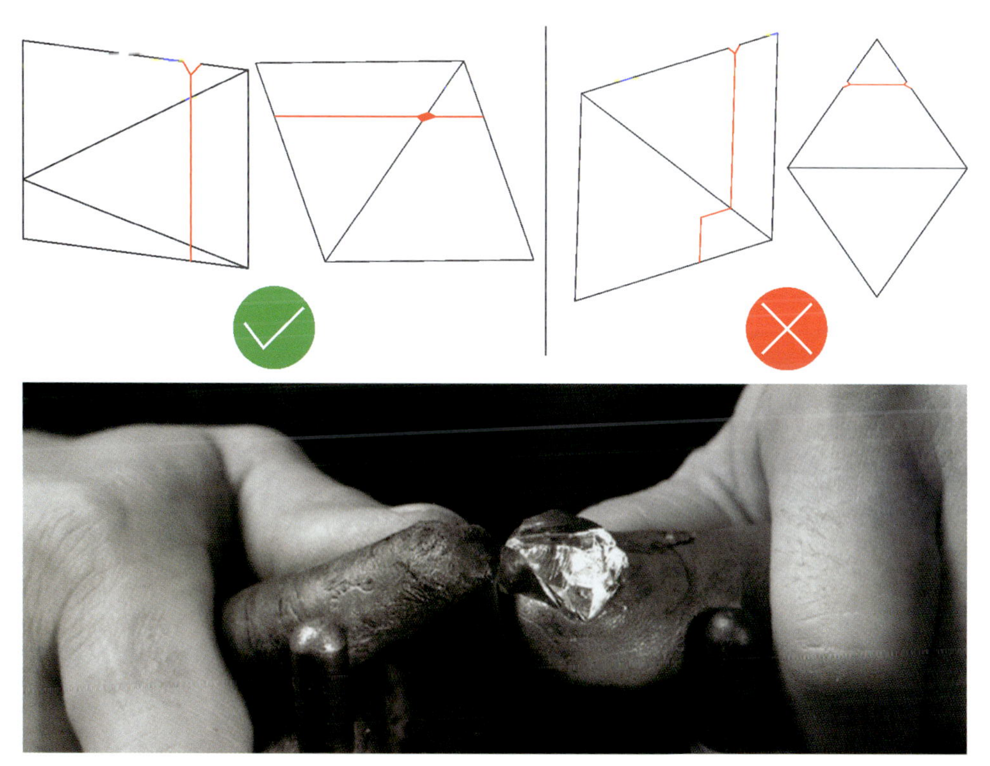

图6-10　刻槽示意图

二、实施劈钻与收集钻石

在正式实施劈钻之前还有两样工具，需要准备大小、厚度适合的劈刀以及敲击棒。

劈刀根据开槽的大小深度选择，敲击棒则根据钻石的实际状态选择（木制或铁制），木制的优点在于敲击力会被木棒本身吸收掉一部分，减少敲击时产生的振动，针对有裂纹或褐色的钻石这类晶体结构存在较大不稳定性的原石是理想的选择，使劈钻后不易“出纥”，缺点则是可能会有敲击力不足无法将原石一次劈开的情况。铁制敲击棒正好相反，力足但会产生较大振动，更适用于黄色钻石。

劈刀选择好后将装有待劈原石的粘杆插入铅板孔内，左手持劈刀用大拇指与食指捏住劈刀锋刃一侧将锋刃放进刻槽内，摆放时需注意劈刀的摆放角度，特别是当刻槽本身存在偏斜时则需要通过劈刀的角度摆放来修正偏差，这些都是长期工作所积累的经验（图 6－11）。

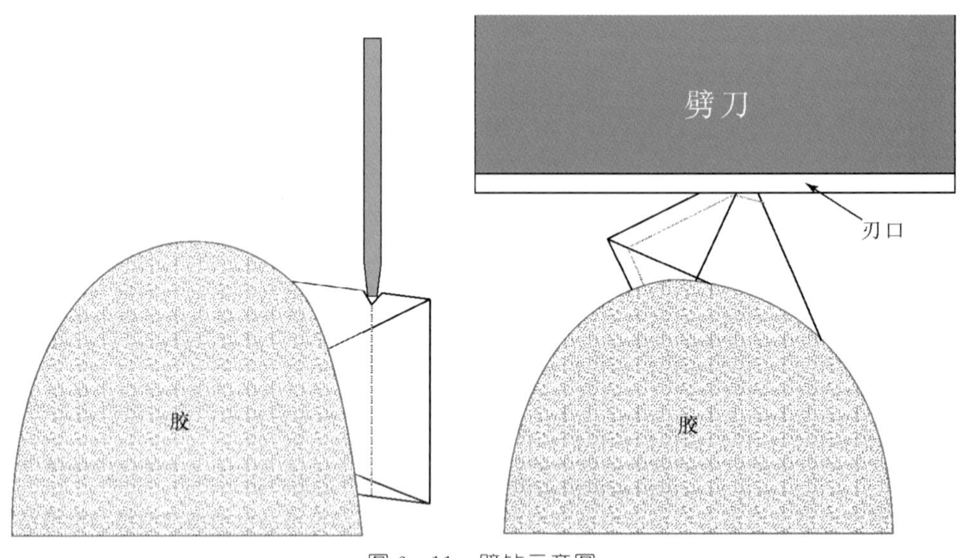

图 6－11　劈钻示意图

劈刀定位完毕后，使用选择好的敲击棒，轻敲刀背将钻石劈开，有时敲击棒也会使用另一把劈刀代替，劈下的原石因为胶的粘性一般仍会留在粘杆上。这时劈钻师一般会用劈刀将原石掰开，把嵌有原石的粘杆置于酒精灯上加热，将原石取下。若原石上残留有粘胶可将原石浸泡于酒精中，可将粘胶去除。将钻石取下后需用放大镜检验劈的质量如何，劈对了路其劈开面的表面应平整发亮。如遇劈巨钻可由两人协作完成，一人双手持劈刀，一人负责敲击刀背（图 6－12）。

图 6-12　实施劈钻

（图片来自 nihongo 网站的钻石加工部分）

第七章 锯钻
Chapter 7 Diamond Sawing

锯钻，又称为“剖钻”，其意指通过对钻石晶体结构的薄弱位置进行高速的摩擦与磨削，将钻石分割开并获得较光洁的加工面。这种利用钻石硬度的各向异性来进行加工的方式，与磨钻的原理相通（图 7－1）。其目的主要在于最大限度地提高钻石的利用率，以及通过锯切将钻石内部的瑕疵暴露出来，以便后道工序中将其去除。它是对钻石设计方案最直接的体现与贯彻。锯切后的钻石，加工基准面便已确定，其后各工序的加工便以此为基础来开展。

图 7－1　锯钻后表面留下的锯切纹与磨钻后表面留下的纹理一致

据传锯钻最早于 17 世纪被使用，当时的锯钻工具是一根铁丝，将铁丝绷紧，并在铁丝上涂抹混有橄榄油的钻石粉，手拉住铁丝两端来回摩擦，通过钻石粉与钻石之间的缓慢磨削将钻石分割开。然而这并不是锯钻真正的面貌，与之后依据晶体特征锯钻无关。由于是手工拉扯铁丝或青铜丝锯钻，过程可谓是费时费工，其间需要不断涂抹钻粉以及注意铁丝的磨损程度及时更换铁丝。以现在的观点来看，这样的做法对钻石本身也有较大的损耗。历史上著名的“摄政王”钻石便是通过上述手法分割，整个过程用了一年的时间。

世界上第一台电动锯钻机(motorized diamond saw)是由移民美国的比利时人于1900年发明(图7-2)。时至今日，锯钻工艺早已抛弃了原始的手工加工，进入了全面工业化、现代化的锯钻时代，且其发展之多样性、技术装备变化之迅速可谓是钻石加工工艺中少有的。

图7-2　一台1903年的电动锯钻机

(图片来自langantiques网站)

锯钻原理

锯钻与磨钻有许多相似之处，但两者并不完全相同，且随着工艺与科技水平的不断提高也发生了许多变化。

锯钻过程的实质主要是通过在高速旋转的磷铜锯片上滚压钻粉，对钻石进行磨削来实现的，这点与古老的钢丝锯钻一致，然而不同的是锯钻并不是通过简单的磨削来将钻石分割开，而是利用钻石四面体结构易被拉力破坏的特性，将钻石沿(100)或(110)方向分割开。

通过对锯切后残留物的分析可以发现，它与磨钻产生的残留物基本一致，包括无定形碳与钻石微粉。而且通过对锯切面的观察，切面呈透明起伏状，与磨钻平面状态近似，这也是其原理与磨钻类似的证据之一，而锯切时需要滚压钻粉这一点也与磨钻时需要添加钻粉近似。

锯切后的残留物主要有：细小的钻石微粉颗粒（肉眼无法观测到）、无定形碳、钻石碎片。

与磨钻原理不同之处，首先在于锯钻时锯片与钻粉对钻石的压力很小，这源于工艺本身不能施加过大压力所致（压力过大将致使锯片形变，影响锯切质量）。其次钻粉的运动方式不同，磨钻时钻粉会嵌于铸铁磨盘内，与钻石是横向水平关系，运动方式以滑动摩擦为主。而锯钻时有部分钻粉微粒嵌于锯片上，另有部分微粒在锯片与钻石缝隙间滚动着，同时还夹杂着一小部分铜片上刮落的金属颗粒。两者间是纵向垂直关系，运动时滑动摩擦与滚动摩擦并存。最后基于前两点，决定了锯钻不能也不用像磨钻那样随意地变换钻石方向，找寻最顺或相对最理想的晶向对钻石进行加工，而需在符合工艺特点的前提下沿相对薄弱的位置进行切割。

所谓的工艺特点可认为是一种特定方向，理论上有两个可供锯切的方向，称为二尖与四尖。而依据这两个方向所实施的锯切则称为二尖锯切与四尖锯切，在原石设计方案中又称为二尖定向与四尖定向以及不适用锯切工艺的三尖定向。

二尖与四尖所指的是前者的锯切平面平行于(110)面网即菱形十二面体晶面，后者的锯切平面平行于(100)面网即立方体晶面。而三尖所指为(111)方向，是劈钻时八面体的中等一完全解理方向，这也是三尖不能成为锯切方向的原因（图 7－3）。

针对变形较少的八面体、过渡形态以及菱形十二面体，基本采用四尖对称锯切或不对称锯切（也称对剖与借面剖）。对称锯切以晶顶为切入点，锯切面呈四边形。不对称锯切以晶棱为起始点，锯切面也呈四边形，但小于晶顶开锯的锯切面（同尺

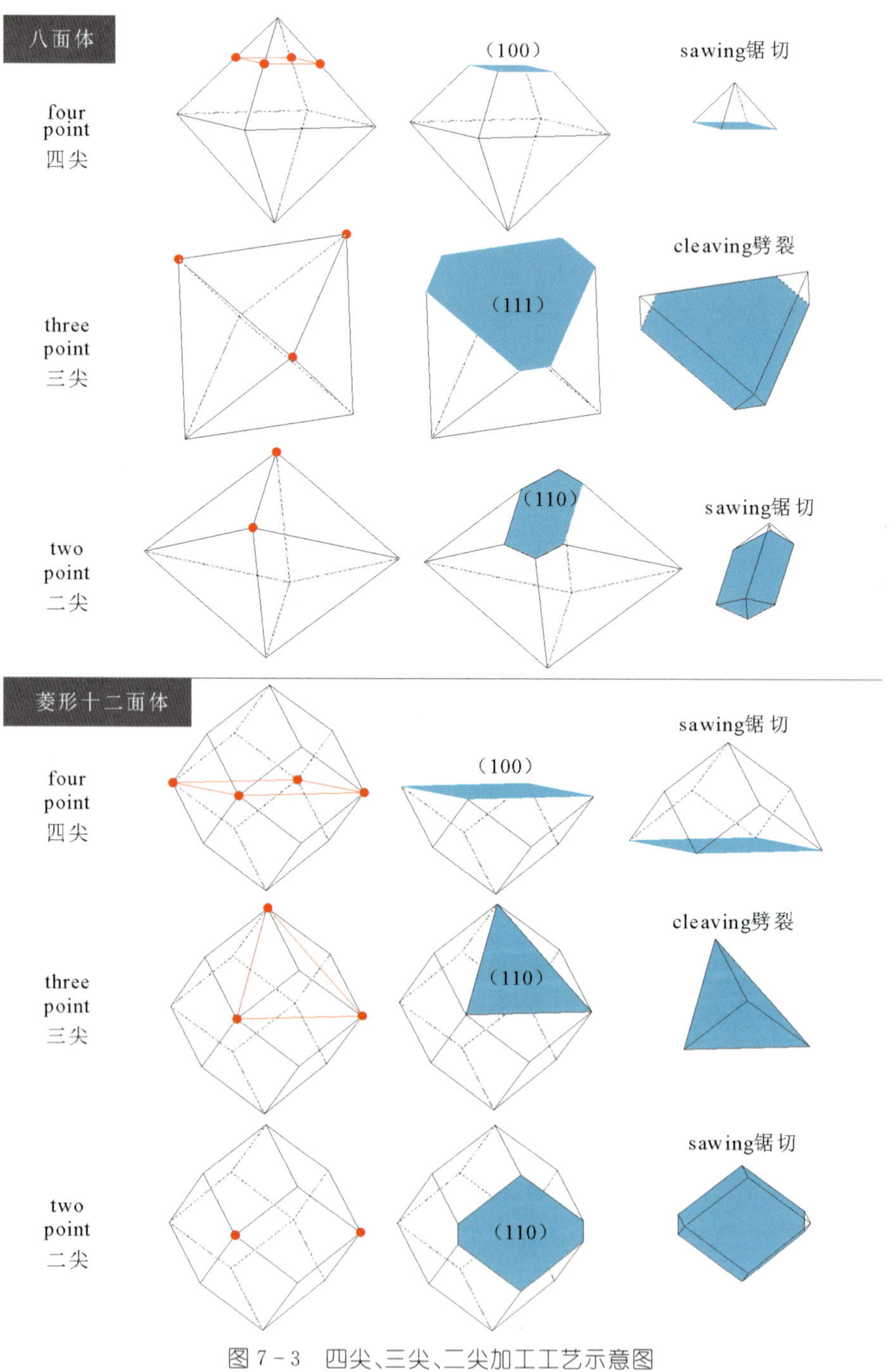

图 7-3　四尖、三尖、二尖加工工艺示意图

寸钻石）。当钻石为菱形十二面体时，对称锯切面依旧为四方形，不对称锯切面则为八边形。

此外，二尖锯切方案也可分为对称锯切与不对称锯切。八面体对称切入点为晶顶，锯切面平行于（100）呈四边形；不对称锯切切入点垂直晶棱，锯切面呈六边形（图 7－4）。

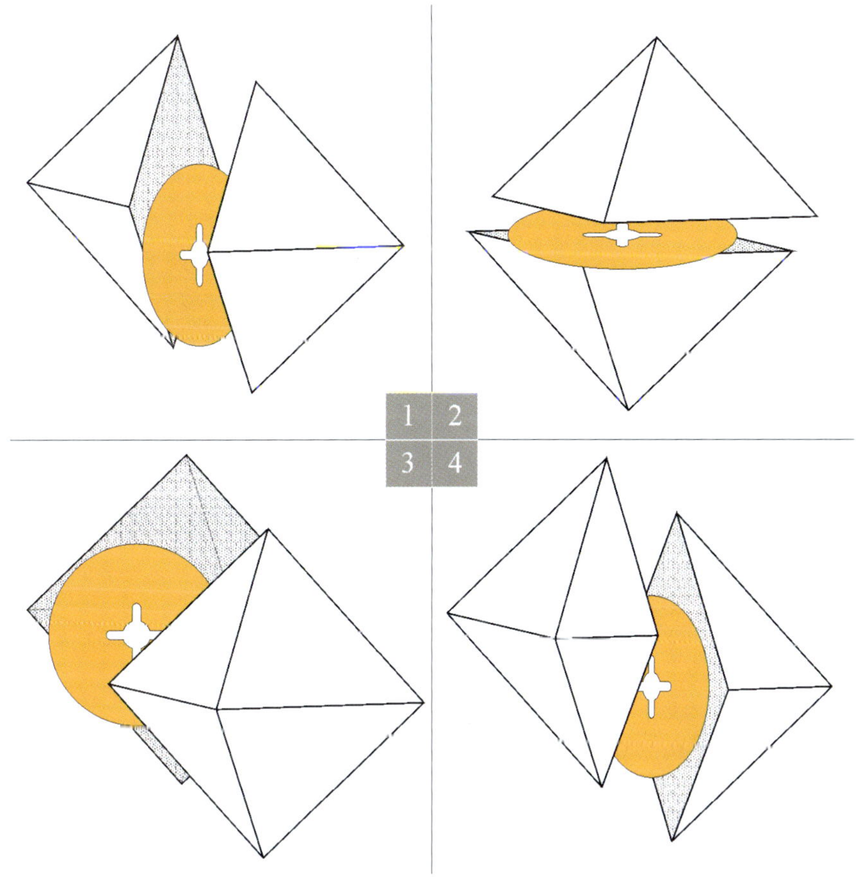

图 7－4　以八面体为例可锯开的方向：1～3 四尖；4 二尖

除以上锯切方案外，还有一些锯切方案，比如立方体的锯切，以及大颗粒钻石的锯切，根据钻石的实际情况也可以多次锯切。然而随着设备与技术的不断提高，锯切已不再限于传统的二尖或四尖方向，激光锯钻已可以从任意位置对钻石进行锯切，也不必再审慎考虑结晶学特点。在不久的将来，激光锯钻将彻底代替传统的机械锯钻（图 7－5、图 7－6）。

图 7 - 5　不对称锯切后的大钻

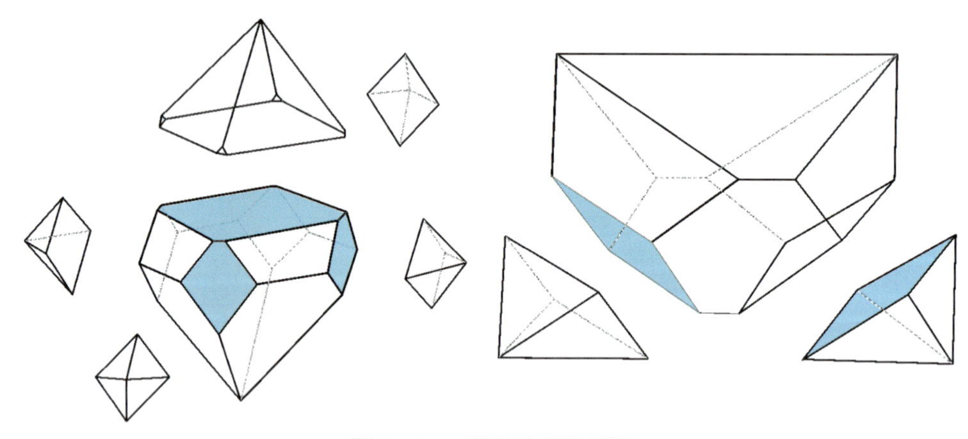

图 7 - 6　一颗晶体多次锯切

锯钻的设备

现代锯钻设备，根据企业的类型、规模及实际需要可分为机械锯钻机与激光锯钻机两类。机械锯钻机曾经是使用最广泛的锯钻设备，然而随着激光锯钻机的出现，其地位被逐渐取代已是不争的事实。过去机械锯钻较激光锯钻最大的优势在于，对钻石的损耗相对更小更安全，成本低廉；不足在于工时过长。但如今最先进的激光锯钻机已经可以做到既安全又高效，过去锯切一颗1ct左右原石要花上数个小时乃至半天时间，而现在10分钟内就可以解决，且损耗与机械锯钻机相差无几。机械锯钻机在一些大型加工企业中已经消失，而在一些小型加工企业或作坊中因其成本低廉易维护仍旧有使用。

一、激光锯钻机

激光锯钻(laser cutting/sawing)是利用高能激光光束沿设定路线将钻石分割开的技术(图7-7)，可谓是钻石加工设备上的又一个里程碑，可根据发射光束类型以及加工能力的拓展进行大致分类。

图7-7　Sarin公司(左)与Synova公司(右)的激光钻石锯切机

根据光束波长的不同可分为红光光束(1064nm)与绿光光束(532nm左右)两种，后者波长是前者的一半，而现在最新的则是蓝光光束，为绿光的一半，波长越短光束越稳定(图7-8)。

此外部分厂商研发的新一代激光光束又应用了新的水流引导技术。该技术采用波长为532nm的绿光光束，利用水柱将光束引导进细如发丝的极小空间内，这种新一代的技术在烧切钻石时不会再像老款设备那样存在“V”形切口的弊端(图7-9)，更加安全可靠，切割面更为平滑。根据喷嘴的大小，可调节锯切缝宽度，对钻石的损耗降低至0.07%，切缝在0.03mm左右(图7-10、图7-11)。

图 7－8　绿光光束(左)与红光光束(右)

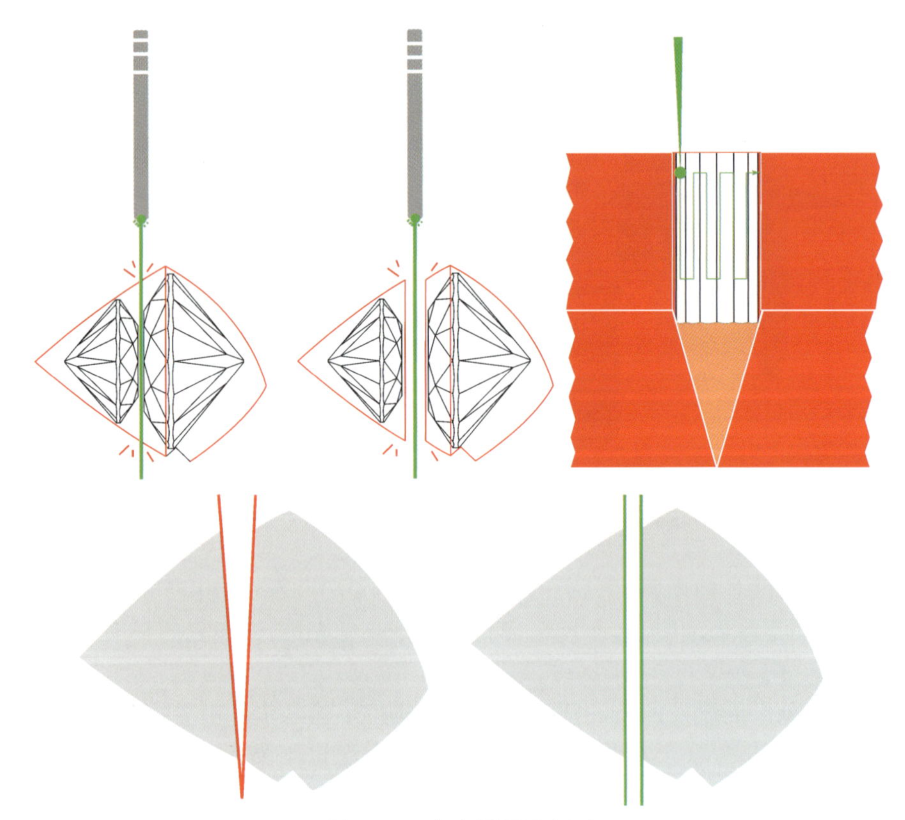

图 7－9　激光锯切示意图

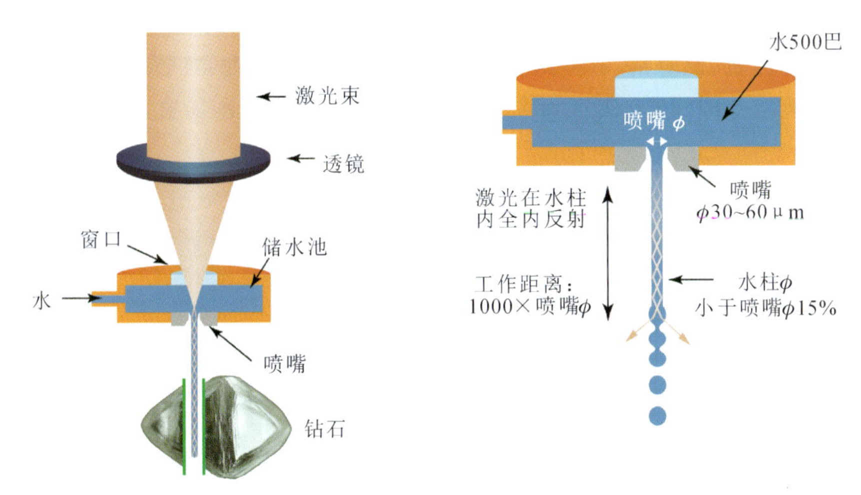

图 7-10　水流引导锯切技术示意图

（图片来自 Synova 公司）

图 7-11　钻石上平行的锯切缝（左）与切割 CVD（右）

（图片来自 Synova 公司）

然而激光锯钻机的功能已不仅局限于切割钻石，新的功能使得它在真正意义上拓展了锯钻工艺在整个钻石加工工艺中的分工。

新功能表现在设备不仅仅是简单地将钻石分割开，而是还可以根据需要对钻石进行造形（blocking）。经过造形的钻石其主要比例已经确定，可以大幅提升整个钻石的加工效率，简化加工工序，故而不仅有 laser sawing 也诞生了 laser cutting。然而这一技术目前也存在不可逾越的缺陷，激光锯切在无水冷的情况下会产生极高的热量，这对钻石而言是一个危险的因素，可能使钻石破裂。新技术无疑在带来更多选择的同时也增加了加工风险，它的应用主要还是根据需要有针对性地使用，而非普及化的选择（图 7－12～图 7－14）。

但必须承认，未来的钻石加工工艺是逐步向自动化智能化转变的过程，传统的加工工艺在现代化的加工厂中将完全消失，而从业人员的数量也将逐渐减少，转而被计算机取代。

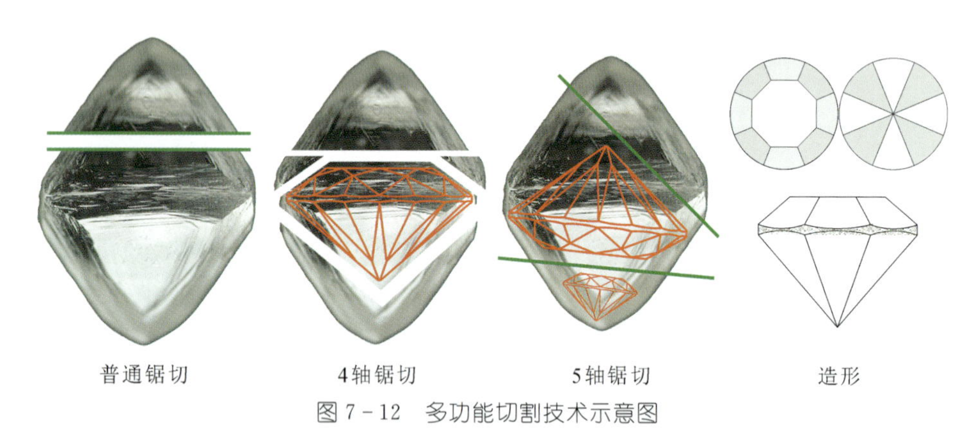

图 7－12　多功能切割技术示意图

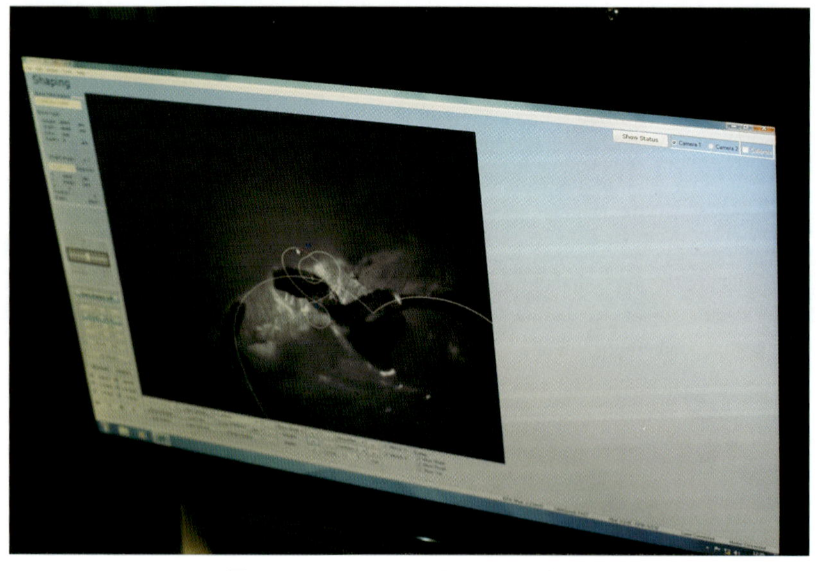

图 7－13　利用激光造型(心形轮廓)

图 7-14　普通激光锯切(上)与多轴造型(下)

二、机械锯钻机

机械锯钻作为传统工艺，在工厂中均设有专门的车间，锯钻机整齐排列成数排，每排锯钻机数量根据企业规模，为 10～20 台左右，一名工人负责一定数量的锯钻机(图 7-15)。

早期锯钻机采用混凝土基座以及由一根总传动轴带动锯钻机心轴旋转的传动方式。这种结构的好处是锯钻机的整体刚性高，运转稳定性好，结构简单，造价低。但这样的结构也存在一些弊端，比如机器一旦需要搬运转移，那么新的场地就要重新建设，水泥基座的浇筑与等待凝固会增加工时；一根总轴串联传动的方式，若传动出现故障，将影响整排锯钻机的运行，会对正在锯切的钻石造成不利影响。

图 7-15 传统的机械锯钻车间

后期的机械锯钻机在原有的基础上做了改良，为每台锯钻机单独配备一套驱动系统，使其独立运行，并且可以调节倒顺旋转方向，发生故障后也不会影响其他锯钻机，这样的设计也使得机械锯钻机的配制形式更加灵活（图 7-16）。此外随着科技水平的不断提高，一些电子感应装置被应用于机械锯钻机上，这些装置可在一定程度上代替锯钻师来控制锯钻的进度（图 7-17）。有些规模较小的工厂并不需要大规模的锯钻车间，故而又有了可以随意移动的钢结构锯钻台（图 7-18）。

图 7-16 锯钻机下方的电机，台面为水泥浇筑

图 7 - 17　电子感应控制装置

图 7 - 18　可移动锯钻台

机械锯钻的主要设备有锯钻机、电机以及相关配套装备。锯钻机中夹臂前端装有用来夹持钻石的夹咀，后半部分的配重球可做轴向运动。工作时随着锯切深度的增加，需要通过高度调节螺母向上旋出以控制前端正在锯切钻石的进度。锯钻机与下方的电机通过心轴由皮带连接，皮带为合成纤维，它们之间的距离可以旋转电机支撑架上的支撑杆来实现高低的调节，距离越远皮带越紧，带动心轴的转速就越高(图 7－19～图 7－21)。

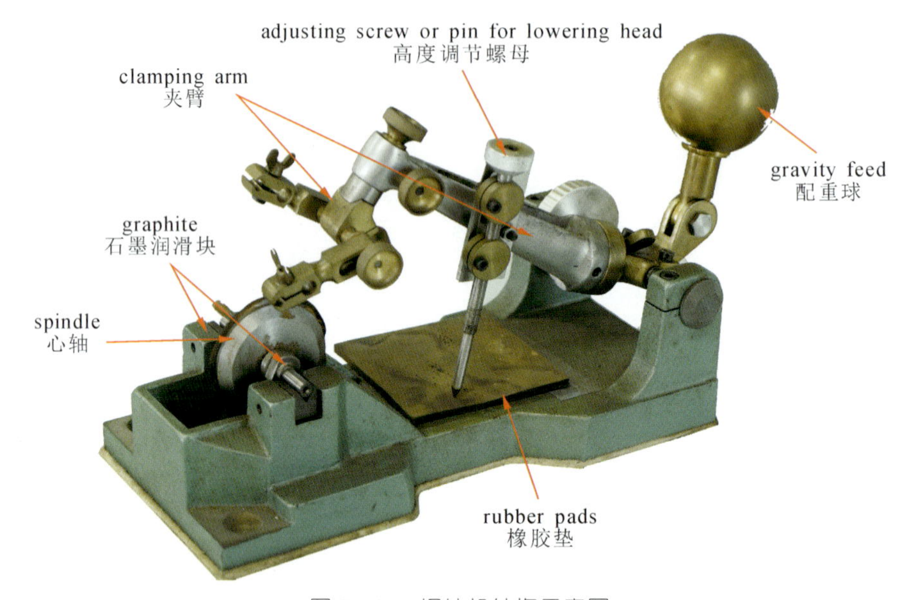

图 7－19　锯钻机结构示意图

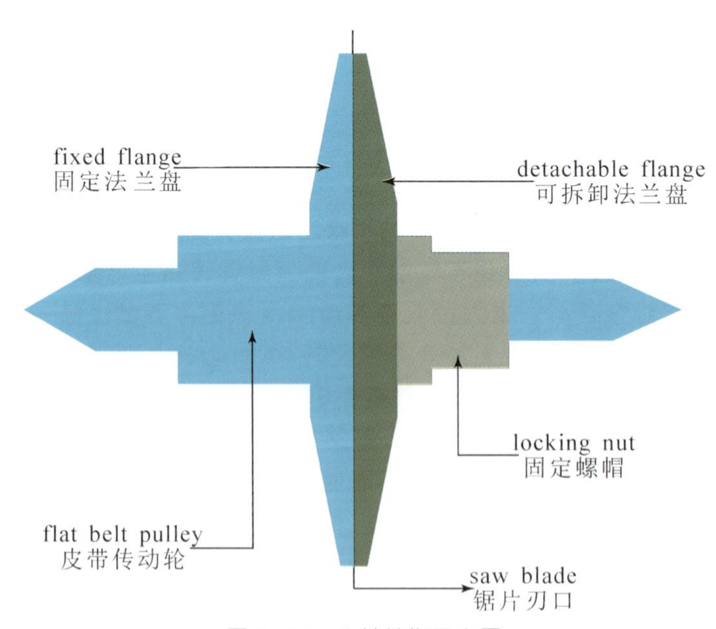

图 7－20　心轴结构示意图

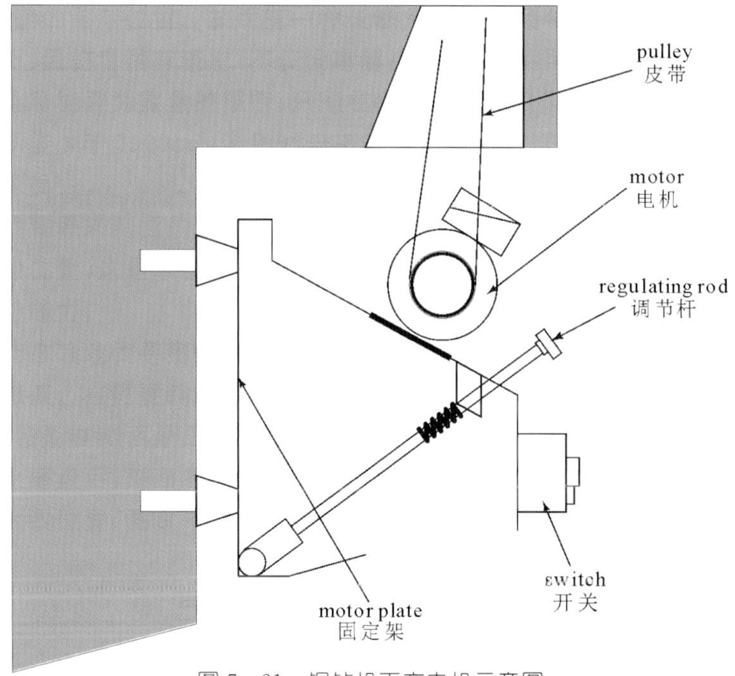

图 7-21　锯钻机下方电机示意图

心轴需要放在石墨块上运转，石墨的润滑作用可降低摩擦系数，此外还选用木材或人造材料来起到润滑作用。心轴是整个锯机的核心部件，由一根固定在法兰盘上的轴与一片法兰盘组成，锯片夹于其中用螺母旋紧。前辈们也将法兰盘称为“哈大”，同英语单词“half”。

(1)粘结剂：以上海钻石厂为例，锯钻工艺使用的粘结剂历史上经历了两个过程。四五十年代使用的是胶水(syndetikon)与胶粉(moldano)的混合粘合剂，此粘结剂由外国同行推荐，谓之“水泥”，实际是一种石膏，与一种补牙材料类似(图 7-22、图 7-23)。该粘结剂的主要特性是所处环境温度越高，结合力(强度)就越高，而随着温度的逐渐下降，强度也会下降。此外该粘结剂极易溶于水，故取下钻石时将夹咀浸泡于水中，粘结剂即会分解。该粘结剂所搭配的工艺要求钻石粘结完成后放置于保温箱中，目的在于防止因温度下降而发生粘结剂软化造成钻石移位，使用时再从保温箱中取出。其优点在于耐高温，强度随温度升高而增强，也可以应用于磨钻，比方压台面工序。

从 2000 年以后，工艺改良使用了新型的粘结材料。其特性与早期使用的粘结剂正好相反，在高温下结合剂的强度会随之下降，干燥脱水后会固化，便于常温保存与携带。这种粘结剂只针对于锯钻工艺，不可应用于磨钻，因锯钻工艺产生的温

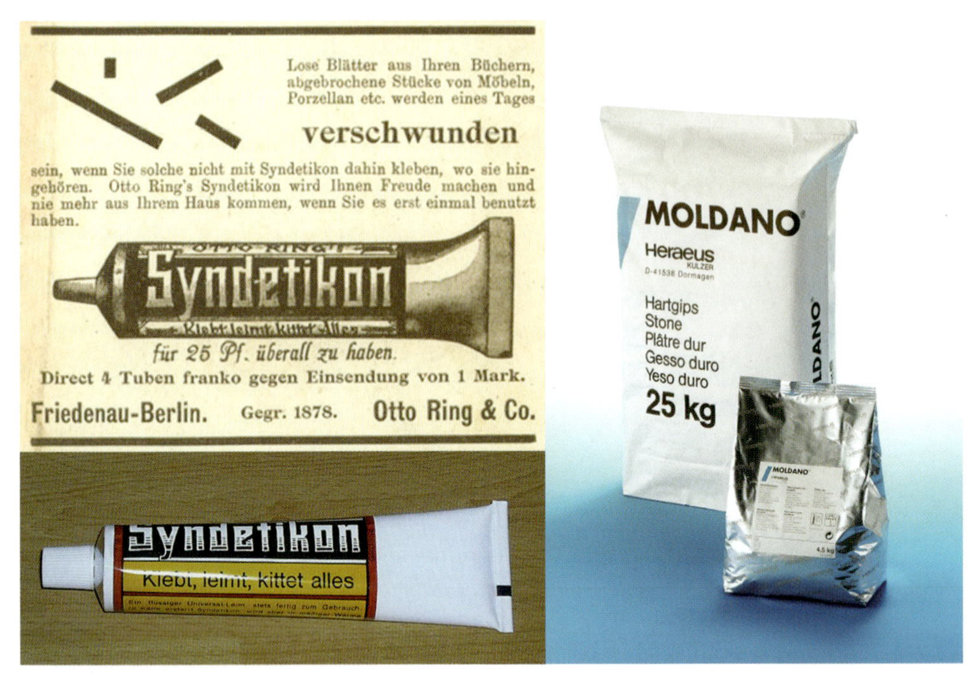

图 7-22　胶水(左)与胶粉(右)

图 7-23　浅蓝色的胶粉

度要远低于磨钻。

(2)锯片:为磷铜材质,国内外均有生产,但国内质量不及国外。锯片直径规格有 6.35cm、7cm、7.62cm、8.54cm、8.89cm,锯片厚度在 0.04~0.15mm 之间,其中 0.635~0.07mm 之间的使用最广泛,能适用于大多数钻石,成本也较低。锯片中心有四处开岔口,目的是为了排除锯片夹于心轴后扭曲的可能性(图 7-24、图 7-25)。

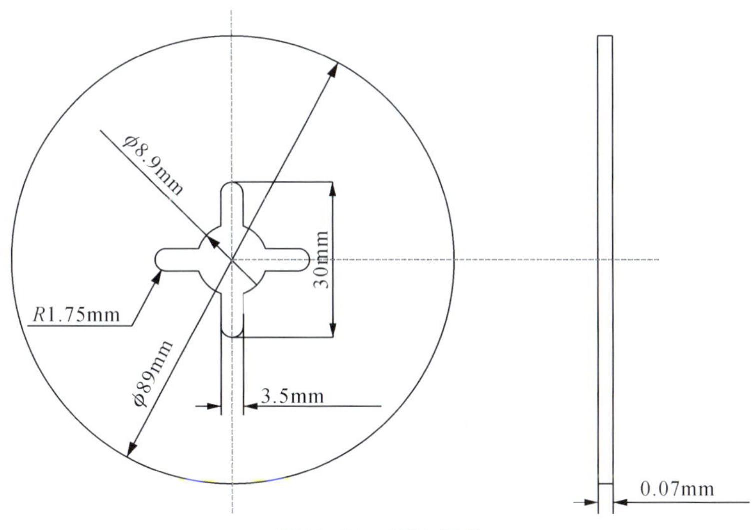

图 7 - 24　锯片规格

图 7 - 25　储存时间过长的磷铜锯片表面出现了氧化(但不影响使用)

(3)钻石筒:滚压钻粉用的“钻石筒”也称为钻石滚子,名称因地而异。滚子有大小规格差异,由带两个脚叉架的手柄和一个能绕轴任意旋转的滚筒组成(图7-26)。

图7-26 滚压钻粉用的钻石筒

(4)锉刀/白钢刀:该工具的主要作用是修正锯片的不正圆度,特别是法兰盘与锯片规格不一致的情况,即锯片内径的大小稍大于法兰盘心轴直径(图7-27)。早期也有使用锉刀来修正不圆度,但其效果不及钢刀,逐渐被代替,钢刀有自制也有制式。

图7-27 修正锯片用的白钢刀

(5)钻粉:可以使用天然或合成钻石粉,在目数上与磨钻通用或稍粗。钻粉需与橄榄油调配成糊状,配好后的钻粉最好放置1～2天再使用,使用时配合钻石筒将钻粉滚压于锯片上(图7-28)。

(6)夹咀:用以粘结钻石的承放装置,大小因钻石大小而异(图7-29)。

图 7－28　浸润橄榄油钻粉

图 7－29　如子弹壳般的夹咀

(7)橡皮垫:橡皮垫的规格各异,通常为 4cm×4cm 立方体小块,分为软硬两面。主要作用是缓冲部分压力,配合高度调节螺栓来控制锯钻的进度。硬面因其形变程度低常用于开槽,软面则反之,用于日常锯切工作(图 7－30)。此外也有使用皮质垫的。

图 7-30　不同厚度大小的橡皮垫(分软面与硬面)

锯钻的过程

锯钻在钻石加工中风险相对较大，主要集中在工艺的中期与末期阶段。锯钻结束后若发生偏差或意外结果很难改变，但与劈钻不同，其实施过程从锯钻初、锯钻中到锯钻末有一定的时间跨度，如在早期就发现问题并进行调整，其结果还是可以挽回的，但若是突发性状况则可在一瞬之间破坏钻石。整个工艺的实施过程分为三个阶段：前期准备、实施工艺、检验结果。

一、前期准备

1. 选取适合的锯片

钻石加工的锯片为专用锯片，分开口锯片与工作锯片，也可直接用工作锯片进行开口及锯切工作。在工艺实施时的主要影响有两点：一是锯片本身的材质问题，二是锯片的厚度与直径。材质涉及到锯片生产厂家的工艺质量，由于我国早期钻石加工与欧洲关系较为密切，故有许多工具均从欧洲尤其是比利时进口，锯片亦是如此，这一点主要还因进口锯片品质优于国产锯片(图 7 - 31)。

图 7 - 31　产自比利时的进口锯片

锯片主要以厚度和直径大小来划定规格，主要影响锯钻过程中的安全性以及锯损(包含锯切面的平整度与倒角问题)。锯片选取的依据有两点：原石的实际情况(净度、大小)与企业生产的实际情况。

(1)直径：直径大小与原石大小之间存在着一定的联系，锯片选取的原则是露出法兰盘半径必须超过锯切面的深度，否则钻石还没锯完就已经接触到心轴。若疏忽未发现则会造成安全事故，这种情况在新安装的锯片上较少发生，主要发生在已经使用有一段时间的锯片上，因对于其可利用程度的余量估计不足所致。另外，锯片直径越大刚性越低，故有些工厂中会刻意剪裁掉一部分外圆以达到提高锯片刚性的目的(图 7－32)。通常大钻取相对较大的锯片。

通常选取直径 6.35～7cm 的锯片,这一规格的锯片适用范围最广。开口锯片的锯切深度一般不超过 1.5mm,伸出法兰盘长度不超过 2mm。理论上,锯片伸出法兰盘长度越短则相对越稳定。

图 7－32　报废的锯片与剪裁掉一部分直径的锯片外缘

(2)厚度:锯损与锯片厚度有直接关系。对于这个问题需要辩证地来看待,并不能粗略地认为锯片厚度越厚锯损越高,因为影响锯损的因素除了锯片厚度还有锯切面的平整度。厚的锯片其运转时稳定性较高,锯切纹相对就要平缓,故锯损并不高。薄的锯片其刚性较低,锯切时的稳定性较差,振摆较大,锯切纹相对就要陡,故锯损并不低。

通常使用的工作锯片厚度为 0.06～0.08mm,大多数工厂中使用较为广泛的锯片厚度为 0.07mm。

2. 观察钻石

观察钻石的主要目的是确认设计师在原石上所划的设计标线或根据流转到手中的设计方案进行划线。

设计师对锯切设计标线把握的准确与否会影响钻石成品后的重量,设计标线除了在保证钻石成品后的最大应有重量外,还应特别留意大钻冠部应有的高度(包括冠高以及抛平锯切纹时的余量)(图 7－33)。

除了设计标线外锯钻师还需对钻石的整体状态(包括瑕疵、颜色等)进行最终的检查。从加工风险的角度来看,可根据颜色将钻石分为三类:

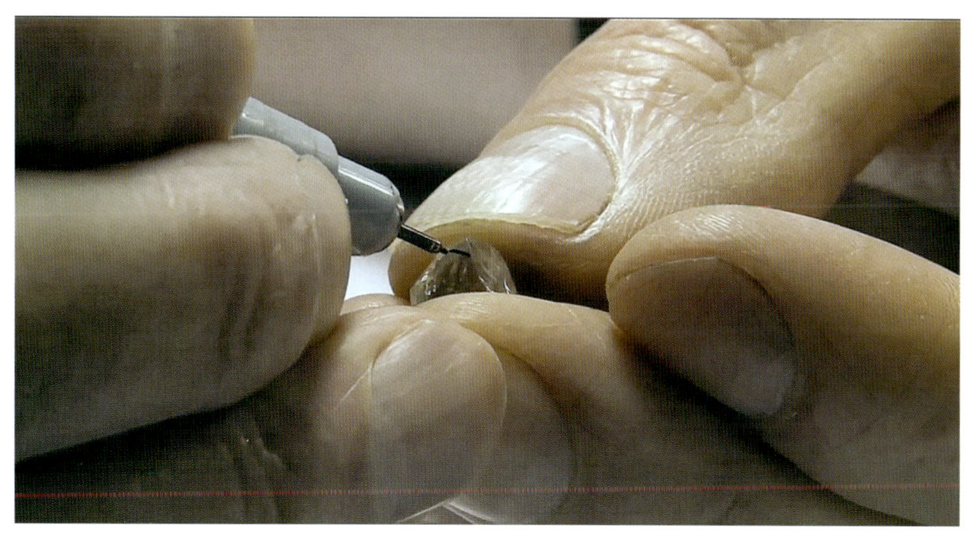

图 7－33　锯钻前划设计标线(marking the rough)

(1)黄色系钻石的加工难度与风险总体相对较低,也更容易把握。但带褐色的黄钻问题则要复杂,问题也更多。

(2)无色系高色级钻石的加工风险通常较高,加工过程中易出现裂纹,加工时需要更加谨慎小心。

(3)褐色系钻石与以上两种钻石有很大的区别,其特点是风险分布的不均匀性,加工存在较多的随机与偶然成分。褐色钻石具有比以上两种更为复杂的颜色成因。比方在 100 粒褐色钻石中,可能其中 90%以上的钻石加工时都没有出现什么问题,较为顺利。但也有可能其中只有 30%是顺利的,剩余 70%都存在各种各样的问题,这便是褐色钻石的特点。

根据以往的加工经验分析,通常偏暖色调的褐色,如橙褐色、粉褐色的风险更高,而绿黄褐色的情况则较好,不太容易出现裂纹(也称“出纥”),故在挑选刀具用钻石时会有意避开暖色调褐色。

3. 粘结钻石

粘结钻石前应先挑选好与所锯钻石大小适合的夹咀,先将配制好的粘结剂放入承窝中,然后把钻石摁入其中,注意设计标线需与夹咀纵轴垂直,且设计标线应高于夹咀边缘,露出粘结剂,以便后续加工过程中随时检查锯切情况(图 7－34)。为了能够观察得更准确,目前的钻石加工企业中都以采用摄像头搭配显示器的方式来确认钻石的安装情况是否到位(图 7－35)。

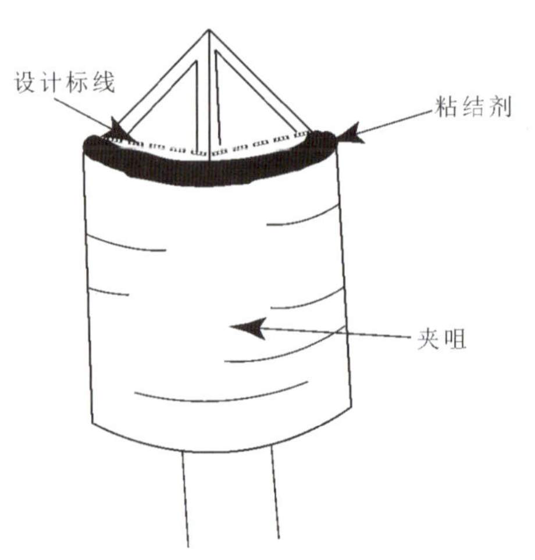

图 7-34　安装于夹咀上的钻石示意图

图 7-35　锯钻前通过摄像头安装钻石

切入口选择在设计标线路径上的晶棱位置，且锯切前及锯切过程中钻石摆放位置的中心应与锯片的圆心在同一水平线上（图 7-36）。

将粘有钻石的夹咀装在金属轧头上，然后再放置于能调方向的夹架上。粘钻

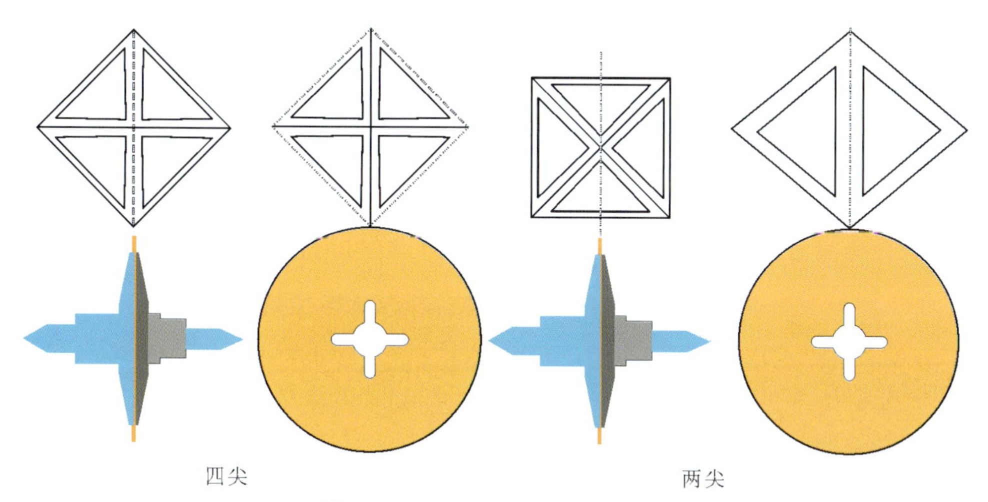

图 7-36　四尖与两尖锯切示意图

并非粘一颗锯一颗，而是锯钻工人在领取钻石后，批量地将钻石粘于夹咀的承窝之中，然后将粘好的夹咀插入蜂窝盒。

在钻石安装完成后，需要将夹咀中溢出的多余粘结剂去除，并置入保温箱中备用或置于酒精灯边烘烤至粘结剂凝结（图 7-37），待凝牢固后，安装于锯钻机上准备进行加工。粘好的钻石需要烘干至少 4 小时以上，固化后不能接触水，粘钻过程中如需临时离开应用湿布或其他物件蒙上以防粘结剂固化。粘结剂不能反复使用。

图 7-37　保温箱

4. 安装与修正锯片

锯片安装于两个法兰盘之间，在法兰盘固定后，将装有锯片的心轴套上传动皮带放置于石墨滑块上，打开锯钻机检查是否存在不同心或锯片边缘毛刺的情况，因为有时锯片内圆直径会大于法兰盘心轴直径(图 7－38)。若有不同心，可使用白钢刀对锯片的外圆进行修正，使之旋转时能与法兰盘同心，毛刺可用食指与大拇指轻捏锯片边缘通过触觉来感受，若有可使用细砂皮(300 目)将其去除。

图 7－38　套上皮带后的心轴，由左右两块石墨滑块支撑

锯片外圆的形状很有讲究，用白钢刀车削可达到最佳效果，如用锉刀则形状不理想。形状主要关系钻粉的贴合与“站立”程度，锉刀修出的圆弧状表面不利于钻粉颗粒嵌入锯片内，尽管切入钻石后，外圆形状均会改变，但前者依旧有利于钻粉颗粒的利用、分布及嵌入锯片内(图 7－39)。

二、实施工艺

1. 滚压钻粉

滚压钻粉的工作并非只是在锯钻之初，而是一直贯穿整个锯钻过程的前、中期。使用特制的钢滚(钻石筒)将油钻粉嵌入锯片边缘，钢滚来回地在锯片边缘左

图 7－39　白钢刀修正锯片

右摆动，使之嵌入锯片边缘中(图 7－40)。

图 7－40　锯钻过程中添加钻粉

2. 开槽

开槽前最后检查一遍锯切面是否安装正确，有无歪斜。在正式开始锯钻前，通常需要使用较厚的锯片以及硬面橡皮垫，在锯切位置预开一个小口为后续正式开锯做准备。之所以要使用较厚的锯片是因需要在钻石坚硬的晶棱上开槽，较薄的工作锯片刚性较低，难以“站立”在晶棱上，容易出现弯曲的情况，造成锯切路径偏斜，而较厚的锯片刚性较高，抗弯曲能力强，所开槽挺直，有利于工作锯片的平直切入以及保持锯切路径按照设计路径前进。

但仍需要指出开槽时并非一定要使用较厚的锯片，有经验的锯钻师更多的情况下会直接使用工作锯片开槽，主要是为节约工时，省去更换锯片及修正的时间，当然使用工作锯片开槽需要更加仔细小心。

3. 锯切

锯钻是钻石加工中唯一需要站立的工作，相对消耗体力更多。在工厂中一名锯钻师根据所分配工作的重要或难易程度，通常需要负责十多台至数十台左右的锯钻机，一天的主要工作就是在这些锯钻机间来回穿梭，心中默记每一颗钻石的大致进度。

锯钻过程中需要经常使用放大镜来观察锯切的情况，包括进度以及是否需要添加钻粉，但经验老到的锯钻师则知道何时需要去关注，而不是过多的奔走于机器间(图 7 - 41)。

图 7 - 41　锯钻时用来观察的放大镜十分普通，一般的 5 倍左右即可

卷刃是常见的问题，尤其当锯片高速通过裂隙时(有可能是包体胀裂后周围形成的应力裂纹)极易发生锯片卷刃，使锯片厚度增加，将钻石胀裂，胀裂往往沿钻石解理方向裂开，造成严重的后果。

以图 7-42 为例，裂隙开口处实际近似一个断崖且多锋利，当锯片接触到裂隙锋刃时，其厚度要小于最初的厚度，形成中间厚边缘薄的状态。原因是当锯片处于工作状态时不断与钻石摩擦，表面钻粉逐渐减少，除了有钻粉消耗外锯片本身也承载这种机械磨损，亦有片体的消耗并伴随表面钻粉的减少而增加，从而变薄。

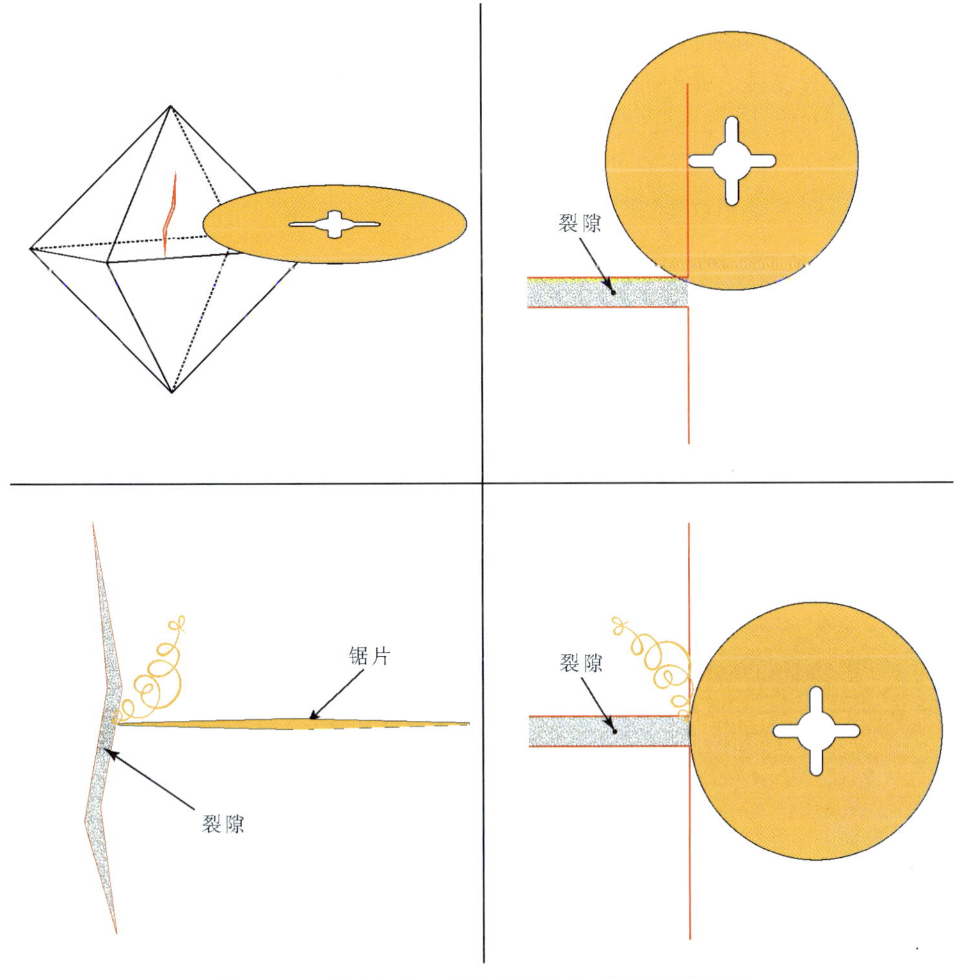

图 7-42　锯片直接正面接触裂隙锋刃极易产生卷刃

由于钻石的硬度要远高于磷铜锯片硬度，裂隙刃口将对旋转中的锯片产生切削效应，锯片最外缘的部分将会以条状的形式被切削出来，就像刨木头一样。被切削出的铜屑被挤进中空的裂隙，从而产生由内向外的膨胀力，使钻石沿裂隙或解理被胀开，甚至碎成小块。在这过程中钻石切削锯片会产生刺耳的声音，提醒锯钻师应立即关停设备进行检查。

相应的对策是锯片应避开裂隙锋刃正面而绕其侧面，以尽可能顺着裂隙的方向切入。

锯钻的进度是通过锯钻机中部的高度调节螺栓来实现，而钻石对锯片所施加的压力则通过尾部的配重球来实现。可以触摸螺栓来感受振动，继而来确定钻石与锯片是否有接触。螺栓向下调节会使钻石升起，逐渐远离锯片，反之与锯片接触。在钻石与锯片有接触的情况下除了有夹臂本身的重量施加于锯片上外，锯钻机尾部配重球的轴向调节亦可增加或减少钻石对锯片施加的压力，一定范围内的压力增加可提高锯切效率(图 7－43)。

图 7－43　正在锯切中的钻石

是否需要添加钻粉，可以通过锯片锋刃的外观来判断，锋刃发黑则说明仍有钻粉，发亮则说明钻粉用尽需要添加。

在锯钻临近结束时，应适当放慢速度，并罩上罩子，以防钻石飞走（图7－44）。结束后拆下钻石，将夹咀浸泡于水中。

图7－44　锯钻临近完成前罩上罩子以防钻石飞走

三、检验锯后成品

检验阶段的工作内容包括：取下钻石以及检验锯后钻石是否达到工艺要求，包括锯开后两颗钻石锯切面的平整度以及锯切面是否存在由锯切引起的净度问题（图7－45）。

（1）平整度：①锯切是否是弧面或是呈波浪状，有无较大的台阶。如果有台阶，其落差是否会影响成品率，不平整度应小于0.1mm。②是否有倒角，如果有是否大到影响成品率（图7－46）。

倒角问题应辩证地来看待，倒角的出现主要是由于锯片以及锯钻机的振摆所致。在锯钻的最后阶段，由于机械强度变低，振摆可使钻石最后仍然连接的位置沿解理裂开。如果倒角在工艺要求范围内则是允许存在的，因为一味地追求无倒角，则势必会降低锯切效率，一颗钻石尚可如此，大批钻石则会对工作进度产生较大影响，故应视不影响结果的倒角为正常工艺现象。倒角的大小应不超过最大制约尺寸的1/5。

图 7-45　锯下的钻石

图 7-46　锯切面右侧留下的小倒角

(2)锯开位置:是否沿墨线锯切或是否平行墨线,切后腰箍是否符合设计要求。

(3)锯切碎裂:钻石是否产生新的裂隙。

锯钻在完成后与劈钻一样,结果很难再有大的修改,是一项不可逆的工序,故检验的目的主要在于总结与了解情况。针对存在的问题寻找原因,调整设计方案(图 7-47)。如符合工艺标准,则将进行下一道工序。

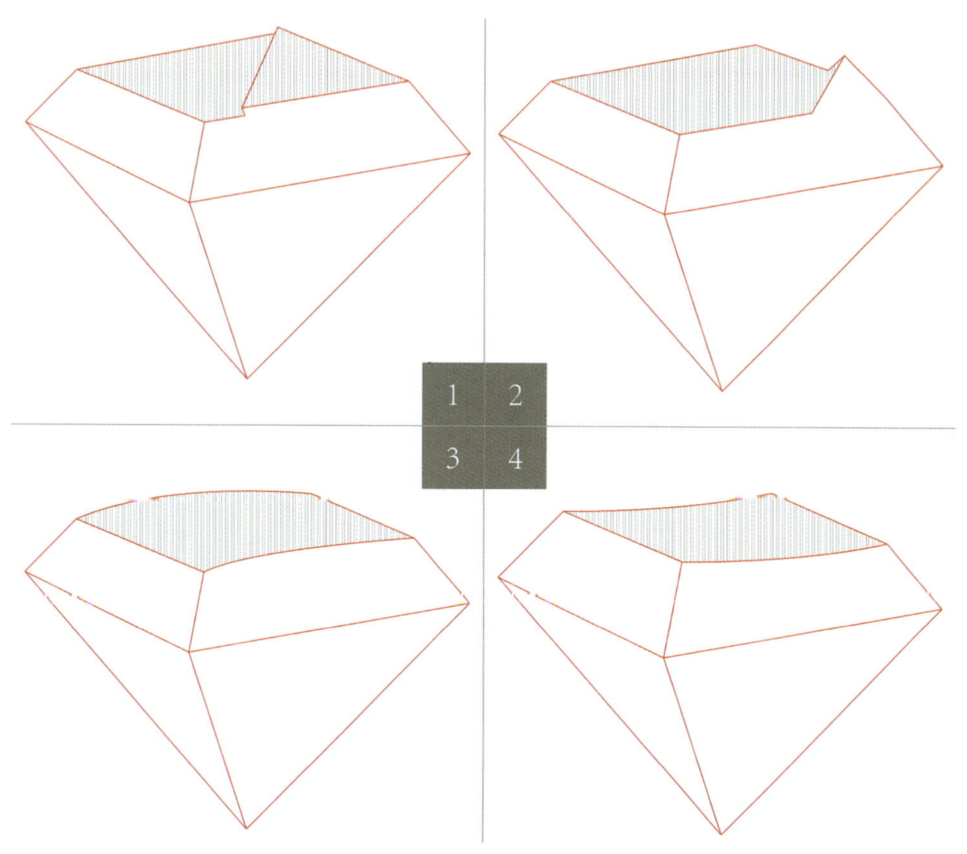

图 7-47 不合格的锯切面：1台阶状锯切面；2较大的倒角；3凸状锯切面；4凹状锯切面

重要概念

(1)锯钻开始与临近结束，高度调节螺母要尽量调高，使钻石刚好与锯片有接触即可，一则因还未开槽，若压力过大将使锯片变形，锯切线偏离设计标线；二则可有效避免过大的倒角产生。

(2)锯钻机尾部配重球的前后位置与钻石施加于锯片的压力密切相关，切不可图高效而过度调节配重球增加前部压力，如此将使锯切面呈凸或凹状。

(3)锯切过程中需经常关注锯片上钻粉的消耗情况，若锯片锋刃周围反射出金属光泽则说明钻粉已经使用殆尽，应先检查锋刃状态，根据损耗情况进行修整，整形后再添加钻粉。

第八章 车钻
Chapter 8 Diamond Bruting

现代车钻又称“打圆、打边”，相比劈钻是一门较为年轻的工艺，通过钻石与钻石之间的刮擦来加工出想要的形状。在现代车钻机出现之前，要想改变原石外形是通过刮钻（bruting）来实现的，由手工完成，较之现代工艺效率与水平要落后许多，故早已被淘汰。刮钻几乎与劈钻同时代诞生，比如古老的“沙赫”钻石上的铭文便是通过刮擦加工出来的。

刮钻不仅可以对钻石的腰形进行造形，还可以粗刮出钻石的台面以及亭部的轮廓，但其缺点也十分明显，由于是手工操作，故效率低下，加工精度也并不好，特别是不圆度较大。

刮钻的应用范围较广，除传统意义上大、中钻石和花式切磨的轮廓或腰箍的成形外，还可有针对性地对局部进行刮擦，以去掉原石上多余的部分。使用时需双手协同操作，右手持刮棒，左手握滑板座的把手，做前后运动（图 8-1）。

图 8-1　刮钻工艺

刮钻工具非常简单，通常将先成形的钻石固定在刮棒的胶头上，后成形的钻石固定在托盘的胶头上。黏结钻石时，将胶头放置于煤气灯上加热，后将钻石黏于胶体上，之后将托盘与刮棒放置于对应位置上，便可开展刮钻工作。由于刮钻时会产生热量易使胶体软化，导致钻石位移，甚至陷入胶体中，故而刮棒前端胶体需经常浸入冷水中冷却（图 8-2、图 8-3）。

图 8－2 刮钻工艺用到的部分工具

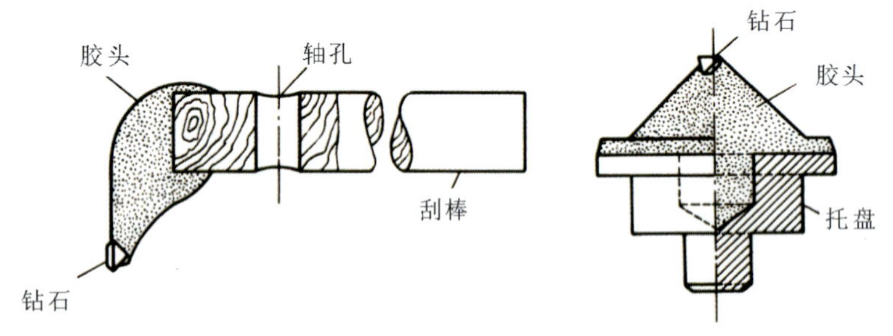

图 8－3 刮棒、托盘的结构与钻石的摆放方式

（图片来自《钻石工艺》）

20 世纪初，随着车钻机的发明，车钻工艺也应运而生，人们才得以加工出真正具有较高圆度的钻石，生产效率大幅提高，减轻了人的劳动强度。其后设备不断革新。时至今日，车钻无论在工艺和设备上都发生了天翻地覆的改变，当下最先进的车钻机，不仅能做到普通车钻机对钻石腰形的打磨，还能快速、高效、准确地加工出钻石的台面、亭部、冠部的基本外形。

车钻原理

钻石与钻石相互摩擦可以在彼此的表面留下痕迹，这是人类对钻石最早的认识之一，而车钻便是对这一认识的继承与发扬。

车钻的原理在于通过机械破损的方式改变原石的外形，并区别于其他依赖结晶学特性的工艺。支持这一论点的有力证据便是在对车钻后的残渣分析后发现的，其主要组成是钻石微粒及一些金属残留物，而且在对车钻过程进行摄像后也能发现车钻早期时常会有闪亮的钻石碎屑蹦出，这些都足以证明车钻主要是通过机械破损的方式加工钻石。

车钻虽不如劈钻、锯钻、磨钻那般地依赖结晶学特性，但在实际施艺过程中仍需要将其考虑在内，尤其当车刀为天然钻石时。这点不仅表现在车钻上，即使是在手工刮钻时，也能因晶体硬度上的异向性表现出极小的快慢差异。

使用天然钻石作车刀时，所用的多为锯切后的待加工品。就工艺本身而言，车刀钻自身也是未来的成品钻石。比如四尖锯切后的钻石在作为车刀钻石时只能使用晶顶(100)来车。单从结晶学角度来看如何使用车刀钻，由前两章节已知，在钻石上有三个非常重要的方向——二尖、三尖、四尖，三个方向对应三个面网，分别是(110)、(111)、(100)(表 8-1)。

表 8-1　三个面网的密度与间距大小

面网符号	面网密度	面网间距		硬度排序
(100)	$\frac{2}{a^2}$	$\frac{a}{4}$		小
(110)	$\frac{4}{a^2\sqrt{3}}$	$\frac{a\sqrt{2}}{4}$		中
(111)	$\frac{4}{a^2\sqrt{2}}$	$\frac{a\sqrt{3}}{12}$	$\frac{a\sqrt{3}}{4}$	大

三个面网之间为正比关系，即密度大则硬度大，间距也大。(111)面网密度虽小于(110)，而硬度却最高，这是由于(111)实为双层面网。图 8-4 中(111)的面网间距宽窄相隔，窄处仅有 0.0514nm，宽处则为一个键长，窄处可视为一层由两层间距十分紧密的面网组成的叠加面网，故密度翻倍，面网硬度排列第一。

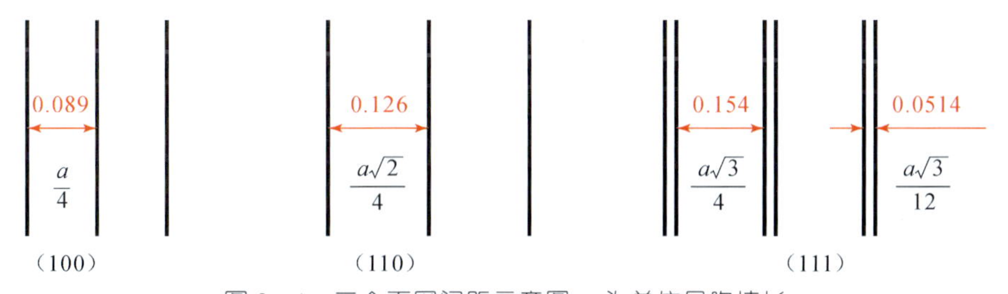

图 8-4　三个面网间距示意图，a 为单位晶胞棱长

面网间距越大引力越弱，反之引力越强，相对越不容易被破坏。以车钻时所施加在两钻上的拉力而言，车刀钻自然需要避开引力弱的位置而选取引力强的地方，尤其是车钻初期，(111)面作为间距最宽的面，非常容易产生大的崩缺(图 8-5)，而越是接近车钻后期这点越不明显。因此(100)面网或接近它的面网都是较好的选择。

图 8-5　对锯方案车钻时腰围处表现出层状结构的破裂

车刀与被加工钻石的表面状态对效率和质量有明显的影响，车钻初期两者接触面积较小时，单位面积受力较大，减径速度快，此时会有较大晶粒崩落，但加工时的给进力却不用很大。反之，当车钻进行了一段时间，两者的接触面积较大时，单位面积受力减小，这时减径速度明显下降，加工是以碎屑在两个面之间的研磨为主（图 8-6）。

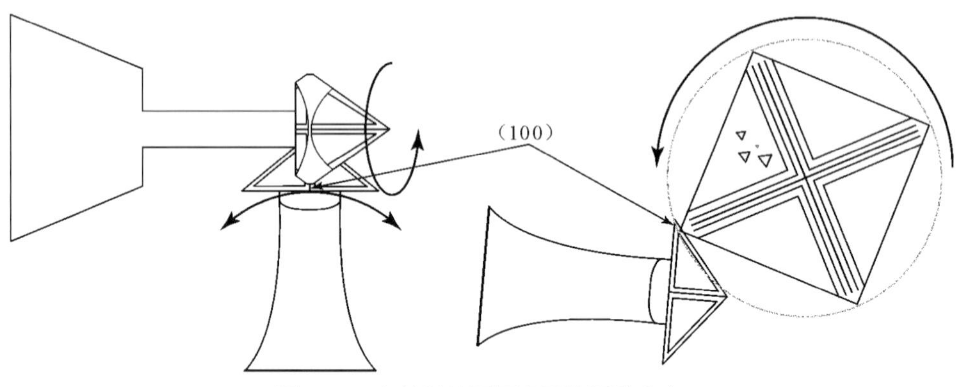

图 8-6　车钻时钻石与车刀的运动方向

车钻的设备

车钻机，又称打边机、打圆机、磨边机，演进至今是变化最多的钻石加工设备之一，发展过程主要从半自动车钻机，再到自动车钻机以及现今的砂轮盘磨边机，科技含量与效率不断提升。在这些设备中，半自动车钻机作为传统车钻机的代表，可分为单头和双头两种类型，但已渐被淘汰，尤其是单头的。而自动车钻机与砂轮盘磨边机则是如今的主力设备，且砂轮又正在渐渐取代自动车钻机，部分厂家更是完成了砂轮磨边机的迭代。

不同结构的车钻机有不同的用途，就单头机、双头机与自动机而言，单头机与自动机主要适用于加工大中钻石，如成品重量在0.30ct以上的钻石，其有着比双头机更多的加工选择，观察角度更全面等优点（图8－7）；双头机的最大优点在于解决了原先单头车钻机加工小钻难以及效率低的劣势，非常适合个人或小型加工企业使用；砂轮机则有着比其他车钻机更高的控制精度与效率，加工手段更多样，但购置价格与维护成本相对高一些。

图8－7　操作单头车钻机

（图片来自《Diamond Cutting》）

单头车钻机发明较早，机体安装于桌面上，桌下腾空用以放置电机与操作员的双脚，电机通过皮带与机体上的手轮连接，与锯钻机传动方式类似。手轮右侧是一浮游卡盘，可用榔头敲击调整车钻时的圆心。待车钻石与车刀钻石均用粘胶粘于铜头上，并分别装于车床与车钻棒前端。车钻时将车钻棒前段用手握紧搁在托架上，后段夹于手臂下，车刀顶着待车钻石左右摆动，托架下有一残渣回收盒（图8－8、图8－9）。

本书主要介绍适合加工小钻的双头车钻机，通过对双头车钻机这一基础设备的介绍，可使读者了解车钻的基本方法与道理。

双头车钻机左右两边各有两根轴，左侧固定，右侧为可伸缩的弹簧装置。由车

图 8-8　单头车钻机(Single head)结构

(图片来自《Diamond Cutting》)

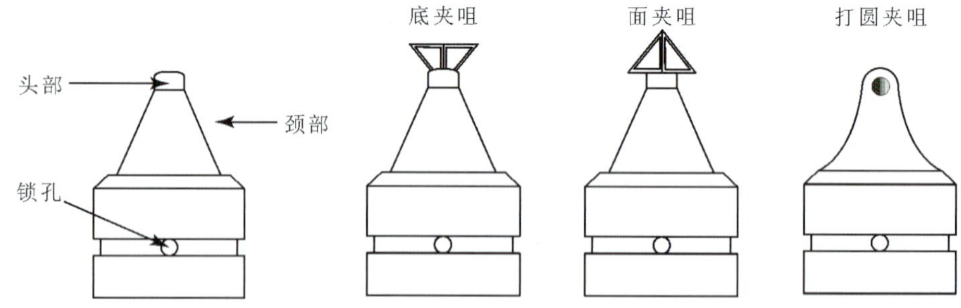

图 8-9　单头车钻机夹咀(bruting dop)款式与结构

钻机主体下方的电动机驱动，并通过皮绳传动于左侧轴，左侧轴装卡盘、手扶轮，通过套齿轮上的传动皮带将动力从左侧轴传导至右侧轴，继而使两轴接近同步运转(图 8-10、图 8-11)。

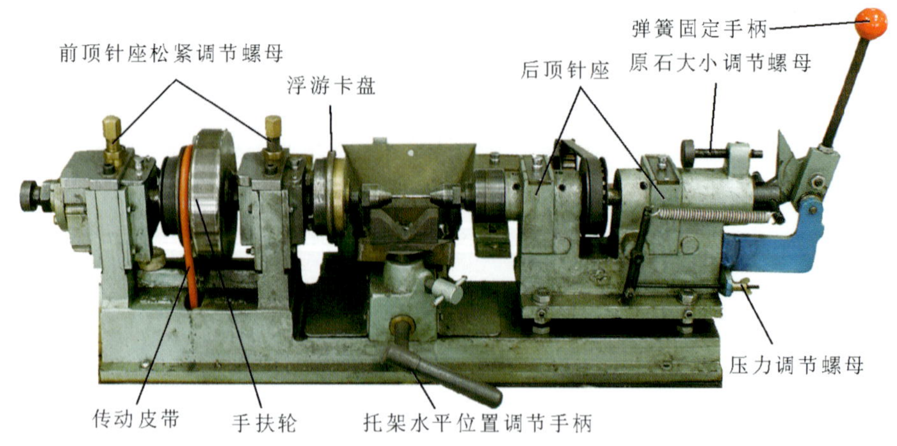

图 8-10　双头车钻机(double head)

图 8-11　操作双头车钻机

除车钻机外还需要使用到的装备有车刀、小锤、锉刀、扳手、放大镜、夹咀、顶头等(图 8-12)。

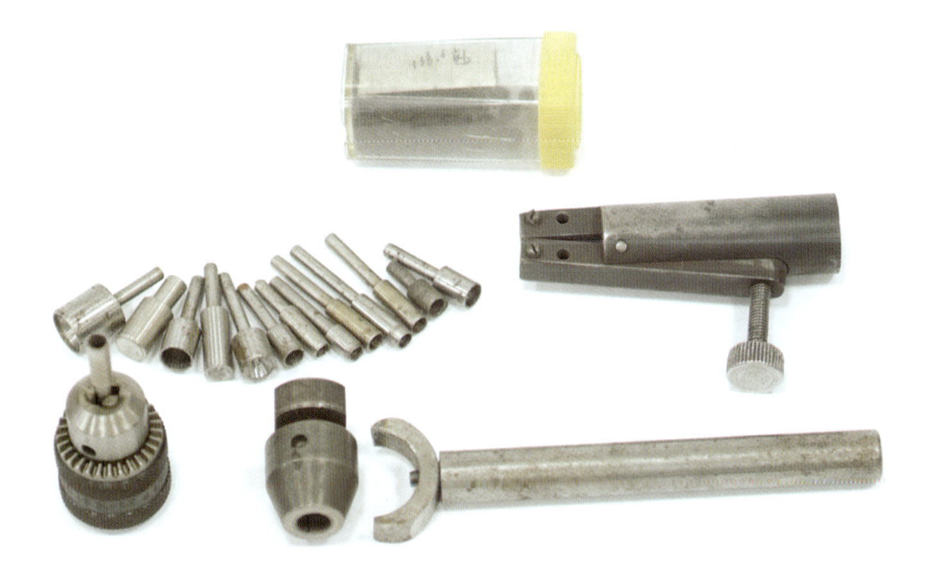

图 8-12　车钻时使用到的部分工具与配件

小锤：车钻时用来敲击卡盘（偏心轮），达到调节钻石圆心的目的。材质多样，有木制、铁制、铜制，可根据不同的加工需要来选择。木制敲击力较弱可用于微调，金属制则由于敲击力大，可用于早期的较大幅度的圆心调节，以及击碎 PCD（合成聚晶钻石），用于手动车钻棒上。

锉刀：用于修整夹持钻石的顶头与夹咀。

扳手：用于调节车钻机上各个紧定装置。

放大镜：6～10 倍皆可，观察钻石的加工情况。

夹咀：根据内孔的大小不同，用来夹持不同大小的钻石，过大会被车刀车削，过小夹持不住钻石容易脱落。

顶头：根据不同大小的基准面（锯切面），选择顶头的顶面，必须小于基准面。

小盒：若干，用于放置钻石、车刀及水等。

车钻棒是除车钻机外最重要的工具，分为电动和手动两种（图 8－13、图 8－14）。

图 8－13　手动车钻棒和电动车钻棒

两种车钻棒恰好代表了车钻机的不同发展时代。电动车钻棒的诞生，使得车钻的效率有了很大的提升，它通过一头连接车钻机获得动力，继而通过前端刀头自转的方式加快磨削速度。

图 8－14　电动车钻棒车钻(上)和手动车钻棒车钻(下)

手动车钻棒为木柄，前端为机械夹持机构，并以手动方式锁紧。夹头是一个形似蟹钳的螺旋锁紧机构(图 8－15)，可夹持天然钻石与 PCD，且头部可根据车刀大小更换与之匹配的夹头。优点在于车刀适用范围广，通用性佳。根据待车钻石形状的变化，车刀的形状或位置也相应变化。缺点是不能自动旋转，效率比电动车钻棒低。

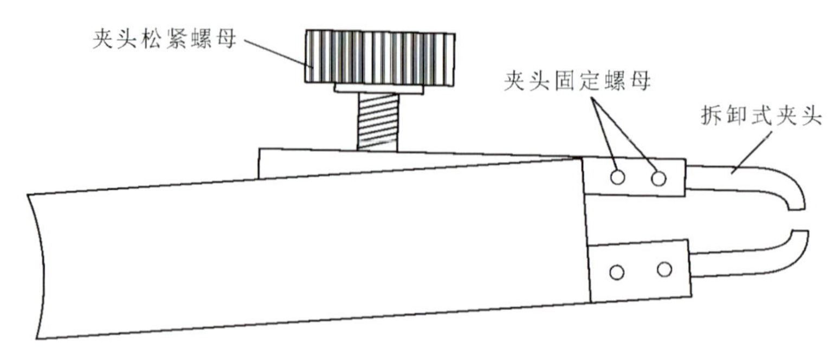

图 8-15　手动车钻棒前端夹持装置

电动车钻棒的尾部连接车钻机，由电机带动，可自行旋转(图 8-16)。只能夹持柱状聚晶(聚晶一头有倾斜面呈圆锥状)。优点是车钻效率较高，腰箍形状容易把握，是专为 PCD 设计的车钻棒。使用电动车钻棒前需要注意 PCD 的形状是否规正，旋转时是否有偏心，如有在车钻前要对聚晶进行相应的整形，以防偏心的聚晶撞击钻石。车钻时给进力与速度应较小，待钻石与 PCD 有较好的磨合后方可加大力度。

图 8-16　电动车钻棒尾部与车站机齿轮相连

车刀作为直接与钻石接触的部件可分为天然钻石车刀(图 8-17)与 PCD 车刀(图 8-18)，这两种车刀在车钻工艺上也具有时代特征。早期的车钻工艺所使用的车刀均为天然钻石，主要以不同的工艺要求分类：有作为消耗品的天然聚晶钻石，以及还需要投入后续生产的钻石。前者多为黄绿色的立方体晶体，其另外的用途为压粉，实为耗材。后者既作为车刀也作为待车钻石，第一颗钻石初期先由聚晶车到腰箍全部连接起来后，再以天然钻石的锋刃（晶顶）对其进行细车，待完成后，车钻棒上钻石的外形已趋于多边形，具有基本轮廓，将棒上钻石卸下，放置于车钻机上，再用新的钻石对其进行车刮，如此周而复始可大幅提高车钻效率。

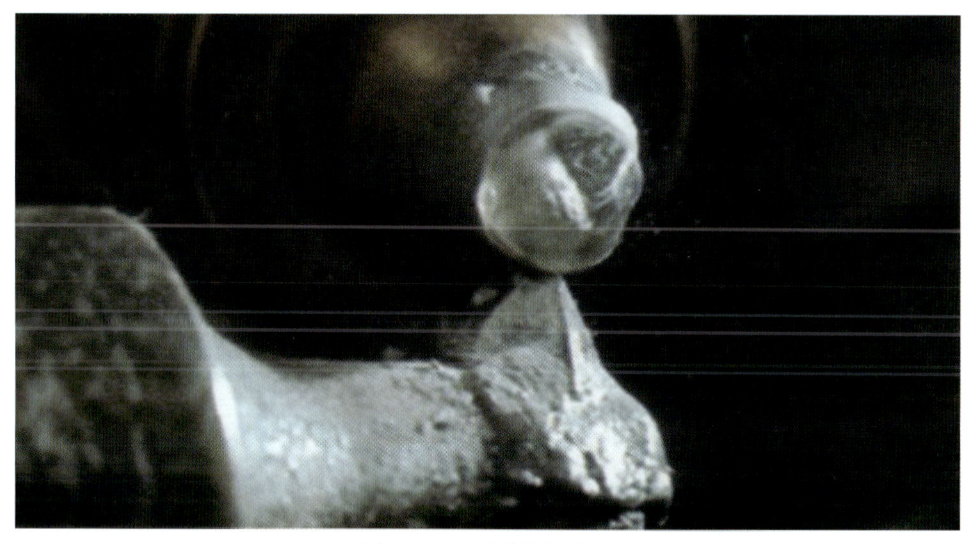

图 8－17　天然钻石车刀

图 8－18　合成聚晶钻石车刀

合成聚晶钻石应用较晚，国内直到20世纪七八十年代才开始使用，其前身非专门的车刀用途，而是作为一种工业上的磨削材料，当其车钻方面的优异性能被发掘后转而开始大量应用。它的优点在于磨削力稳定，成本低廉，配电动车钻棒可大幅度提高加工效率，亦可敲碎后用于手动车钻棒上。

半自动车钻机至今仍在使用的原因，除了它在加工小钻上的良好适用性外，还得益于具有一定的扩展空间。在半自动车钻机上，尤其是双头机上，人们还逐渐加装了诸多附件来拓展这一类设备的功能。其中包括了摄像头、光边设备、投影目镜等。这些附件无疑在给双头机注入新活力的同时，也是经济效益引导下行业智慧的一种体现，就像给传统锯钻机配备电子感应装置一样。

自动车钻机的发展也具有明显的时代特征，根据磨削材料的不同也分为天然钻石与PCD。它与半自动车钻机的主要区别在于车钻师的介入方式，前者车钻师不用再手持车钻棒对钻石进行车刮，转而将关注的重点主要聚焦于屏幕上，观察两颗钻石之间的打磨状态，并适时通过操作面板上的按钮与小锤来调整位置。不仅提高了加工效率与质量，改善了观察环境，而且还使得操作更加便捷。早期的自动车钻机采用的是投影的方式来观察钻石加工状态，随着科技的发展逐渐更新为显示器观察（图8-19、图8-20）。

图8-19　自动车钻机

图 8－20　自动车钻机的观察与车刀的不同选择：1自动车钻机聚晶车刀；2投影观察车钻状态；3自动车钻机天然钻石互车；4显示器观察车钻状态。

［图片来自 freeenterprise 网站的相关介绍（1），视频《VanDiamond－Bruting Diamonds》（2），视频《How to Cut a Diamond》（3、4）］

砂轮盘磨边机的发明将车钻设备的发展推向了一个新的高度，其带来的工艺革新被普遍应用，成为加工企业的必备设备之一。它不仅吸收了前辈的优点，更是在其基础上采用了新的车钻材料——砂轮。此外更新一代砂轮盘磨锥机的出现，更是颠覆了早先对车钻工序的定义，即对钻石的腰围进行造型，使整个工序拓展到了粗磨，可以对钻石的亭部与台面造型，与上一章节介绍激光锯钻中所提到的类似，且更为安全（图 8－21）。

该类型车钻机核心部件便是砂轮以及位置调节机构，砂轮主要由陶瓷与钻石

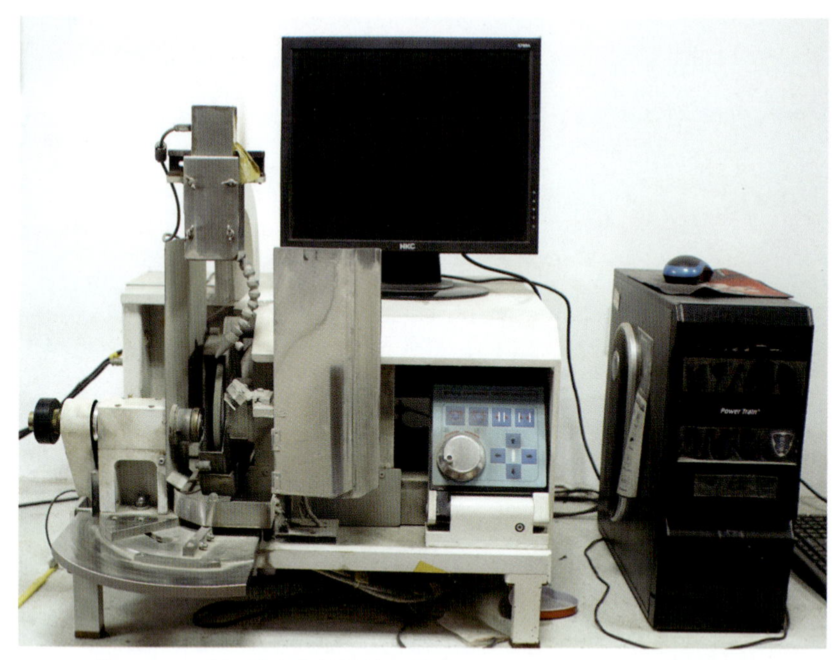

图 8－21　可调整方向的砂轮盘磨锥机，兼具粗磨亭部锥度的功能

粉混合而成(图 8－22)，根据钻石粉的粗细以及砂轮尺寸大小来区别型号。运转时钻石与砂轮均为运动状态，并通过水进行不断冷却与润滑，钻石上不同部位的车刮通过摆动钻石位置来实现，以弹簧敲击装置或旋钮代替小锤，既整合了配件又提高了调整精度(图 8－23、图 8－24)。

图 8－22　钻石陶瓷砂轮

图 8-23　使用前与使用后对照(左)、研磨层开裂后便无法再使用(右)

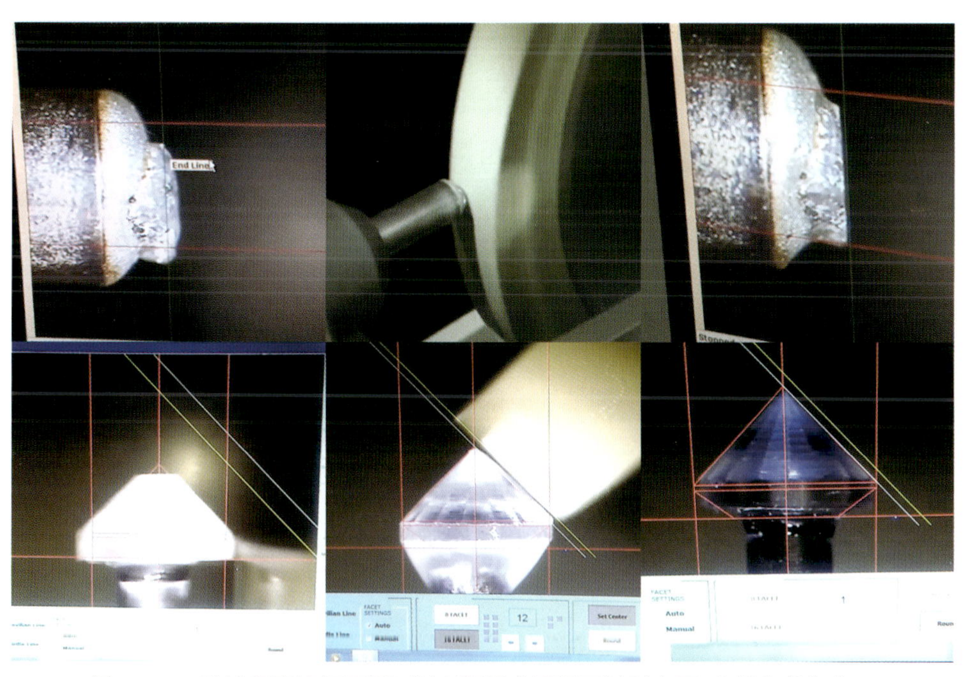

图 8-24　砂轮盘磨锥机不仅可以对腰围造形还可以对台面、亭部等部位造型

[图片来自 bhavin poshiya 的视频《Diamond Table Bruting & Cutting Machine》(上),Samir Patel 的视频《Diamond Wheel Bruting 16 Facet》(下)]

车钻的过程

车钻是钻石加工中最重要的环节之一，车钻完成后钻石成品重量便可基本确定。车钻并不是一道独立的工艺，有些钻石由于变形的缘故，需先粗磨一下外形来更好地配合车钻机上的夹咀。

车钻的整个过程大致可分为：设备调试、钻石检验、安装、粗车、细车与抛光、检验六个阶段。

一、车钻设备调试

车钻机的调试主要包括三点：

(1)主传动橡胶带的松紧，过松会导致传动力不足，车钻机转速太慢，容易造成钻石崩缺。过紧虽然可获得较高转速，但也会降低车钻机的稳定性。

(2)车钻机后面两边的两个连动皮带之间的松紧需一致，否则将导致车钻机左右两轴转速不一致，影响车钻。

(3)车钻机在长时间运转过程中，车钻师应适时检查车钻机的机身温度，温度过高则应检查原因，是否是润滑油过少或夹持轴的铜块夹持过紧。

二、钻石检验

检验的目的主要包括原石外形的识别、车钻工艺参数的确定以及净度上的确认。

外形识别包括确认原石加工方案以及外形的检测。

锯切方案与单颗方案是不同设计的体现，对车钻的影响主要是加工前的起始状态不同。锯切方案中无论是对称锯切或不对称锯切，都会有一颗或一颗以上的被锯钻石表现出锯切面与晶面之间夹角为锐角的状态。从加工难度来讲，锐利的边缘在加工时更容易出现破损崩缺的情况，加工的风险较之钝角要高出许多，此其一。

其二，从工艺参数来讲，锐角与钝角也有很大的差异。车钻完成后与设计时的加工面称腰箍，腰箍具体数值称为腰箍厚度。锐角与钝角的区别在于冠部位置的不同，通常钝角的冠部有部分或全部在晶棱以上，而锐角的冠部则不存在晶棱这一状态，这样的区别使得锐角的腰箍厚度以及车进量将明显大于钝角，车钻的工时相对会更长(可参考设计章节中的相关内容)。

外形指的是原石的晶棱或晶面状态(主要指成品钻直径位置上的)，以及原石的外形是否有较大幅度的变形。

晶棱或晶面状态影响的是车后的腰箍状态。宽晶棱或是已从晶棱过渡成晶面的这类状态，不用很大车进量就可以得到较厚较均匀的腰箍厚度，而窄晶棱车后的腰箍厚薄差异则较大(图 8 - 25)。

图 8 - 25　晶棱已过渡成晶面(左)与轻微溶解的较窄晶棱(右)

窄晶棱若不留天然面，则要比宽晶棱或晶面在加工时车进更多的量，以获得设计所需的最小腰箍厚度。然而为了争取更大的直径，在设计加工方案时，通常会要求在腰箍的最薄位置仅稍稍连接起来即可，预留好冠部刻面量，保留部分天然面在亭部(图 8 - 26)。

图 8 - 26　窄晶棱原石为争取更大直径，腰箍厚度的厚薄差异将十分明显

在处理宽晶棱一类腰箍先天充裕的原石时，无论是否留天然面，都有可能得到较厚腰箍，出现“供大于求”的情况。无论是出于弥补过失或是预先的安排，都会为了争取更大的成品率而在抛磨工序内多保留腰箍厚度，通常表现出较厚的腰围或较高的冠高。

外形规正与否决定了车钻的具体实施技巧以及是否需要先粗磨以修整外形来适应车钻夹咀（上海行业称之为“打壳子”）（图 8－27）。

图 8－27　变形幅度较大的原石

外形偏差较大的原石，若不粗磨而直接车钻，会在车钻时造成不同程度的影响，轻则需要更多地考虑晶体两侧由于“变形”而变得厚薄不一以及由于底尖处晶顶的偏移，使钻石圆心偏移（图 8－28）。

图 8－28　严重的晶体变形会造成车钻时的夹持偏移

此外，这类原石如直接上车钻机还存在夹持不稳的可能性，由于需要调整右侧顶头至圆心位置，而导致夹咀与顶头有较大错位，致使右侧顶头不能与基准面保持垂直，对于这类原石若之前未进行粗磨，也可先粗车一下，待具有一定圆度后再放置于底夹咀中进行粗磨，之后回到车钻机上继续车(图 8－29)。

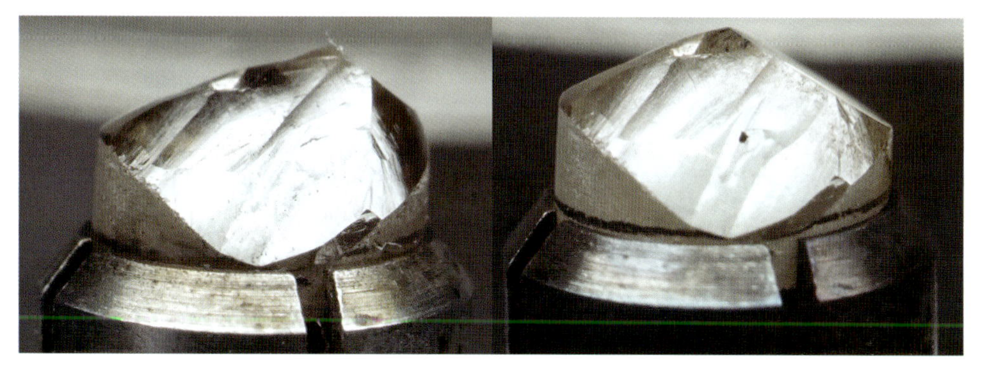

图 8－29　粗磨前与粗磨后的钻石(粗磨前经过了粗车使底夹咀可以夹持)

净度主要与位置有关，比方边线上存在瑕疵(裂隙等)，此类尤其要小心谨慎，注意车钻时的方式方法，进刀时的冲击力可能使瑕疵扩大(图 8－30)。对于这类不利情况若有去除的可能性，则应通过粗磨将瑕疵磨去，具体实施时可将钻石有瑕疵一侧沿二尖磨去，并且通过与(111)面倾斜一定角度的方法，磨去上下两部分，使腰箍缩小到与对面边线相近厚度(图 8－31、图 8－32)，上下去掉的量需留有冠部与亭部的余量，使用这种方法既可去除瑕疵，风险相对较低，又可给车钻带来便利。

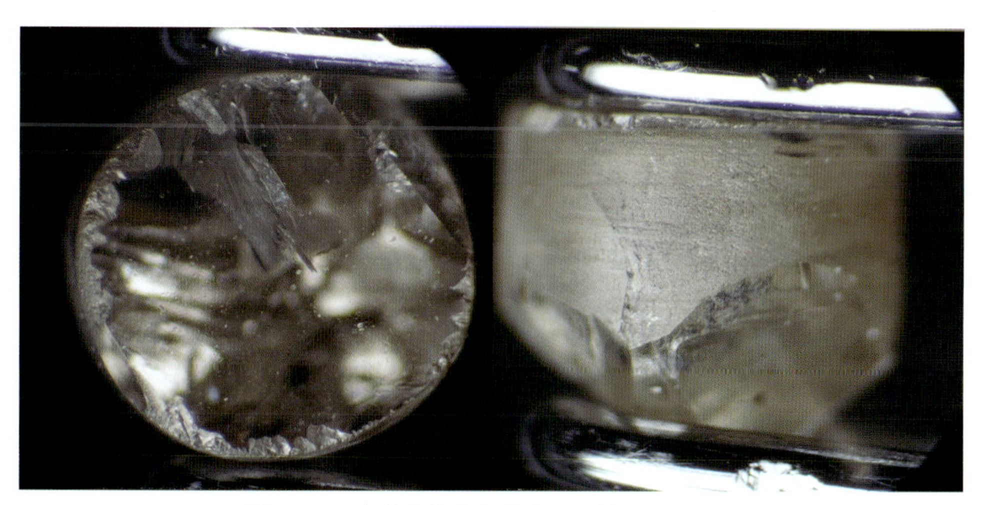

图 8－30　车钻可能引起原本腰围处裂隙的延伸

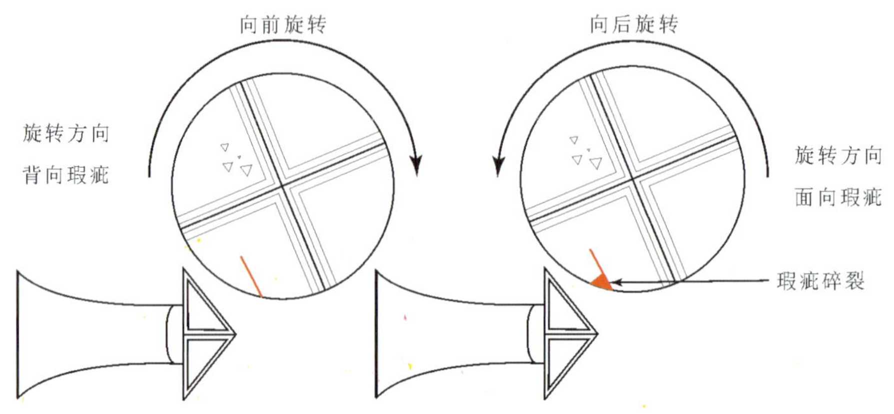

图 8 - 31　应对瑕疵时不同的旋转方向(左正确,右错误)

图 8 - 32 中,使用粗磨的方法去除瑕疵是正确的处置方法,可以在钻石重量损失较少的情况下把瑕疵去除,而使用车钻则不是理想的方法,车刮去瑕疵不仅存在瑕疵扩大的风险,同时也使钻石的直径损失过多,最终导致重量上的额外损失。

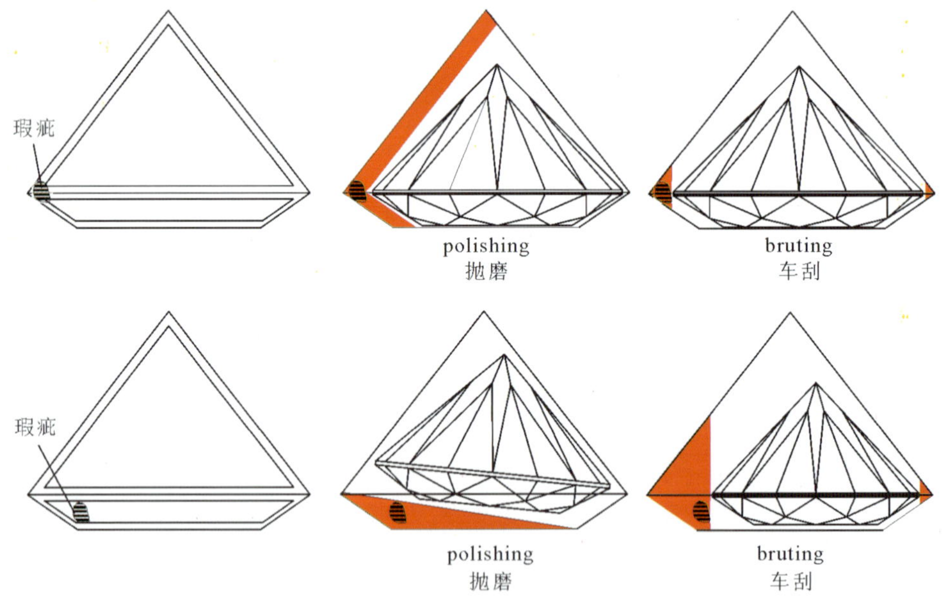

图 8 - 32　若通过车钻去除瑕疵将损失更多的重量,且存在风险

三、安装

首先将夹咀与顶头分别装入左右两侧主轴中，左侧夹咀，右侧顶头。夹咀与顶头需要根据钻石的大小来进行挑选，过小则钻石夹持不稳，过大则会车到夹咀与顶头。其次左手拿钻石，钻石晶顶位置（底面）朝向夹咀承窝，锯切面朝向顶头（图 8－33）。

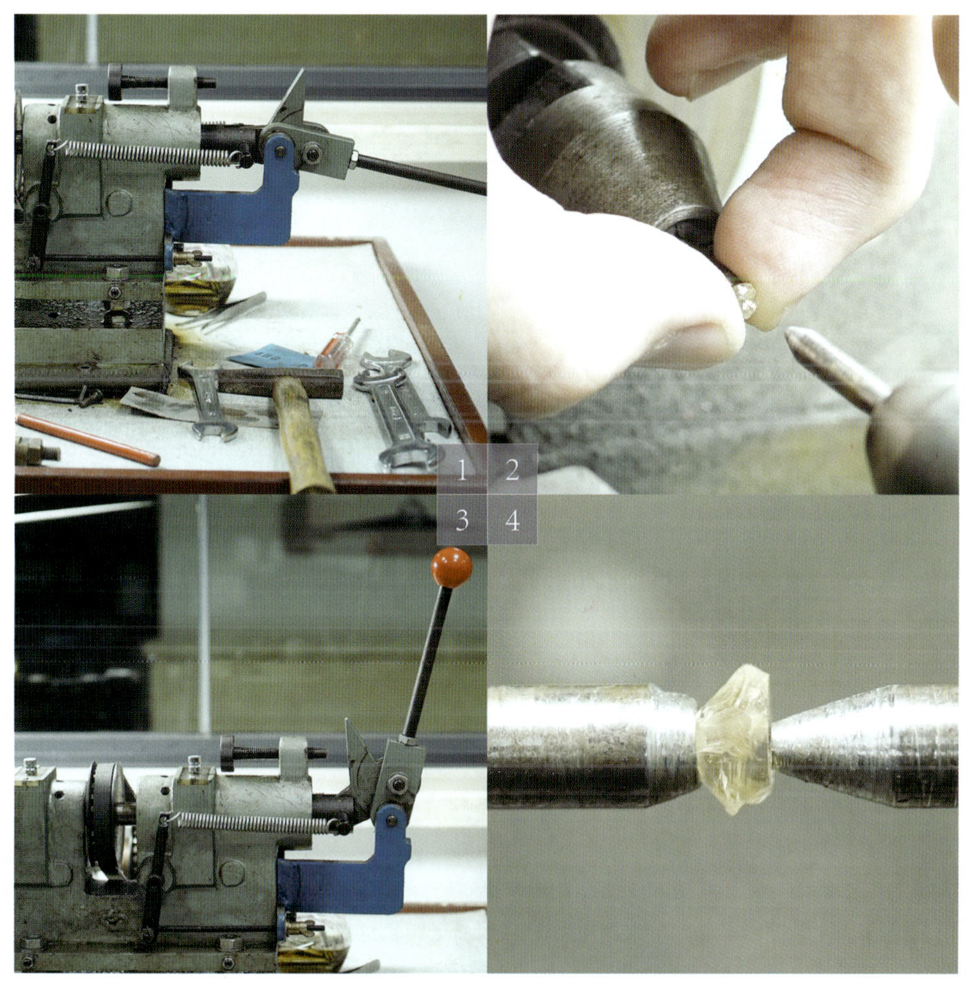

图 8－33　安装钻石的步骤：1拉开右顶头；2放钻石；3合上顶头；4安装完成

四、粗车

检验完成后便要决定车钻的具体加工思路，并开始着手车钻。粗车指的是初期将钻石从原始晶体形态，逐渐加工成具有基本圆形外观的阶段。这一阶段的特征是钻石上的晶粒由大颗粒剥落逐渐向小颗粒剥落的过程。粗车阶段是整个车钻工艺过程中风险相对较高、难度较大的阶段，该阶段初学者面临如何控制车时的进刀量、进刀位置、车刀大小以及手中的握力等问题。

进刀量指的是车刀与钻石位置间的交叠程度，是影响车钻效率的重要因素之一，大则车钻时冲击力大，反之则小。对钻石与车刀之间的冲击力的感知，考量的是一名车钻师对车钻的理解程度。

握力与进刀量一样也是经验积累的产物。握力轻重与进刀量深浅间的合理搭配可保证车钻安全有效地进行。当进刀量大时，可适当放松握力，使钻石与车刀间保持一定的弹性，缓冲一部分由进刀量深而带来的冲击力，而当需要修正钻石圆度时，通常握力加强而进刀量浅（图 8－34）。此外车钻初期进刀量与握力都应保持较少的状态，以免钻石发生崩缺。

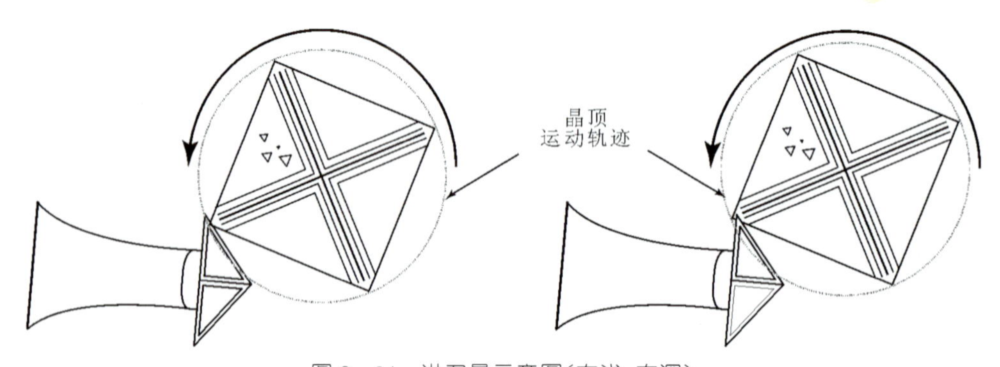

图 8－34　进刀量示意图（左浅，右深）

进刀位置指的是车刀与钻石之间的相对位置关系，位置若不当可能由于较大的撞击力导致钻石发生位移，甚至飞出。进刀位置应靠中下最为理想，太高顶着钻石，冲击力过大；太低则车刀连同车钻棒容易卷进钻石下方（图 8－35）。

由于并非使用天然钻石，故车刀大小较难把握。主要是将整颗 PCD 敲碎后找寻外形适合的碎块。选取的原则主要参考车刀与钻石加工面之间的接触状。当钻石不规则，存在较多尖锐的晶顶时，车刀对应晶顶的接触面应宽大，因为过小容易造成车刀破裂；而当钻石趋于圆时，由于表面积增大，此时应选用较尖锐的车刀，缩小与钻石的接触面积，以获得较好的加工表面（图 8－36）。

手握车钻棒的位置以及把持力则是另一重要因素，尤其在使用手动车钻棒时体现更加明显。因手动车钻棒自身重量较轻，车钻时刚性相比电动车钻棒要低许多，容易受初期钻石不规则外形的影响，且由于 PCD 外形及使用角度有所讲究，考虑因素也较多。电动车钻棒的优点在于加工效率高，工作稳定，但也有加工钻石表

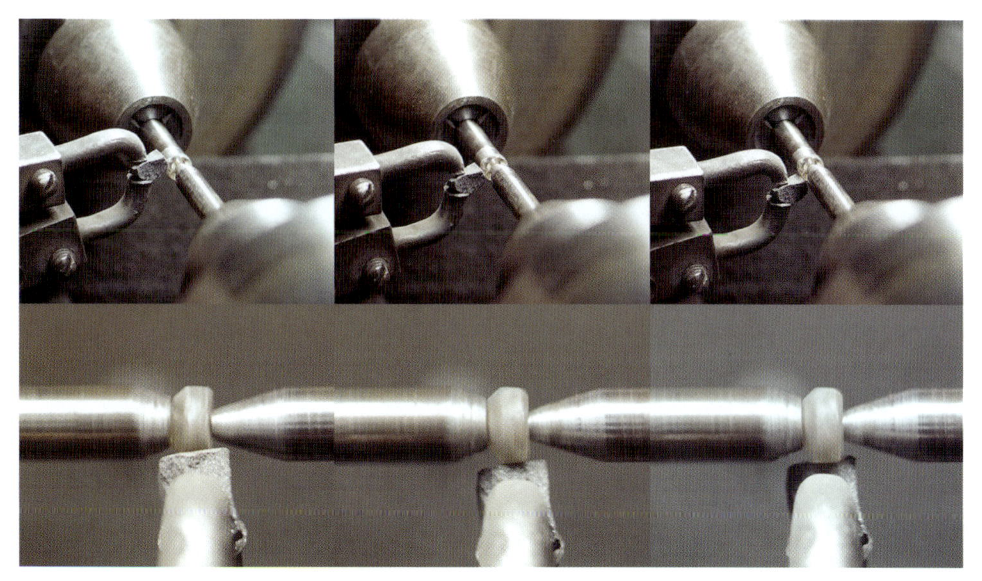

图 8 - 35　车刀与钻石的位置关系(左至右分别是上、中、下)

图 8 - 36　PCD 的夹持与形状选择

面粗糙与易打飞钻石的缺点。两种车钻棒与钻石之间的相互作用关系也不同。手动车钻棒车钻时，可以通过放松握力来降低两者接触时的冲击力，即车钻棒让钻石。电动则相反，是钻石让车钻棒，故而带来高效的同时也增加了不稳定性，初学者应先学习手动为好(图 8-37)。

图 8-37　手握车钻棒的位置与手法

握力大小的一般规律是初期小、中期大、末期小。初期因为钻石晶顶尖锐，握力小可降低破损的几率；中期主要为造型阶段，钻石尚处于不规则状态，需要较大握力来保持车钻棒的稳定；末期腰形已成形，主要工作为使表面光洁或轻微修改，根据握力大钻石让的原则，此时钻石不让，车棒让，故而握力要小。

粗车是整个车钻环节中相对容易出现问题的，问题主要集中于：钻石圆心位置的把握、腰箍厚薄控制、外形控制以及皮带维护。

1. 圆心位置的把握与腰箍厚薄的控制

圆心位置指的是成品钻石的圆心在原石上的位置。当钻石被放置于夹咀与顶头之间后，便要开始寻找圆心，这个过程称为“定中”。“定中”并非一蹴而就，有时还需要人为地制造偏心来针对一些变形晶体，所以车钻的早、中期都将会有“定中”的需要。对于“定中”概括的解释是将右侧顶头的中心与未来成品钻石的圆心调整至同一中心（图 8－38）。

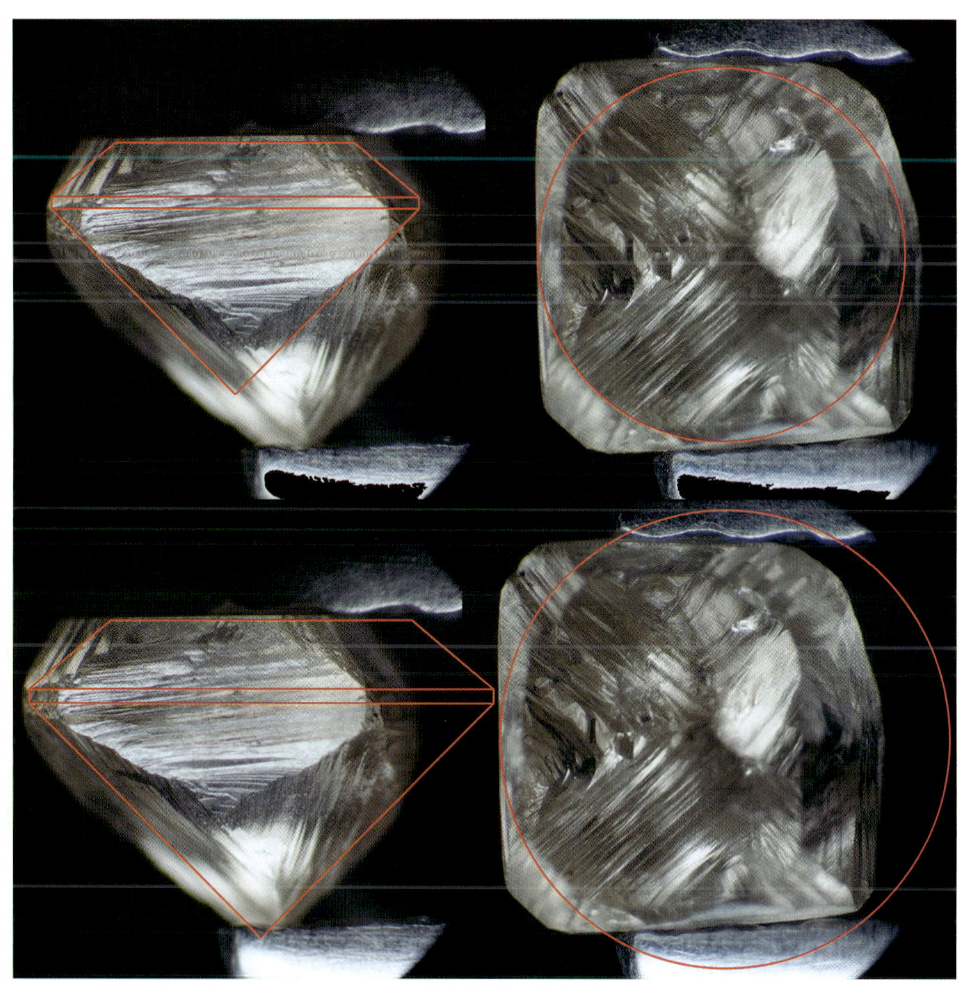

图 8－38　判断变形晶体的圆心位置（上正确，下错误）

车钻机的右侧轴是固定不动的，“定中”通过小锤敲击机器左侧的浮游卡盘，继而调整左侧卡盘的轴心，而卡盘的轴心便是夹咀的轴心，最终可使夹咀上的钻石发生位置的偏移来达到“定中”的目的。“定中”需要车钻师运用丰富的经验与仔细认真的观察，并结合预判的能力来完成，是整个车钻过程中的核心要素（图 8－39～图 8－41）。

图 8－39　通过敲击浮游卡盘来调整左轴位置

图 8－40　顶头与钻石锯切面

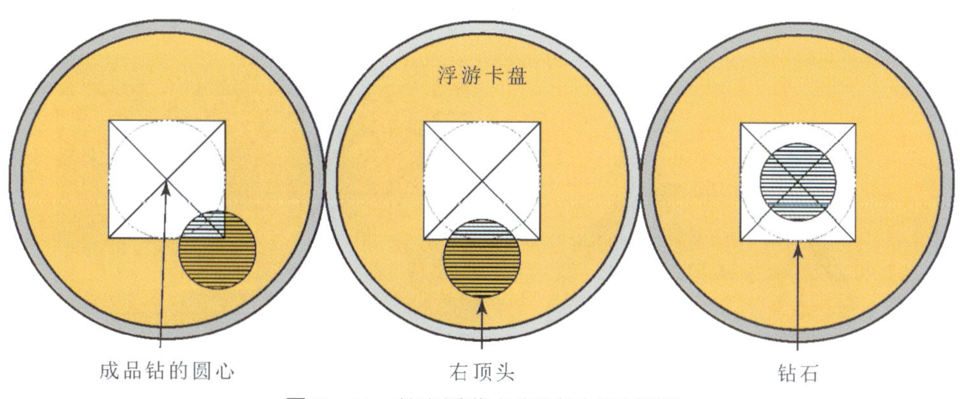

图 8-41　敲击浮游卡盘“定中”示意图

在“定中”时有经验的车钻师可以直接通过车刀对钻石轻微车刮后在钻石上留下的痕迹，来判断钻石与顶头的相对位置关系。对于初学者可使用蜡笔来代替车刀，这样既不会对钻石造成影响，又可以起到与车刀一样的作用，并且观察得更加清晰(图 8-42)。

图 8-42　使用蜡笔帮助判断钻石圆心位置，车刀痕迹(左下)

在最初“定中”时，应尽量使钻石上每一个晶顶都能被车到(图 8－43)。

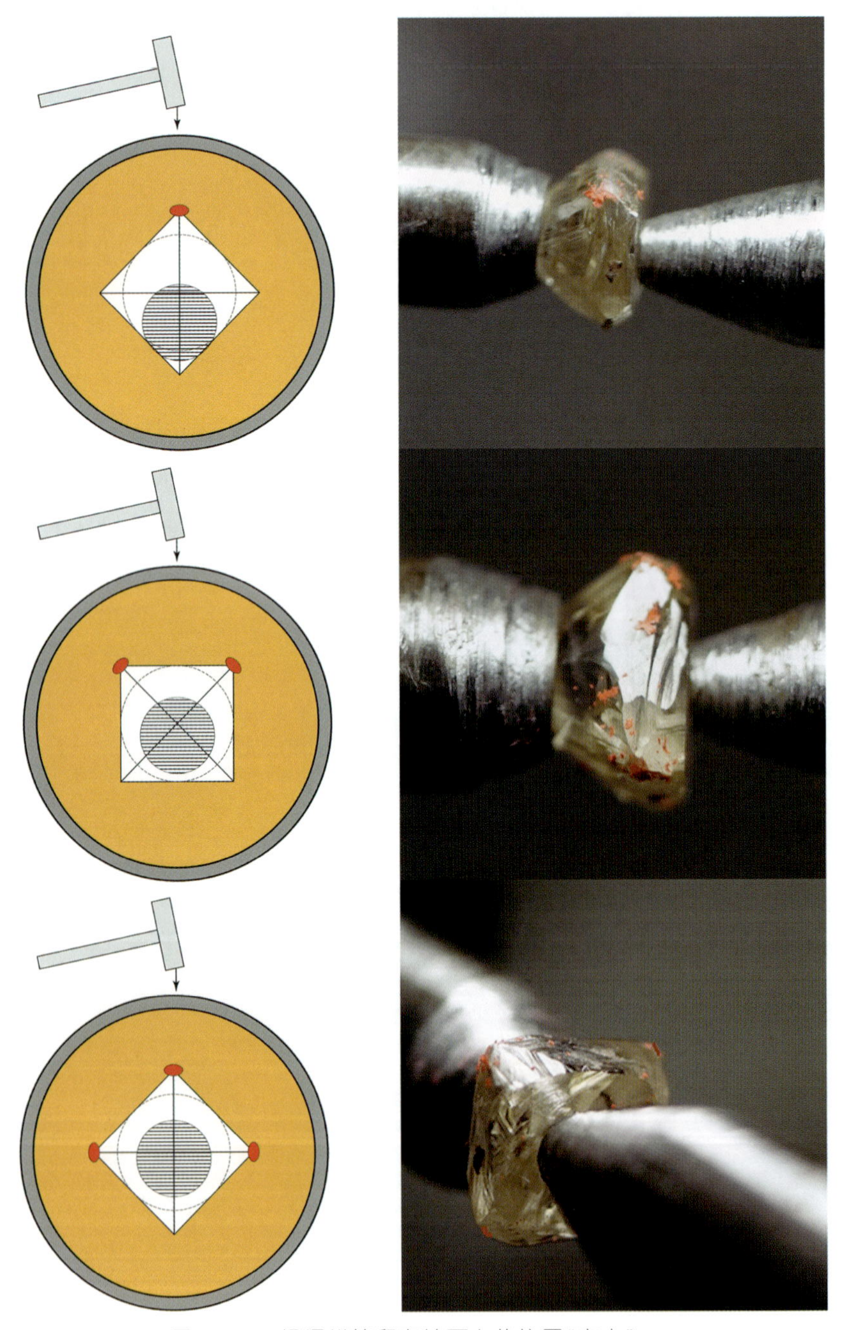

图 8－43　根据蜡笔留在钻石上的位置“定中”

粗车开始后，晶顶被车掉形成腰箍锥形（多处不连续的弧边），需要时刻关注弧边之间的距离，保持四个弧边之间的距离相差不多，或两两相差不多。如果有一边已经连上，而另一边仍然有很长的距离，则需要刻意制造“偏心”，来针对长的距离车削（图 8－44）。

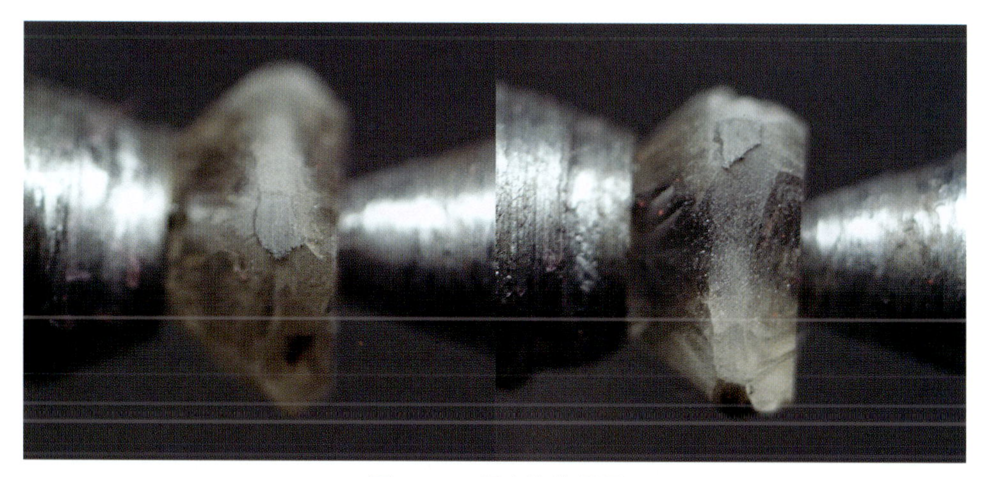

图 8－44　粗车掉的晶顶

如图 8－45、图 8－46 所示，由于原石的变形造成的厚薄差异使一侧的腰箍已基本连接上，而另一侧尚有很大的间隔，故需将大间隙的一侧敲击出圆心（原先的运动轨迹），使之“偏心”。着重车刮这一侧，待其间隙与另一侧接近为止，再敲击卡盘使钻石重新回到原来的运动轨迹。

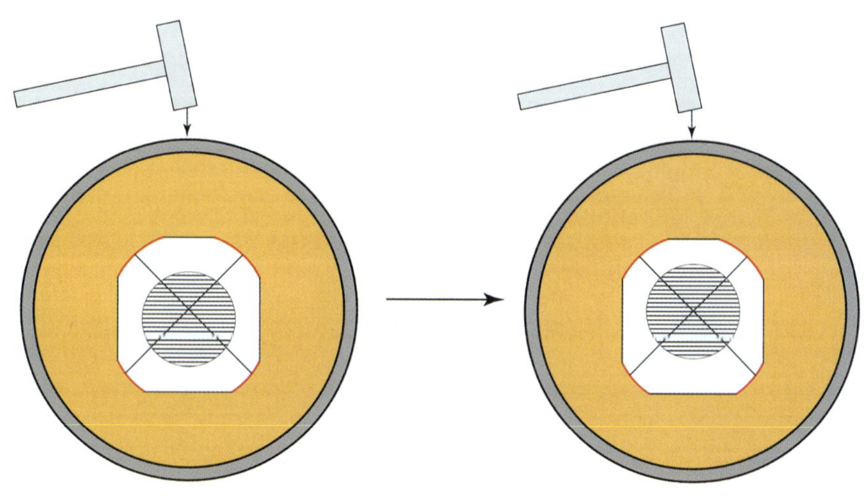

图 8－45　根据晶顶间距来调整“定中”位置

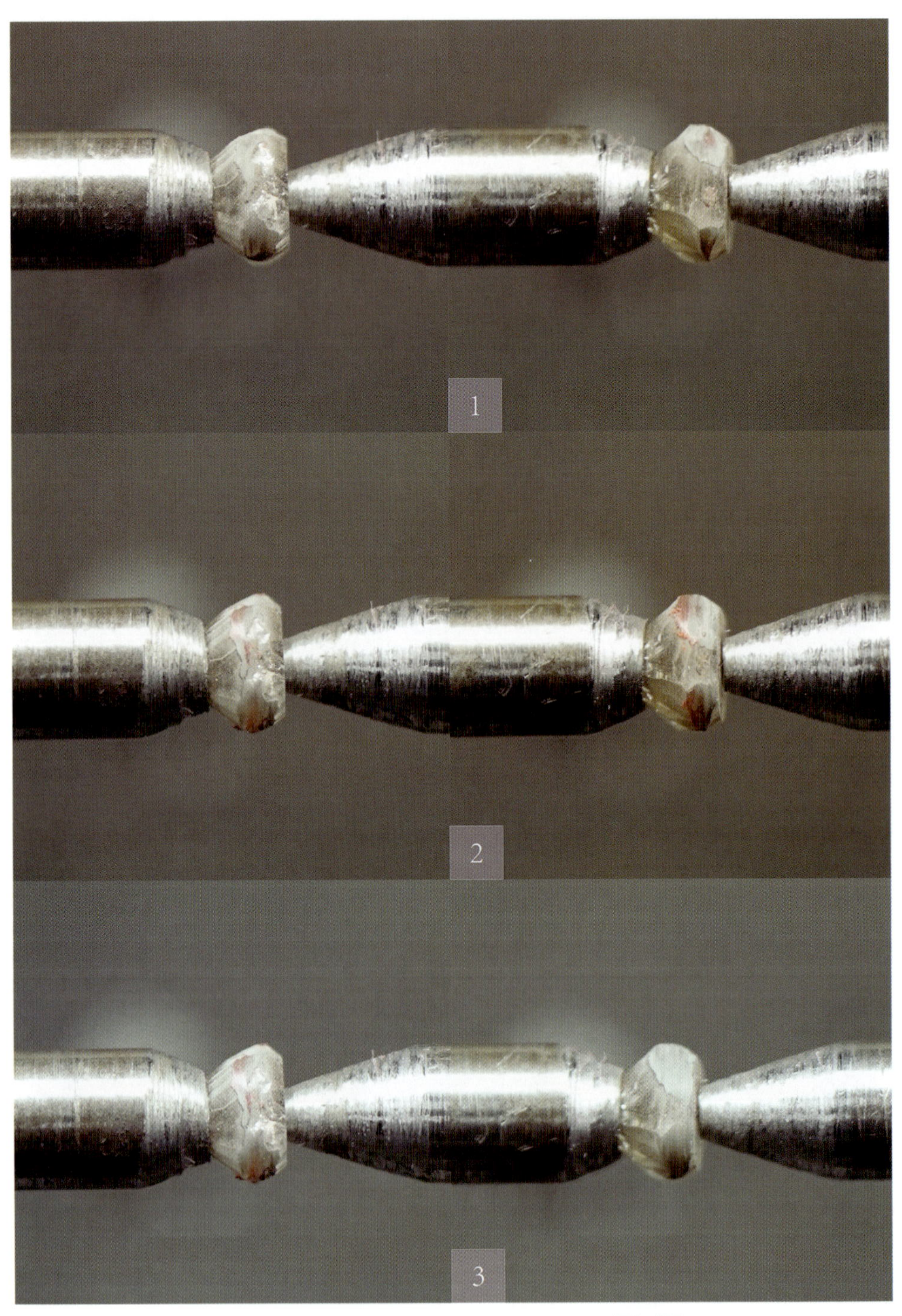

图 8 - 46　调整后晶顶之间的距离缩短(由1到3)

能够预判是车钻师需要逐渐通过经验积累才能获得的能力。有时由于晶体本身两侧的厚薄不一致，导致看上去一侧已经连接，而另一侧还有一定距离的偏心假象，这时如果重新“定中”效果正相反（图 8－47）。

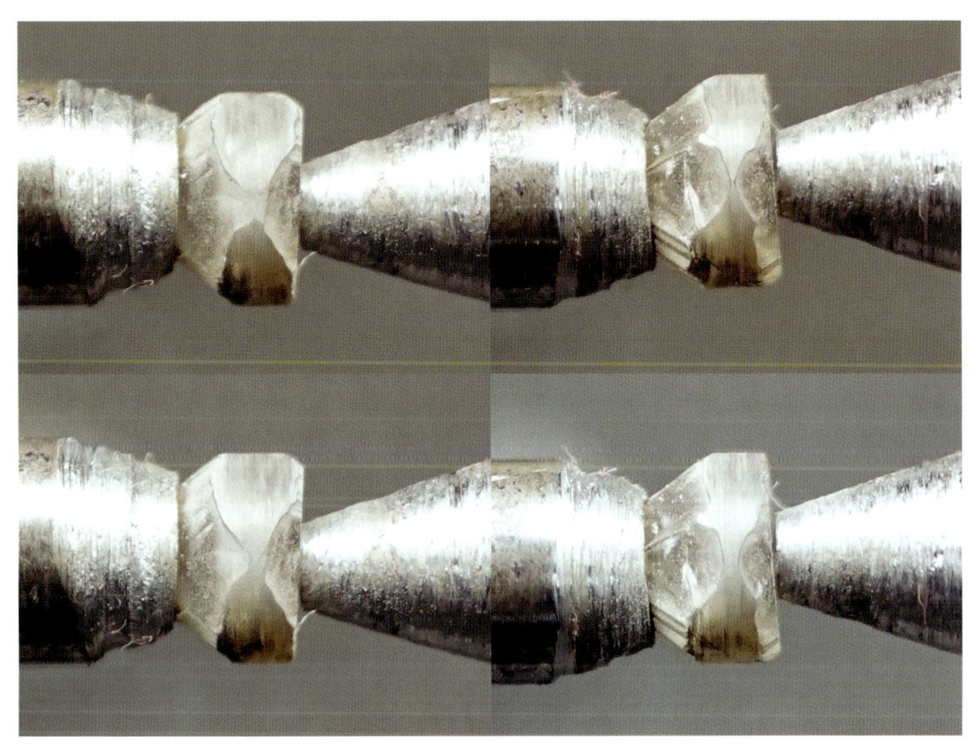

图 8－47　腰围尚未连接的两侧，预判其是否能同步连接上，且厚度是否均匀（上）；已经连接上的另外两侧腰箍（下）

车钻时不仅要注意控制直径，还需注意控制圆度。受各向异性的影响，四尖车钻难度相比两尖略大，易把腰箍做成类四边形，有较大的不圆度差异。一般界定小钻不圆度控制在 0.04mm 以内，大钻在 0.06mm 以内。但在保克拉方案中，不圆度可放宽，起到保重量的作用，甚至故意做得不圆。针对这点，刻面腰围较之抛光腰围具有更隐蔽、更易控制的特点。在放大镜下观察，抛光腰相比刻面腰在不圆度上表现得更明显。此外，腰箍越窄圆度越容易控制，越厚则越难控制。

除了通过放大镜来确认钻石状态外，更重要的是触觉上的感知，因为只有当车钻机停止的时候，才能准确地看到钻石的状态，而运转时是看不见的，所以真正“车”时，车钻师依靠的是车刀与钻石接触后通过车钻棒传递到手中的振感。钻石外形趋于圆形的过程便是振感越来越小的过程。此外，还可以通过听车刀与钻石接触时的声音来判断圆度，圆度越高，声音相对越轻（图 8－48）。

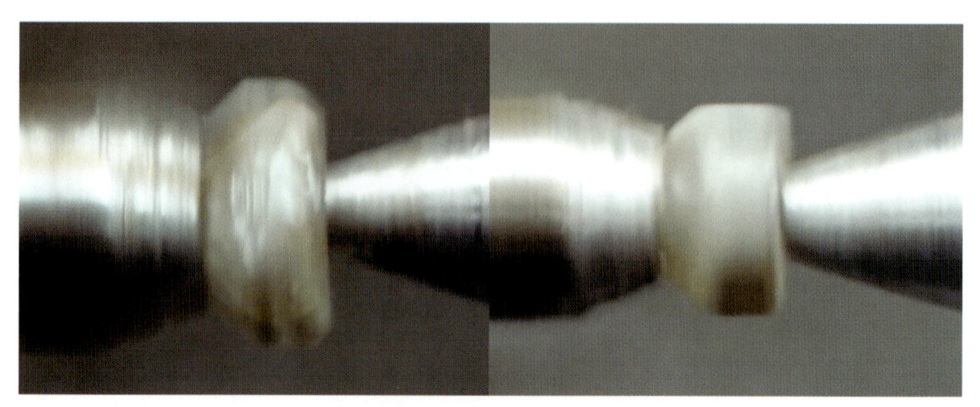

图 8-48　通过观察旋转中的钻石可判断“偏心”或圆度

以下列举一颗未粗磨改形的钻石“定中”的整个过程(图 8-49～图 8-52)。

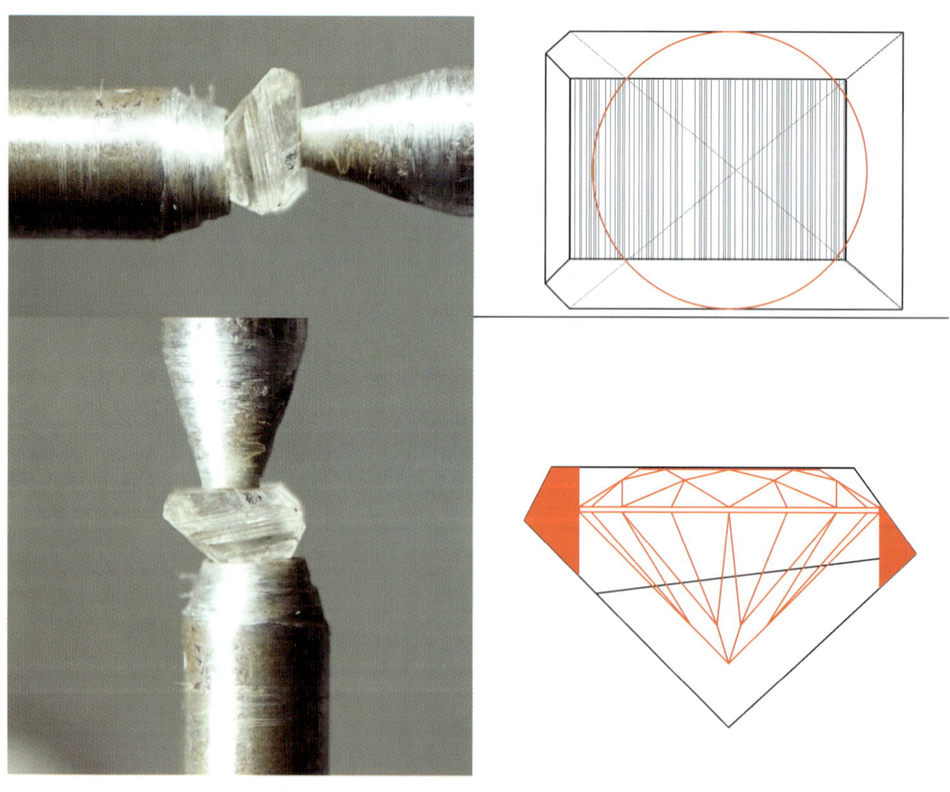

图 8-49　未粗磨钻石的车钻加工方案

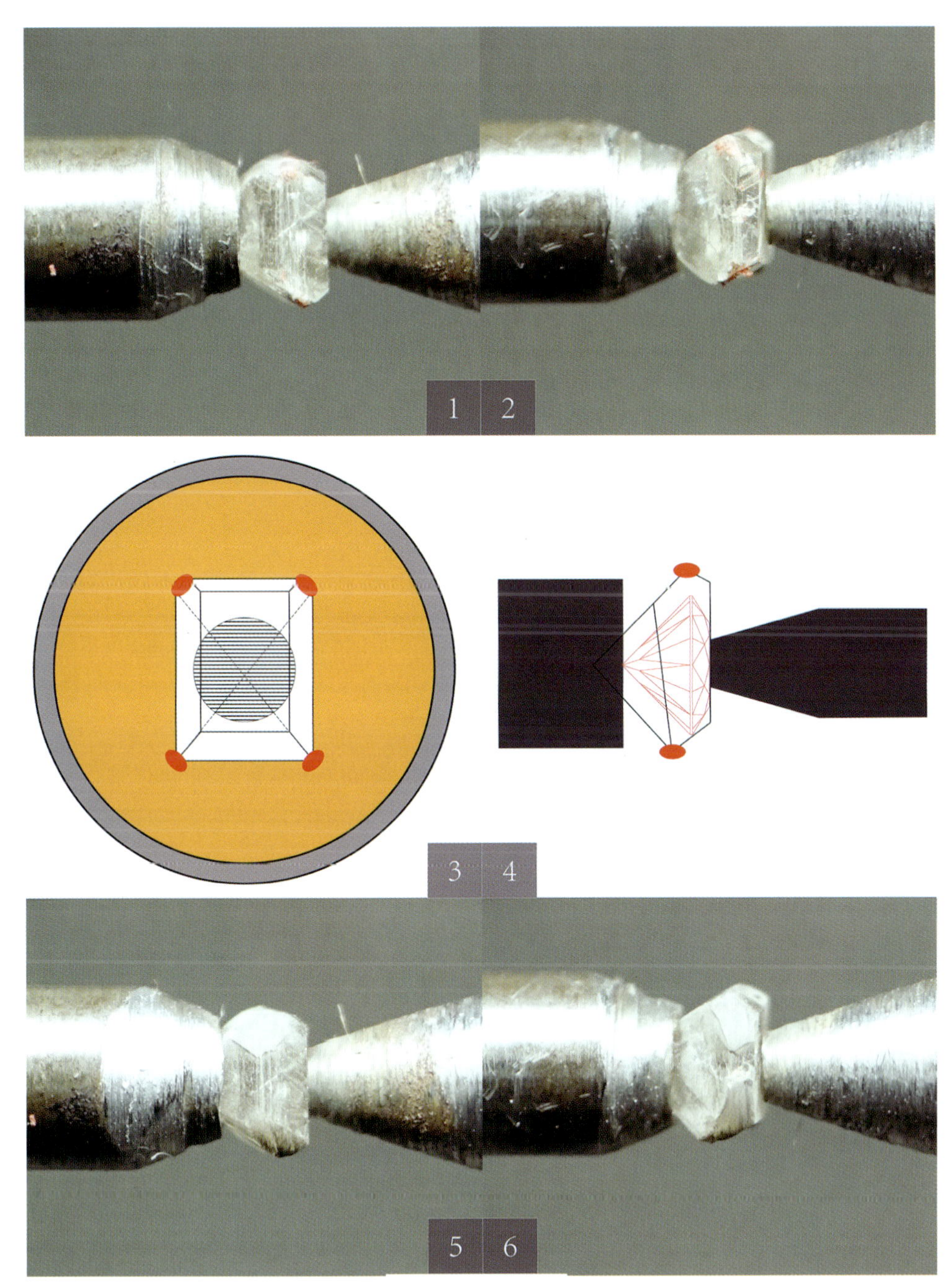

图 8-50　初步“定中”:1～4试车,寻找接触点;5～6粗磨后一侧腰箍已快成形,另一侧尚有距离,这是变形钻石在车钻时的表现特征

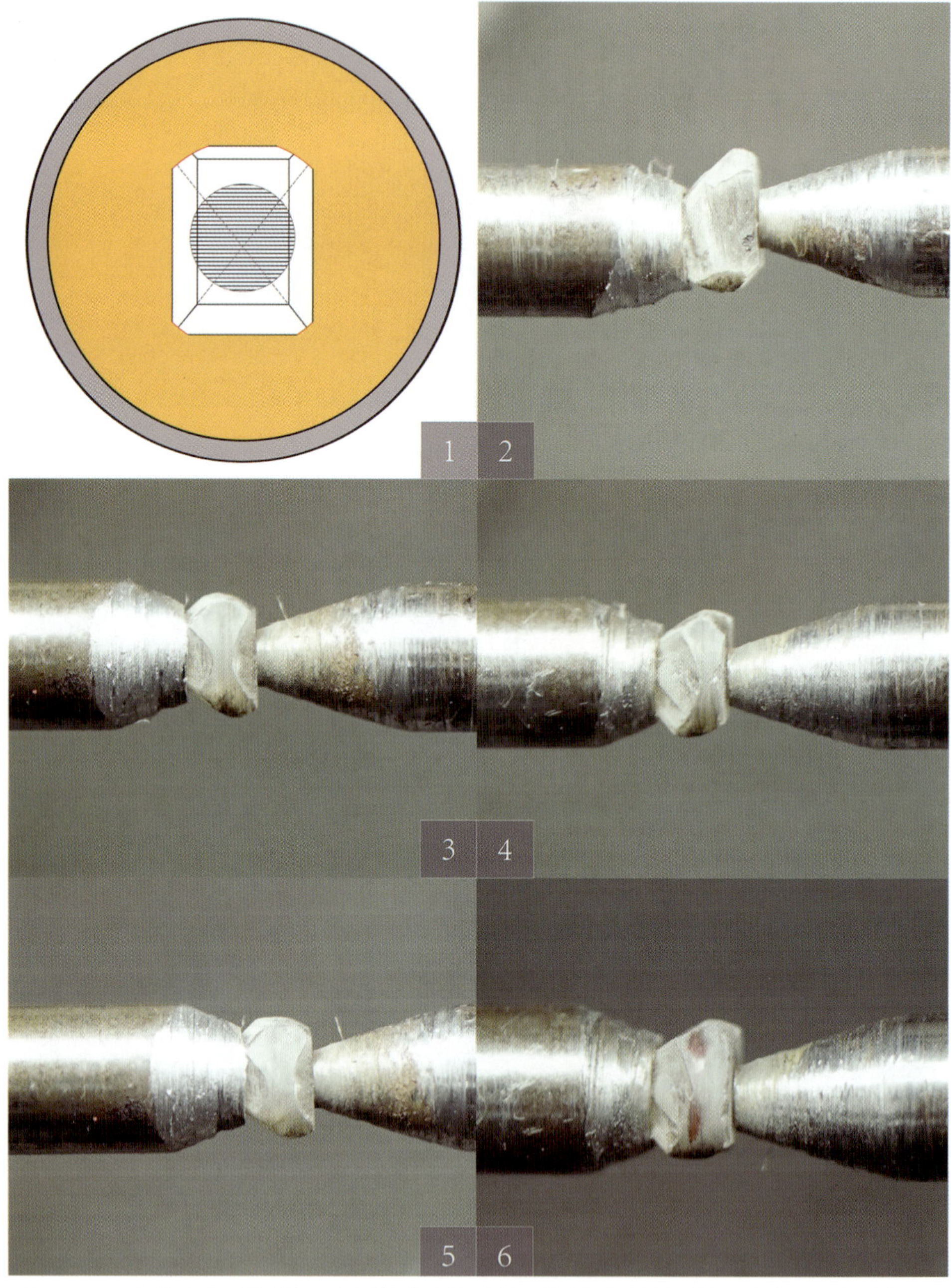

图 8－51　逐步定中:矩形钻石在长轴方向厚薄差异明显,需照顾到这个方向上腰箍的均匀与进度上的同步

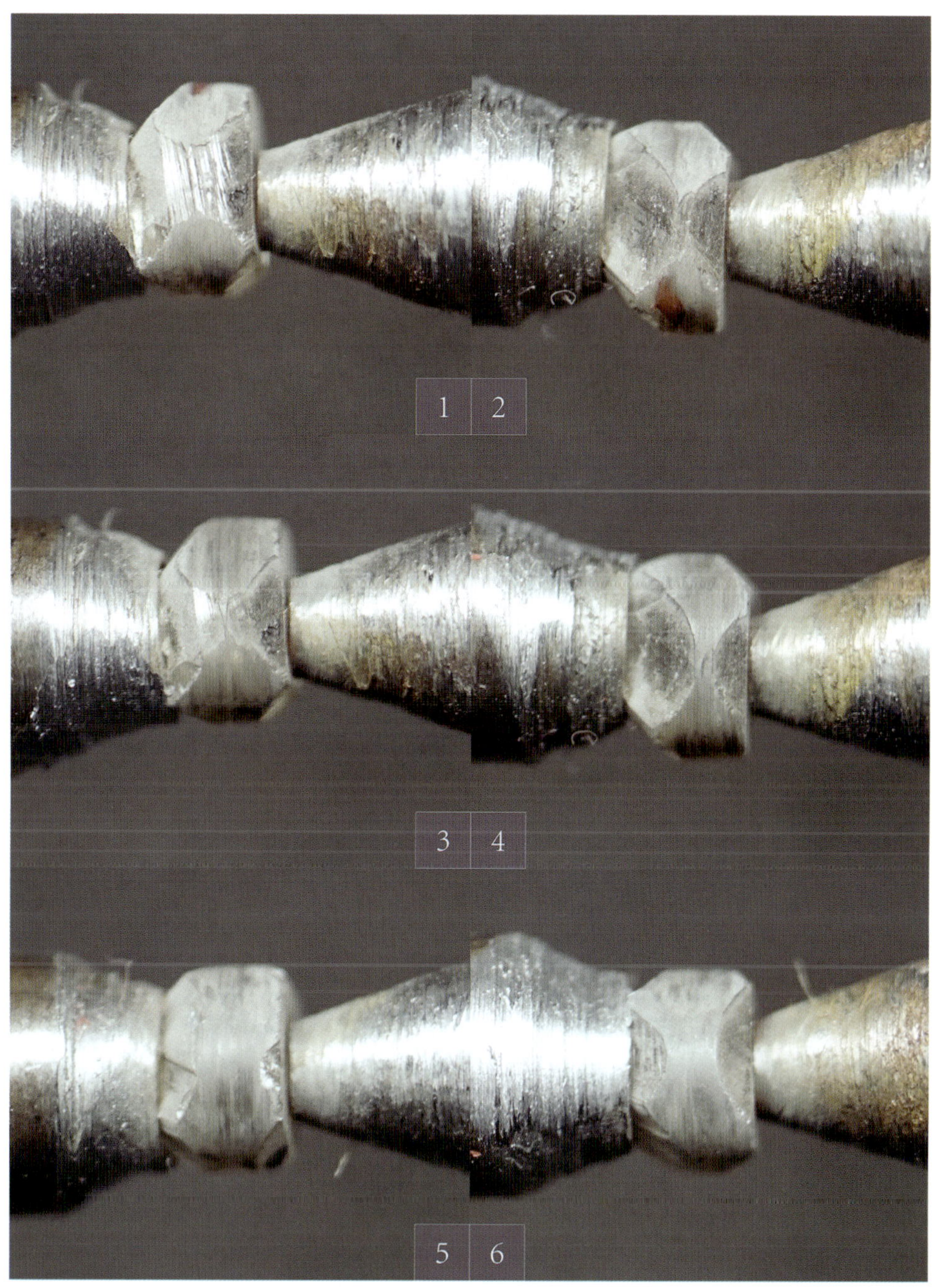

图 8－52　车钻继续进行中，可以观察到左右两侧厚薄的明显差异，需照顾左侧薄位置与右侧厚位置的进度同步(由于是练习用原石，故腰箍车得略厚了一些)

2. 腰箍外形控制

理想的腰箍轮廓应该是一个圆柱体，腰箍与台面的夹角为 90°，不理想的形状包括鼓形腰箍、锥形腰箍以及凹形腰箍（图 8－53）。

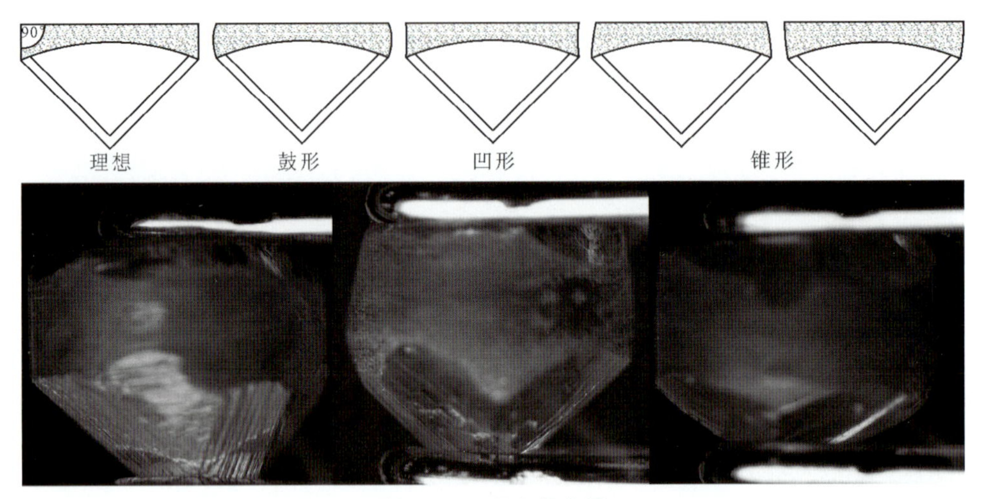

图 8－53　不合格产品

腰箍外形的控制还包含一项极为重要的内容：原始晶面的控制。所谓原始晶面（natural）乃国标中对成品钻石腰围附近，未去除（被保留）的原石晶体上的晶面，早期内地或港台翻译为天然面。天然面之所以被留下是因为要尽可能多地保留钻石的重量，是车钻师向检验人员表示自己所车钻石腰围尺寸已经达到最大的证据。然而天然面并非仅会在腰围附近，根据实际需要可以存在于任何一处，比如公主方琢形的整块亭部刻面就是原来的（111）晶面，在上面还可以清晰地看见倒三角蚀像，诸如此类（图 8－54）。

图 8－54　保留钻石天然面以求直径最大

3. 皮带维护

车钻机的运作是通过皮带连接至车钻台下方的电机，皮带的主要材料为聚氨酯。安装方法是将一根皮带绕于车钻机与电机之间，再将皮带两头加热融化后粘结在一起(图 8-55、图 8-56)。最简单的方法是使用酒精灯接驳，而较为稳定可靠的方法是使用专业的接驳工具连接。

图 8-55　车钻机下方的电机通过橡胶皮带接车钻机

图 8-56　简单的烧结皮带方法，但稳定性较差，容易断裂

使用酒精灯接驳时关键是融化粘结后的快速冷却，可将粘结处浸于冷水中达到冷却目的，此种接驳方法快速、简便，但接驳质量不稳定，容易在长期的运转过程中发生断裂，影响工序开展。

五、细车与抛光

细车指的是在粗车将钻石的圆心位置与基本的工艺参数（包括腰箍外形厚薄均一度）都确定下来后，修整腰箍表面粗糙度至较细的磨砂状外观，也就是钻石分级检验中所提到的“砂糖状腰围”。

细车过程中时常会见到已经成形的腰箍上出现“亮带”（高光泽的环带）。亮带指示的是硬度较高的区域，这些位置并没有被实实在在地车掉，而大多是在滚动摩擦，此时需调整车刀位置或更换车刀使车钻继续。

在细车的最后环节可使用水作为润滑介质，以求腰箍更加光滑。

腰围究竟是加工成磨砂、刻面或是抛光，在一定程度上是钻石整体加工水平的体现。通常抛光腰围的钻石切磨品质较高。原因在于要做到真正的抛光腰围并不容易，且对圆度的要求更高。刻面腰围由许多小刻面围成，可掩盖轻微的不圆度问题，并由夹角而增加一小部分重量（图 8－57）。

图 8－57　细车腰围后具有一定光泽

根据不同设计方案的要求需要腰箍抛光的钻石，会使用专门的光边机（diamond corner roundist）来操作。同样的刻面腰则使用专门的磨边夹具来加工。

六、检验

完成车钻工序后需要检验车钻的结果，内容包括车后钻石的直径、腰箍加工质量、腰箍厚薄、净度、车后钻石净重以及对之前设计方案的再确认。

腰围不圆度过大会使磨钻时刻面大小难以控制或使刻面大小不一致，给磨钻工序造成额外的麻烦，出现两难的境地，刻面大小一致则腰围厚度不一致，反之，腰围厚度一致刻面大小便很难一致。

在车钻的过程中除了在腰围处可能产生裂隙影响钻石净度外，在钻石的台面位置也可能出现较大的弧形刮痕，这是由于在钻石与车钻机的顶头之间混夹了钻粉或 PCD 粉所致(图 8-58)。

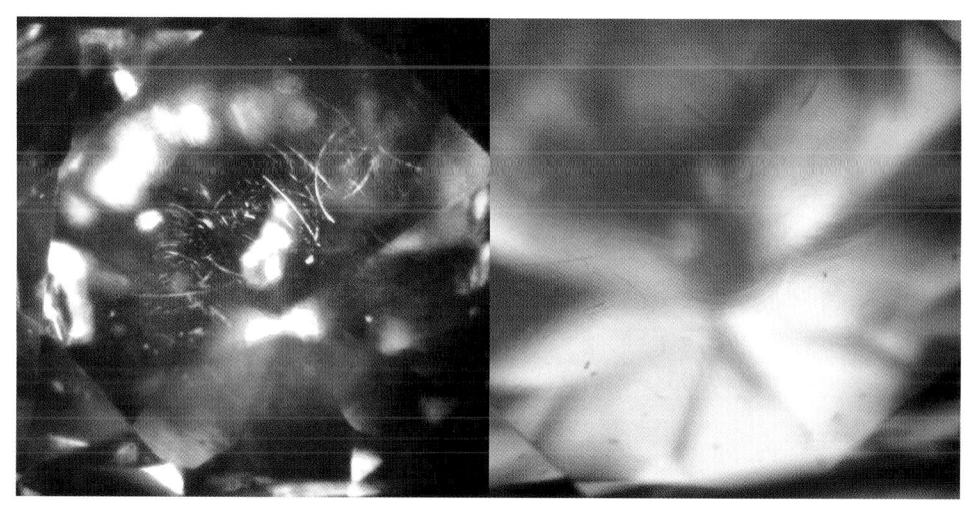

图 8-58　由于混夹了钻粉导致车钻后台面留下弧形的划痕

重要概念

(1)车钻机的底夹咀时而会被车刮，故需要修整，修整时应避免夹咀壁过薄，导致其被钻石胀裂，需保留一定的厚度。

(2)车钻前底夹咀的选择十分重要，大小合适的底夹咀可以抓牢钻石，过小夹持不稳容易打飞钻石，过大车刀易车刮夹咀。晶棱锐利的钻石要选择厚壁的底夹咀，以防被钻石胀裂。

(3)在加工厂中有一个工序称为“借底”，旨在解决那些厚薄差异较大的晶体，降低车钻难度。以八面体晶体为例,平行两尖(110)方向磨去晶棱,缩小厚薄差异,这也属于粗磨的一种。

(4)车钻初期应尽量多车突出的部位(晶顶),稍有偏差对圆心不会造成影响,定圆心是一个过程,不用急于确定。

(5)车钻时若经常性地发生钻石跳动(跑偏)的情况,应检查夹咀与顶头间的夹持力是否过小。

第九章 磨钻
Chapter 9 Diamond Polishing

磨钻是整个钻石加工工艺的代表，精华所在。钻石加工有时亦称钻石琢磨，其中便突显一个“磨”字，这是对钻石加工最鲜明的概括，而“琢”(zhuo)字除了含雕琢之义外，更重要的是加工思路上的“琢(zuo)磨”(思考)，故而钻石琢磨既实指钻石的加工技法，又暗含着需要细心、用心、潜心地去思考怎样施艺。

磨钻是工艺的最末环节，钻石的闪亮与火彩能否恰到好处地表现全仰仗于磨钻。它与劈钻、锯钻一样需要掌握钻石结晶学方面的知识且更甚，磨钻师需找出钻石上软的方向，避开硬的部位，对钻石进行抛磨。英国国王查理一世于1649年被送上断头台前夕，所作诗中曾提到：“以我的权势他们践踏我的尊严，以国王的名义夺取国王的王冠，犹如钻石粉末毁坏钻石一般”，从中便知只有钻石才能抛磨钻石。

磨钻所使用的工具设备也是工艺中种类最多、变化最多的，常见于针对一颗钻石而专门设计打造一套与之配套的工具。

磨钻讲求磨钻师心、眼、手合一，将对晶向的深刻理解谙熟于心，用眼来仔细观察，用手来贯彻思想，三者缺一不可。一名深谙此道的磨钻师一般需要近十年的经验积累。仔细观察要求磨钻师能够准确地做到对刻面的大小、位置、形状的定位与预判。熟练地掌握晶向是另一个需要克服的难关，如果说手与眼可以通过熟能生巧的方式，多加练习来达到较高的水平，那么对晶向的理解则是触及了工艺的本质，站在理论的肩膀上并以此迈向更高的造诣。如果不探究其中的真谛，却只是一味的重复练习，最终也只能是依葫芦画瓢，而非举一反三，融会贯通。

磨钻原理

磨钻乃通过两种不同的方式作用于钻石上，达到加工出小面的目的，一为磨削，二为抛光。故有些书上也将磨钻称之为抛磨，体现出对磨钻工艺的深刻理解。所谓磨削意为钻粉对钻石表面的磨削，过程中会有极微小的钻石颗粒剥落，但磨削并非在磨钻中发挥主要作用。在西方编写的钻石加工书籍中，均用单词“polishing”或“faceting”来泛指磨钻，前者有抛磨之义，后者则多翻译为刻面，可见抛光才是磨钻中的主要作用方式，且与晶向关系密切。若论何为磨削为主的工艺，则当属车钻(bruting)。

一、磨削

钻石与磨盘上的钻石粉在互相摩擦的过程中会产生高温，温度的高低与所加工刻面的晶向(抛磨取向)、施加于夹具上的压力、使用的是磨盘内圈或外圈三者有着密切的联系。

所加工刻面的晶向是硬或软乃首要因素，硬时抛磨效率就差，摩擦系数随之上升；反之，软时抛光效率就高，摩擦系数相对较低。若硬时不思改变取向而硬磨，那么钻石的温度会急速上升，甚至造成肉眼可以观察到的钻石因受热而变红的现象，此时磨削是导致高温的最主要原因（图 9－1）。故抛磨过程中要小心尽量不要在钻石刚离开磨盘后立即用手接触钻石，容易造成烫伤。

图 9－1　晶向逆时若强磨则会使钻石温度升高，甚至可以观察到发红

高温会对正在加工中的钻石以及夹咀造成影响。夹咀会因高温而产生轻微形变，对钻石的夹持力下降（图 9－2）。

图 9－2　由高温导致夹咀夹持钻石部分如被火焰烧灼过一般

已抛磨好的刻面被烧灼后，在刻面表面形成氧化层，使之变得暗淡无光（行业内通常称为“火烧”现象）。在成品钻石的净度分级中，就有针对烧灼而定义的几种外部瑕疵特征，如蜥蜴皮、粘杆烧痕等（图 9－3）。

图 9－3　钻石经变红后表面留下的褐红色环状烧灼痕迹（与铸铁磨盘有关）（左）；高温导致的铁对钻石刻面造成的侵蚀（右）

火烧是业内专门用来形容钻石加工的过程中在经历高温后所表现出的状态，除了使表面变得暗淡无光外，更严重者会出现一些特殊的图案或现象（图 9－4）。

在图 9－4 的1中可以明显地观察到刻面上不同区域光泽的差异，暗区即为火烧后的现象，2中则是（100）方向火烧后的图案，这种四边形的回形图案常见于钻石阴极发光的照片中，体现出钻石生长结构上的特点。3中如月球表面般的景象是一种较严重的火烧情况，在刻面上有许多不规则的凸起，以及大量斜向的线条。4中唯一一处看似光滑的刻面乃是刚刚磨好的刻面，其余刻面均表现出火烧现象（朦胧状的不光滑表面）。火烧现象产生的原因是多元的，除了之前所述晶向问题外，还包括：磨盘的平整度；钻粉的均一度；火烧刻面所接近的面网；刻面原先的抛光质量。

磨盘的平整度：当钻石在不平整的磨盘上加工时，本身即会对钻石的抛光效率与质量产生较大的影响，导致抛光面的不光滑，而不光滑的抛光面也预示着其内部结构上的不致密，在经历高温后更容易出现火烧现象。

钻粉的均一度：钻粉颗粒大小不均一，钻粉抹在磨盘上的均匀度较差；钻粉抹好后未将其均匀地压入磨盘。这三种情况都会对所抛光刻面的质量产生负面影响，降低抛光质量。

火烧刻面所接近的面网：通常认为火烧刻面的出现容易程度与面网密度有一

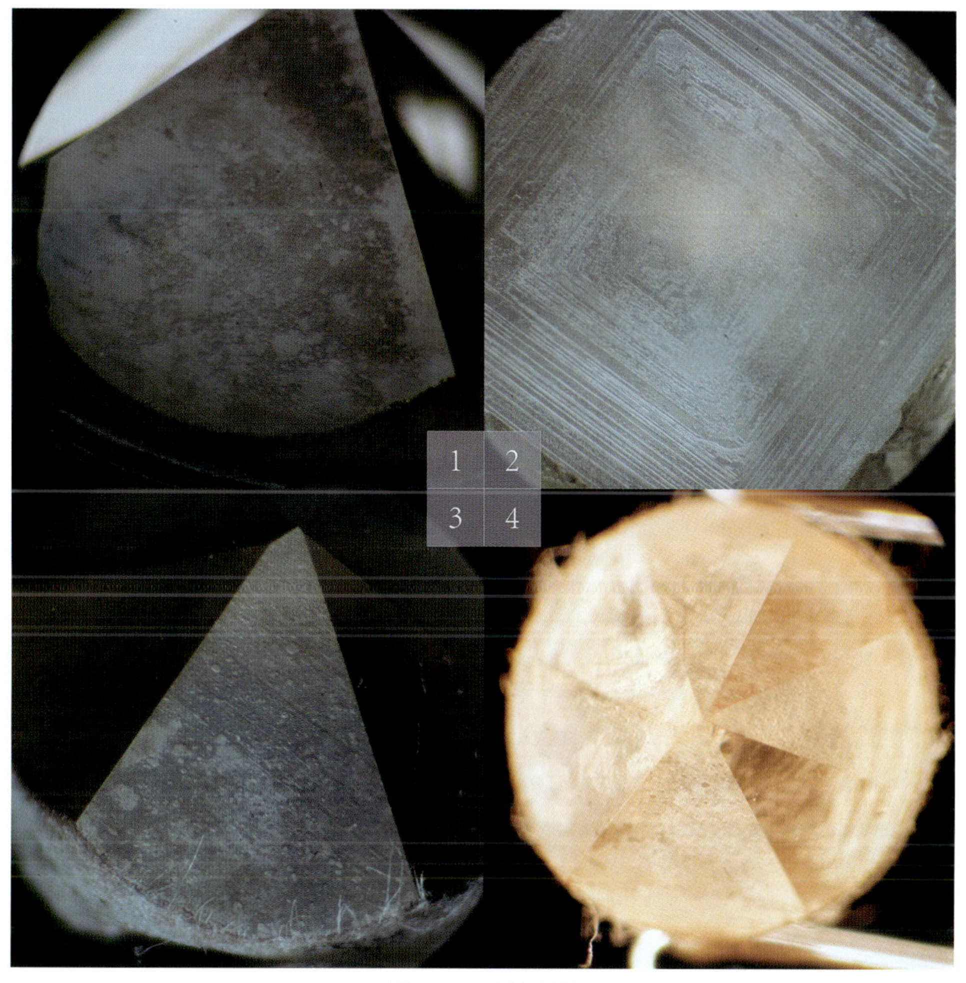

图 9－4　火烧现象

定的关系，且以(100)、(110)、(111)的顺序由易至难出现。

如今随着新磨钻师培训方式的改进与设备的不断提升，火烧现象在加工中已不再多见，在成品钻石中更是极为少见。

曾有一种热力学观点来解释如何利用加工时产生的高温。当以热力学加工钻石时，钻石本身不承载机械负荷，也不必遵守结晶学理论来加工，通过高温使钻石表面石墨化后被抛磨掉。

以这种方法加工的磨盘有别于普通磨盘，要求摩擦系数高，加工时能在较短的时间内产生较高的温度，且磨盘的材质为白钢等金属，此类金属可以达到较高的摩擦系数。在操作时磨盘与钻石接触后钻石温度逐渐升高直至石墨化所需温度，此过程中还会产生无定形碳，但由于两者间的摩擦使得无定形碳在形成初期便被磨削掉。石墨化的产生是由于旋转中的磨盘不断将少量空气带入钻石与磨盘的缝隙中，使钻石与磨盘接触面内持续处于缺氧状态，少量的 O_2 与 C 反应形成 CO，CO 继而与更下层的 C(钻石)反应形成 C(石墨)。由于石墨结构松散，经不起摩擦会马上被磨掉，而新暴露出来的 C(钻石)又将重复这样的过程，钻石将不断地以石墨化的方式被磨削掉，故而钻石本身不承载机械负荷，也不必遵循结晶学理论来加工。

$$O_2 + 2C(金刚石) \rightarrow 2CO$$

$$2CO + C \rightarrow CO_2 + 2C(石墨)$$

热力学加工有极大的局限性——只能加工一个刻面。因为在加工一个刻面的同时其他刻面(部位)也在承受着高温，在其他缺氧地方也会出现石墨化，而暴露在空气中的部分则会留下高温痕迹。根据这一局限性，此种方法常用于难以加工的某个钻石部位或某些工业用途的特殊产品(具有圆柱体外形的产品)。此种方法较早的应用乃是用来加工划玻璃的钻石刀，外形为船底状，中间锋利。

二、抛光(破坏原子间共价键)

当钻石接触磨盘时，由于受到磨盘上钻石微粉的拉力，破坏共价键使碳原子被拉出漂浮于空气中，若被人吸入则会使磨钻师的鼻腔内附着一些黑色物质。此种方式是抛磨钻石最主要的方式。此外，在这一过程中有可能会产生一些极小的钻石微粒(图 9－5)。

图 9－5　抛光面周围黑色物质一部分来自钻石，另一部分来源于钻粉

钻石除了因高温而发红外，在较暗的环境中，几乎所有钻石都会在抛磨晶向极顺时发出微微的蓝光，且体积越大越明显。这与晶向极逆时发红一起反映了磨钻过程中晶向顺逆的两个极端(图 9－6)。

发蓝光的主要原因是原子间共价键被破坏后的能量释放，并且与电荷有着密

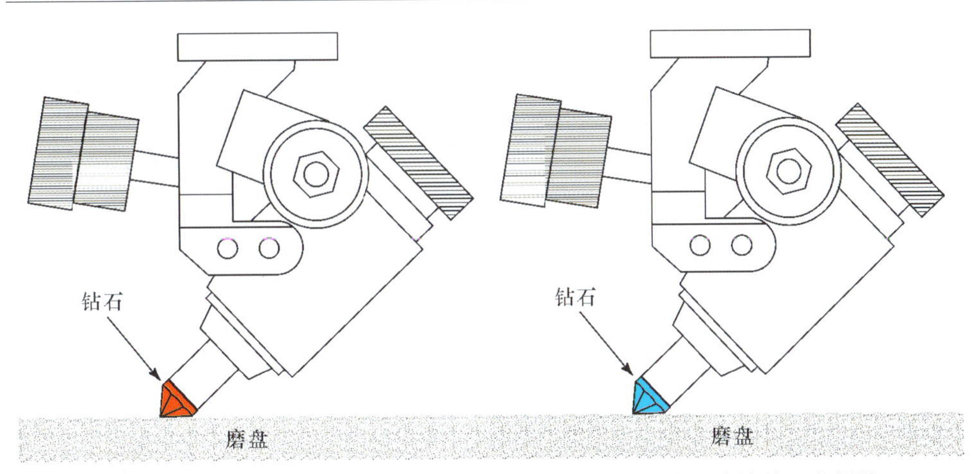

图 9-6　晶向极逆时的发红(左)、极顺时的发蓝(右)反映了磨钻的两个极端

切的联系。释放能量时所产生的温度要比磨削为主时产生的温度低得多,抛磨主要以破坏共价键的方式进行着。

所谓晶向,实为钻石晶体内部结构的体现,是磨钻时抛磨方向的选取依据,包含有“软”与“硬”的概念。旧时中国磨钻师教授技法时常会告诫学徒要学会找“丝流”,找到了“丝流”就能磨对路(图 9-7)。如此这些均是源于晶向,故若想真正理解磨钻,学会磨钻,了解钻石晶体结构是必不可少的过程。

图 9-7　钻石表面的平行条纹表现出该方向可以加工,形象地表述为“丝流”

在之前的章节中,多从面网方面,以二维方向来解释晶体的内部结构,然而在磨钻上除了面网因素外,还涉及到三维上的键的受力方向与角度等综合性问题。

面网密度的大小是磨钻时的主要判断依据与理论基础,其大小不仅表现在不同面网之间的差异,更重要的是每层面网上的原子排列方式的不同,使得在同一面网的不同方向上也表现出硬度的差异，且还与之前所提及的原子间的引力大小有关。

(100)四尖的基础方格中，原子间距离在沿边长方向上为0.356nm(单位晶胞棱长)，沿对角线方向为$\frac{a\sqrt{2}}{2}=0.252\text{nm}$，对角线方向短，为难抛磨方向，沿边长为最佳抛磨方向(图9-8 3)。

(110)二尖矩形中，沿长轴方向原子距离为$\frac{a\sqrt{2}}{4}=0.126\text{nm}$，沿短轴方向原子距离为0.356nm，最佳抛磨方向为沿短轴方向(图9-8 2)。

(111)三尖等边三角形中，沿三角形高方向距离为$\frac{2a}{\sqrt{2}}=0.504\text{nm}$，沿三角形边长方向距离为$\frac{a\sqrt{2}}{4}=0.126\text{nm}$，故沿高方向为最佳抛磨方向(图9-8 1)。

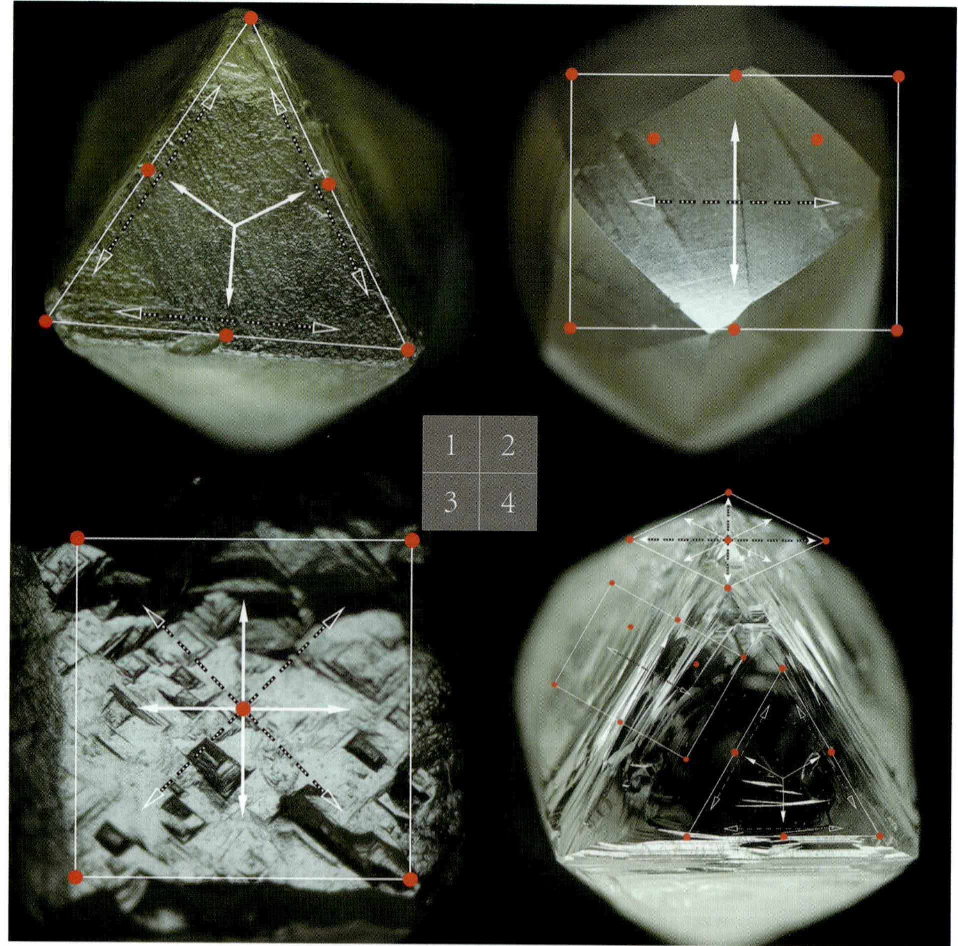

图9-8 八面体不同面网的原子排列方式，虚线为难磨方向，实线为理想方向

以上为钻石三个主要面网的最佳理论抛磨方向，但哪怕是最佳抛磨方向，在实际磨钻过程中也不是所有的抛磨方向都能达到理想状态，故而单从面网上还不足以解释为何在磨钻中存在某刻面同一轴线上的两个不同方向抛磨的速度有快慢之别(图 9-9)，甚至有无法抛磨的情况。另还需进一步考虑空间上碳原子之间键的受力方向与方式、磨钻时与面网之间的夹角、所在面网有无结构缺陷等因素。

图 9-9　纵向、横向、斜向三种不同方向的“丝流”，其中斜向最顺，接近(100)

如图 9-10 所示，以垂直(111)面网上的四面体为例，当以从上至下的方向抛磨时，将面临两个原子、一个键的拉力；反之，则面临三个原子，两个键的拉力。在四面体结构中，相对于拉力，其更能承受压力。故一般说来，拉力弱的位置便是容易被破坏的位置，由上往下抛磨时的难度要低于反方向上的抛磨。

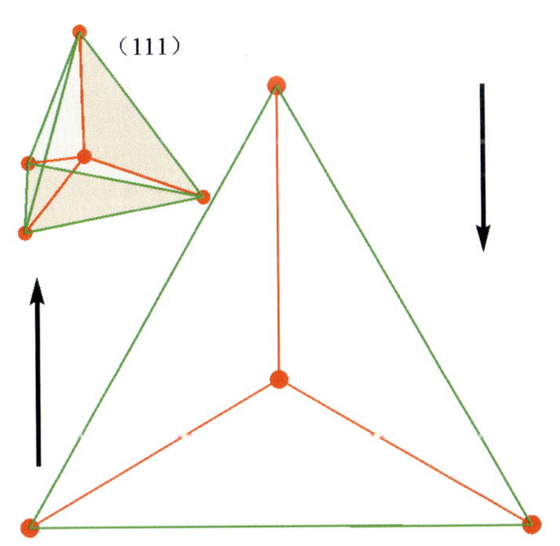

图 9-10　左图为(111)上共价键的受力方向；右图表面形似经脉的纹路是结构缺陷的表现，常见于褐色钻石中

综上所述，磨钻的原理在于对钻石晶体的认知，顺则事半功倍，逆则寸步难行，若能加以理解，则必在钻石工艺上有本质提升。

磨钻的设备

1568 年意大利著名金匠本韦努托·切利尼(Benvenuto Cellini)，留下如下一段文字："用一颗钻石擦琢另一颗，相互研磨至欲达到之形状为止，这种工艺是过去用钻石粉末来完成钻石切磨的工作。为达到此目的，将钻石固定于一小铅锡杯内，并使用夹具紧摁在一个敷有油和钻粉的钢盘上研磨。该盘一指厚，大如手掌；必须用最佳淬火之钢制成，并装于一旋转的磨石上，带其快速转动。施于夹具上的重量，增加了磨盘与钻石间的摩擦力，如此可完成钻石抛光作业。"这段文字是对钻石抛磨工具与过程最早的叙述。

1694 年荷兰人范·洛肯(Van Luyken)所绘的《钻石抛光者》(diamondt－slyper)一画是现存最早的描绘钻石工匠的图画，画中左侧男性正在检查手中夹具上的钻石，右侧女性则手握转盘驱动磨盘，在男女之间的则是现代磨钻机的雏形(图 9－11)。

图 9－11 《钻石抛光者》

图 9－12、图 9－13 所示的是 18 世纪钻石加工所使用的设备工具。

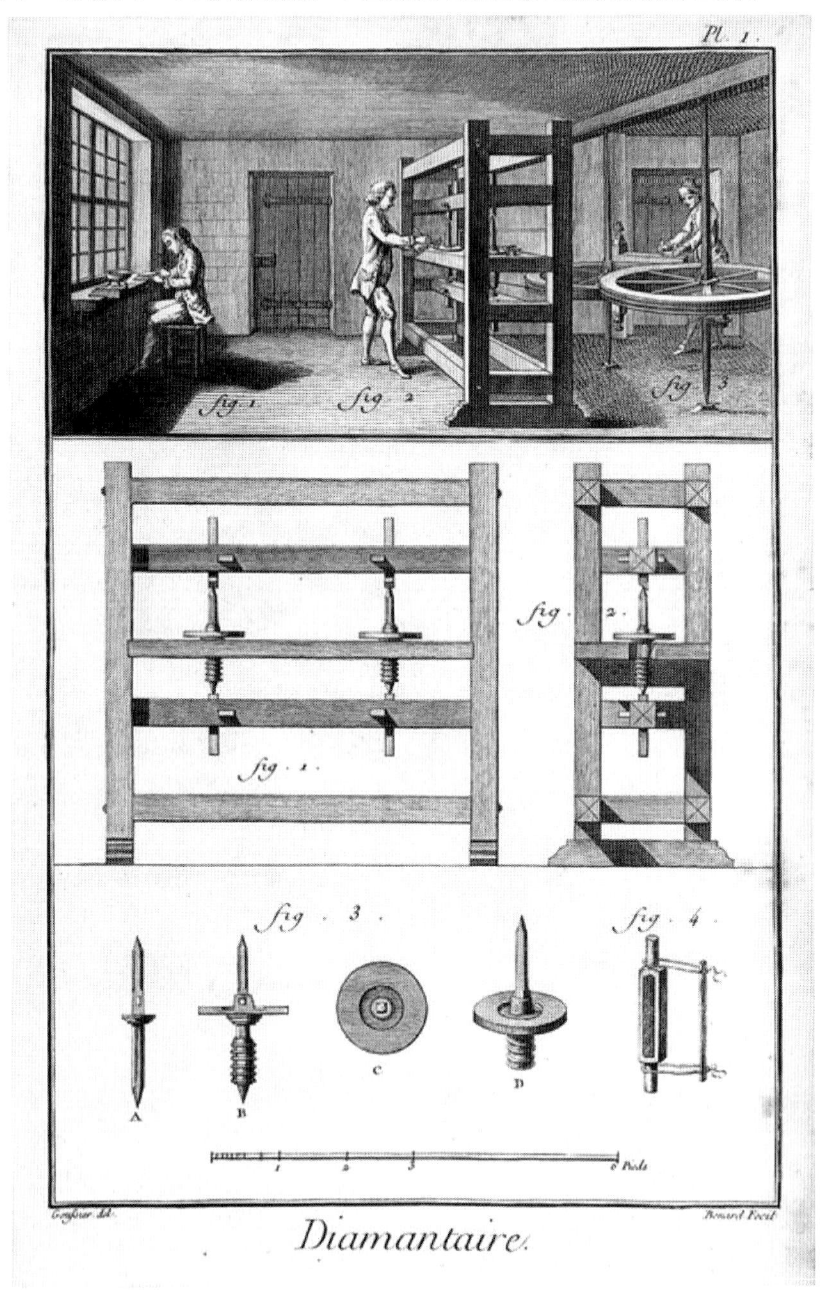

图 9－12　18 世纪钻石加工所使用的设备、工具 1

(图片来自《Encyclopeid of Diderot and d'Alembert》)

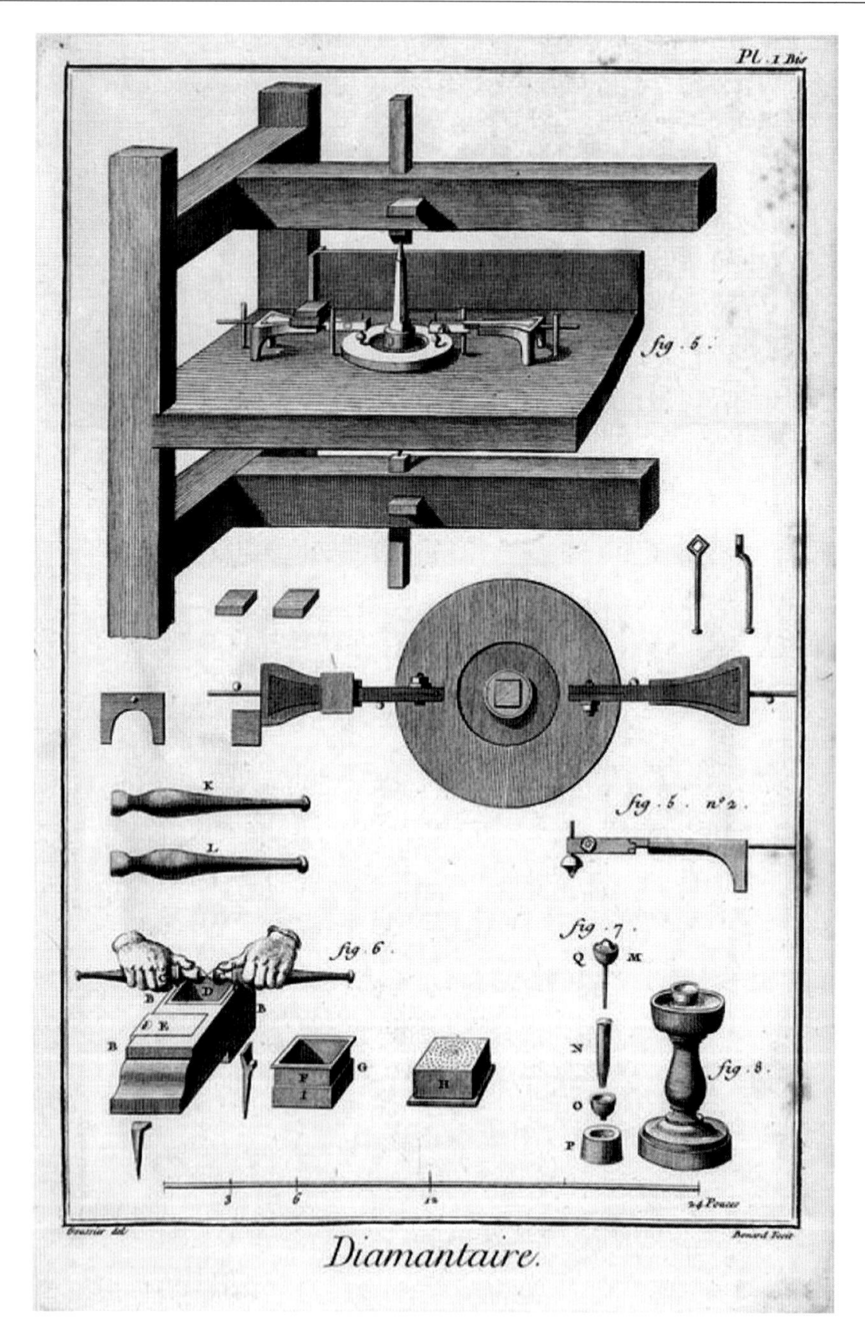

图 9－13　18 世纪钻石加工所使用的设备、工具 2

（图片来自《Encyclopeid of Diderot and d'Alembert》）

早期磨钻机使用木材为主体结构，以手摇驱动，整体刚性较之现代要低许多，之后转而使用骡马驱动。至19世纪中叶，工业革命引进蒸汽机，经由传动轴及皮带可驱动数台磨钻机（图9－14），机器也逐渐替换为铸铁构架，但整体稳定性仍旧不高。受这一因素限制，磨盘不论从直径与长短来说均比现代磨盘要小，此外铸造工艺水平也限制了当时的设备制造。

图9－14　法国圣克劳德钻石加工车间，由蒸汽驱动的整排磨钻机

（图片来自cloches－sonnailles－haut－jura.fr网站，拍摄时间19世纪）

至20世纪初，电力来临，使磨盘可由电机单独驱动，且总是以逆时针方向旋转。

磨盘与轴承为磨钻机之核心部件，磨钻机（diamond polising mill）表面上可根据磨盘结构来进行分类，然而本质是驱动磨盘的方式，分为直连式、皮带传动式以及最先进的直连式空气轴承磨钻机。从时代发展来看，传统皮带式如同其他钻石加工工艺一样渐被现代加工企业所淘汰，或许在一些规模较小的企业中还被使用。

皮带传动式磨钻机的优点在于结构简单，磨盘根据钻石大小，材质有合金钢与铸铁盘多种类型。整机为钢结构横梁与支架，磨盘置于机器中央，由上下两个顶头顶住。顶头多为金属，顶头中有铜制承窝，上顶头也有使用紫檀木制的（需特别工艺加工）。磨盘顶头间垫有缓冲材料，缓冲物可为尼龙布或涤纶棉布。布需用耐高温机械润滑脂浸润或覆盖，起到润滑作用。布有使用寿命，需经常更换，故应常备一定数量。机器由电机套上皮带，连接磨盘下方驱动，盘看似一体，实际心轴与盘是分开的，以机械方式固定(图 9－15～图 9－18)。

图 9－15　老凤祥钻石加工中心有限公司的中国现存历史最悠久的欧洲进口磨钻机。马达侧置，实木顶头，整机几乎一体铸造，地上钻孔后可固定磨钻机

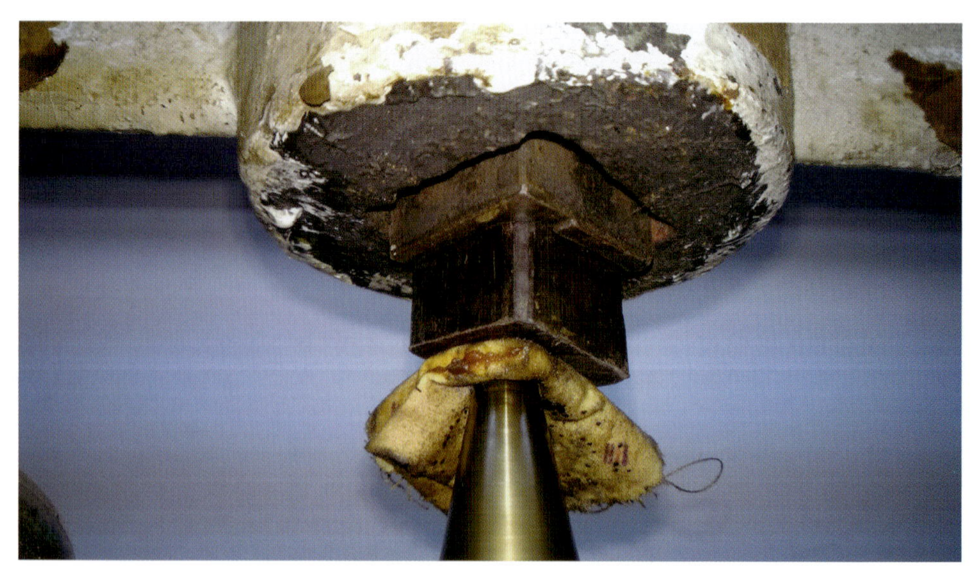

图 9－16　木质顶头，所用木材为经特殊处理的紫檀木

图 9－17 传统皮带式磨钻机，木质桌面，需配水平板

图 9－18 传统皮带式磨钻机

维护该类型设备时需将磨盘取下，安装至相应维护设备。若是轻微的盘面毛糙或不平亦可不取下，直接手工打磨。所使用马达也并非特殊规格，普通电机市场即可采购到，维修更换方便。

传统磨盘的结构主要由心轴与盘组成，轴与盘为两种不同的金属材料，前者为中碳钢，后者多为铸铁。两者间以机械方式固定，通过机器压紧，故若有较大振动易出现间隙(图 9－19)。

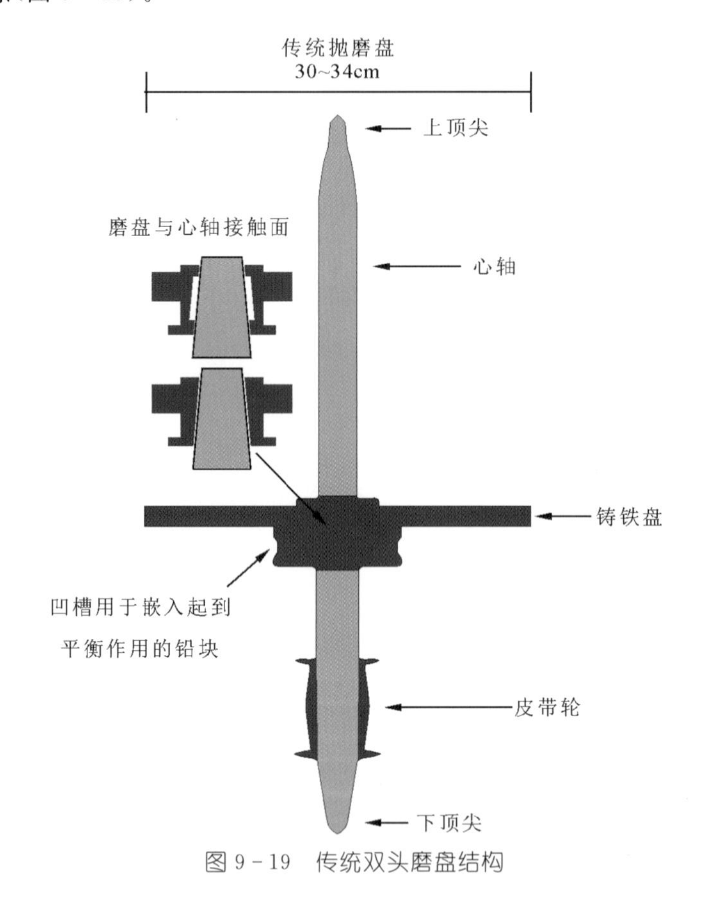

图 9－19　传统双头磨盘结构

心轴与盘安装的质量主要考察的是盘与轴之间圆锥面的贴合程度，两者间以面的方式贴合为最理想状态，其次为两段式线接触，最差的则为单线接触，稳定性差，极易受振动影响(图 9－20)。

直连式磨钻机虽然造价高于传统磨钻机许多，但相比其优点价格已不再重要。电机直接驱动磨盘的方式简化了磨盘的结构，降低了轴承的摩擦阻力，极好地改善了磨钻机的稳定性，使得磨钻机不用再像传统机器那样通过加固主体构架、增加钢

图 9－20　皮带传动式磨盘

梁厚度的方式提高设备稳定性，机器变得更加轻巧稳定。简化磨盘结构的同时使得磨盘的安装也变得更加简便。

直连式空气轴承磨钻机是磨钻机中应用相对较晚的，其核心是空气轴承。该轴承又称气浮轴承，通过向轴腔内注入压缩空气，使轴承悬浮。结合了转速高、振动小和轴承使用寿命长等诸多优点，可谓是当前行业所用设备中的翘楚（图 9－21、图 9－22）。根据不同的加工精度需要，一台磨钻机的价格从上万元到上百万元均有。高端产品被应用于高精尖的钻石刀具等领域，主要为国防科研服务。早在 20 世纪 80 年代，为我国航天事业做出杰出贡献的上海钻石厂磨钻师徐雅芳（后被国家评为高级技师），经过刻苦钻研与探索，使用空气轴承磨钻机（当时使用的轴心为石质）加工出钻石车刀，刀刃圆弧半径为 0.05μm，荣获国际该领域比赛第三名，仅次于美国与俄罗斯。首饰钻加工通常不需要这么高要求的磨钻机，自然其价格也较为便宜，通常在万元人民币左右。

直连式磨钻机磨盘（图 9－23）使用最新的电镀钻石粉工艺，相比传统的钻粉混合橄榄油手工涂抹的方式，在耐用性与节省钻粉方面的表现优于传统磨盘。然而电镀钻石粉磨盘也有其弊端，此点将在本章磨盘部分具体展开。

除了以上两款磨钻机外，行业中还有使用一些其他适用性不同的设备，比如印

图 9-21 首饰钻加工用的直连式空气轴承磨钻机

图 9-22 空气轴承(air—flow scaife spindles)

(图片来自 Coborn Engineering Company)

图 9-23　直连式磨钻机磨盘

度一些作坊中的四人用皮带传动磨机，造价也相对便宜，适合空间有限的场地。

此外自动磨钻机(automatic diamond polishing machine)的应用也渐成主流。它于 1970 年左右问世，由以色列钻石研究所研发，但当时的功能有限，至 1980 年配备了微处理器的自动磨钻机研制成功。该设备可代替人工自行完成磨钻工作，需事先选定好晶形、净度、加工取向等信息，以适应设备的加工特点。加工过程需有人照看，进行相应的调整，故此设备在企业加工环节主要承担小中颗粒钻石的加工。

自动磨钻机发展至今技术已经十分成熟，切工质量优异，调校精准的自动磨钻机可承担“八心八箭”钻石的加工(图 9-24)。

磨钻的装备是整个钻石加工流程中最多样的，除最主要的磨钻夹具之外还包括测量器具、夹咀、划边线器、钻石粉、垫布等。

1. 夹具

夹具的历史与磨钻机一样古老，指的是磨钻时夹持钻石的柄状工具。通过调整夹具的各个部件，可达到抛磨钻石的目的，是磨钻中最主要也是最重要的装备，且种类繁多(图 9-25)。

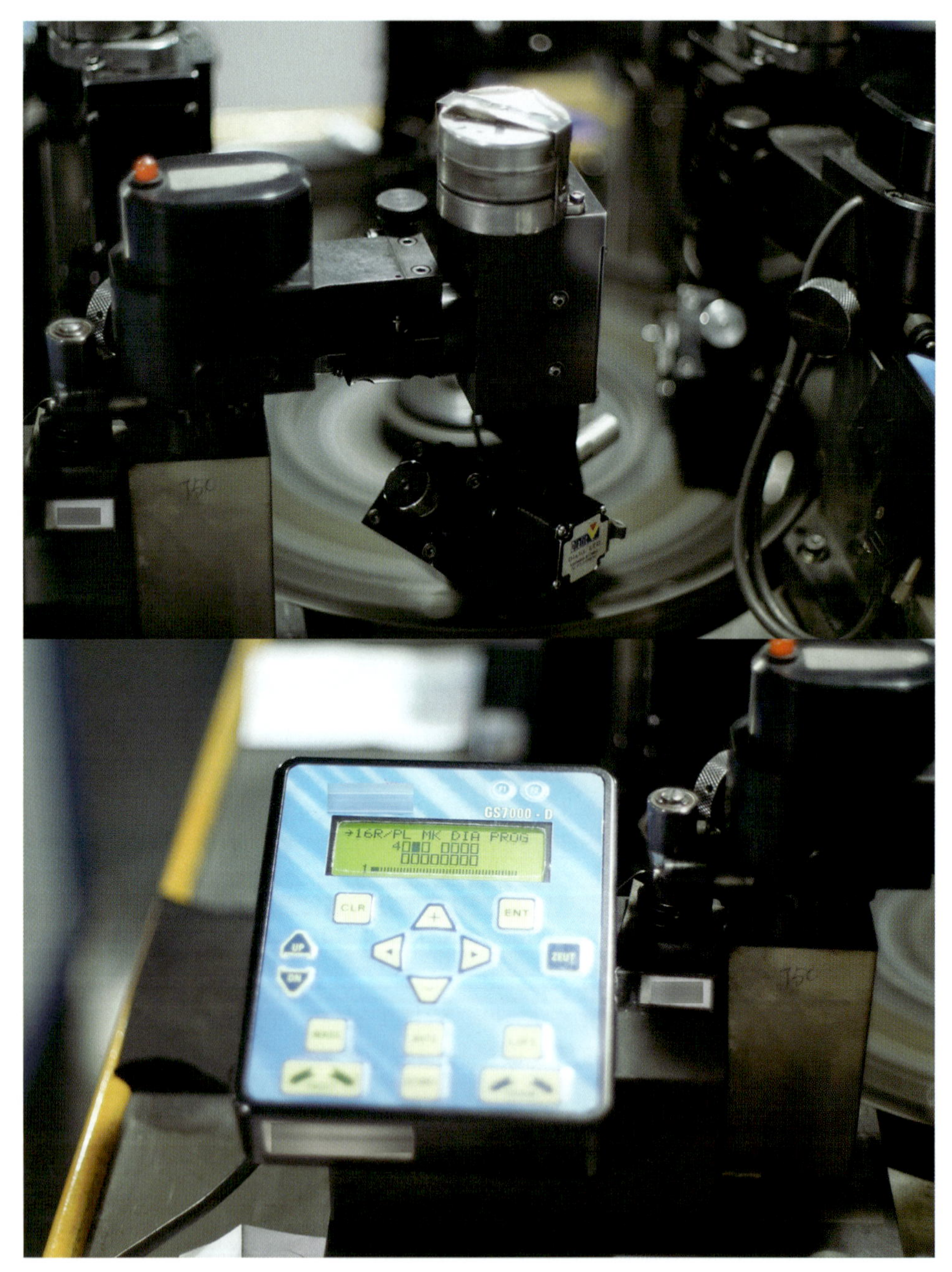

图 9－24　自动磨钻机操作臂与操作界面

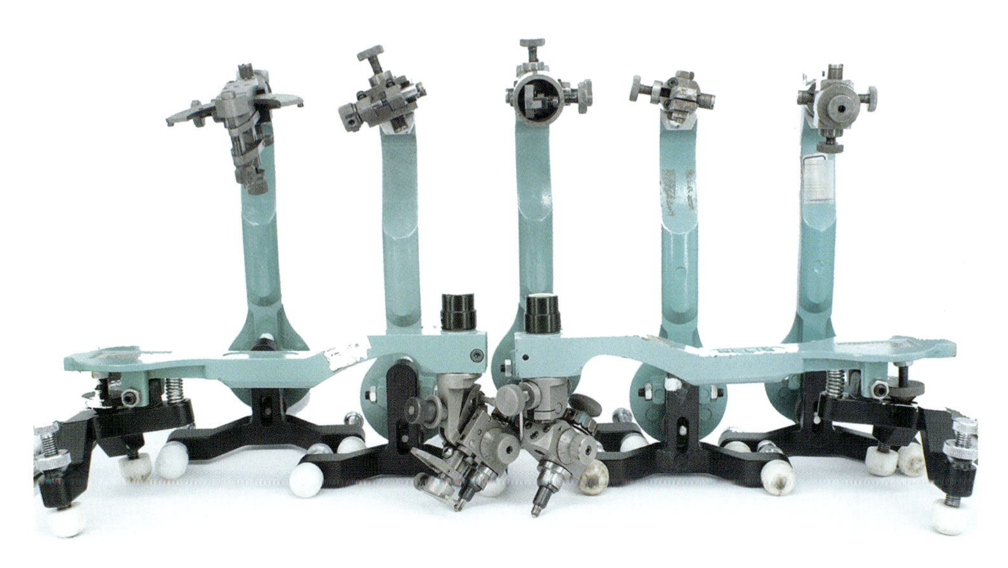

图 9-25　各种用途的夹具

夹具的称呼乃国人对其称呼之一，此外还有“车石臂”的叫法。在老一代磨钻师口中则谓之“汤司”。本书开篇磨钻史中曾介绍，我国磨钻始于上海，厂主为英籍犹太人，实际教授磨钻的师傅为印度籍技师，故传授时为英语。我国学徒听后为彼此交流方便就用上海本地口音模仿英语发音。“汤司”一词源于英语发音中的“tangs”，是脚柄的意思，确切地说并非指整把夹具，而是把手部分，前端另有名称为“dop”，意为卡头，是机械夹咀的意思，也称“厅头”(图 9-26)。

图 9-26　汤司与锡斗

早期的汤司尾部为木制支架，中部为铁质握把。现代汤司中也有铁制镀铬握把加塑料尾部支架，而离现在更近的则为铝合金一体汤司，尾部配有二到三个水平调节螺母，前段卡头上方配有水平泡（图 9－27、图 9－28）。

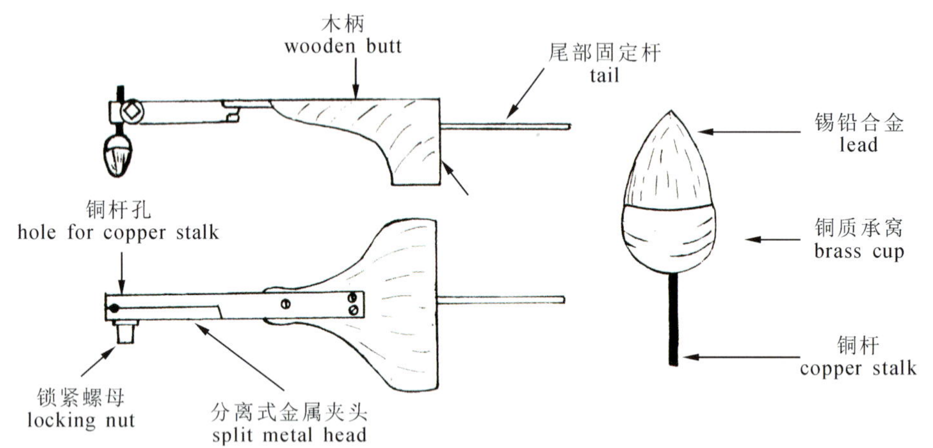

图 9－27　汤司与锡斗的结构示意图

（图片来自《Diamond Cutting》）

图 9－28　汤司、锡斗与木质盛杯

（图片来自《Diamonds》）

卡头为夹具最重要的部分，根据不同的工艺要求，卡头种类也相差较大。早期卡头甚为简单，由一紫铜杆连接金属小碗，碗口直径约 3cm，用以盛放粘钻用的“白蜡”。所谓白蜡，实为一种锡铅合金，因其熔点较低、收缩性小与较硬的特点，被用于包裹与固定钻石的材料。因其材料，这种最古老的卡头在国内被称为“锡斗”。调制锡斗的过程被业内戏称为“拌锡饭”，工具通常为竹片和镊子。使用锡斗磨钻需先将“白蜡”置于煤气灯（早期酒精喷灯）上烘烤至可以塑形（图 9－29、图 9－30）。如温度过高则会导致“白蜡”熔融，若滴于手上易造成烫伤，为避免粘钻时此类情况发生，锡斗加热后被置于木制盛杯中，用竹片将白蜡堆聚成锥状，在其还未完全定形之前将钻石放置于锥尖端，并将其包裹住，后浸入水中冷却定形。

图 9－29　调制锡斗外形

（图片来自《Diamonds》）

磨钻前将锡斗后部的紫铜杆加热至红色，让其自然冷却（退火）后装上夹具并用螺母固定。之所以使用紫铜杆因为它有较好的金属柔韧性与延展性，使用时徒手掰至估计的角度位置，铜杆变硬后需再退火。但金属有疲劳度，初学者掰断为常有之事，故消耗也大。

在使用锡斗加工钻石的过程中，时常还需要在边上备一碗冷水。因磨钻时温度上升，过高时会导致白蜡变软，故需适时将锡斗浸入冷水中降温。

据此可推断，这种夹具所加工出的钻石，切工品质必不如现在精准到位。但此工艺至今仍有使用，原因在于对于较大颗粒钻石需要粗磨改形，该工艺之优势便体

图 9-30 称量白蜡与放置钻石于锡斗上

(图片来自《Diamonds》)

现出来。首先锡斗可适合任何形状的钻石;其次锡斗大小亦可以调节,可适应大钻甚至超大钻;再次由于只用于粗磨,故精度要求较低,使用紫铜杆更为简便。

在锡斗之后又诞生了机械卡头搭配紫铜杆与汤司的组合,避免了锡铅合金在温度上的缺点,有效地改善了磨小钻时的工艺水平(图 9-31)。

磨钻装备演进至今,汤司与卡头已经有了很大的发展与进步。现代汤司的材质主体已基本为合金,前端的水平装置与尾部的三个水平调节支架组成水平调节机构,与卡头一起支撑夹具,并确保抛磨刻面时的稳定性、重复性与精确性。水平调节机构中包括水平轴、水平泡、调节旋钮三个主要部件。水平轴连接卡头可360°绕圆周旋转,用以改变抛磨时的晶向。为保证卡头的精确性,水平轴需始终垂直于已加工的刻面与将要加工的刻面。水平的调节通过一个纵向调节旋钮与两个横向调节旋钮来完成(图 9-32、图 9-33)。

图 9 - 31　锡斗之后改良的机械卡头

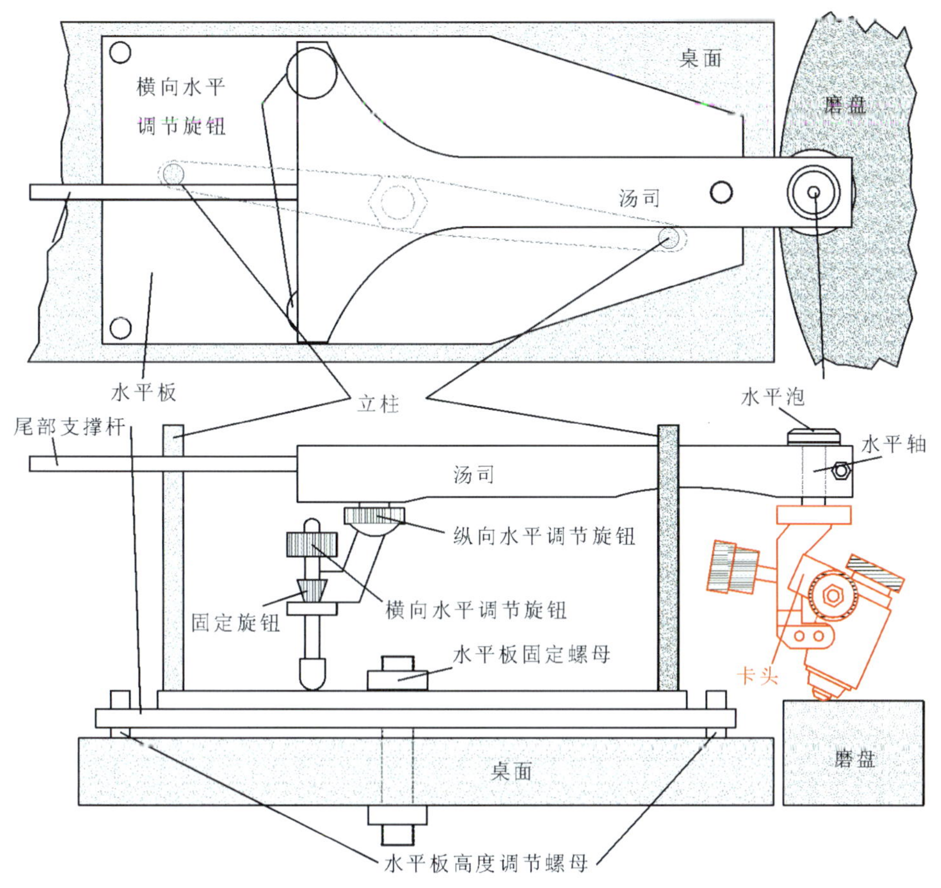

图 9 - 32　夹具、水平板、磨盘、桌面之间的位置关系结构图

早期磨钻机使用木质桌面，由于木质容易磨损变形，以及平整度存在一定的偏差，为了保证加工精度，需另配一块两端装有立柱的水平板配合汤司，使其能在加工过程中与磨盘保持水平。而现代磨钻机桌面材质已基本为不锈钢，其性能优异已不再需要水平板。

图 9-33　夹具、水平板、磨盘、桌面之间的位置关系

现代卡头大致可以分为四类：磨圆钻、磨刻面腰（车边）、磨台面以及磨异形钻。而圆钻与异形钻卡头还可分为磨面与磨底两类，所谓磨面即为磨冠部，磨底则为磨亭部。

卡头的结构较为复杂，是夹具上的核心部件，需小心保养维护，勿随意拆解。它主要包含角度调节机构与分度调节机构（图 9-34、图 9-35）。

角度调节机构与分度调节机构一起共同构成卡头主体，作用是调节加工刻面的倾角（简称角度调节）与在琢型上的分布位置（简称分度调节）。由于大多数琢型抛磨角度在十几度的范围内变动，所以角度调节较为有限。加工时对角度的精度要求较高，尤其是可重复性，为了便于控制与观察，在机构上还装配有带刻度的角度板。

分度调节机构主要由一个可 360°旋转的分度轴与分度盘构成。钻石通过夹咀固定在分度轴上，通过分度盘与分度微调旋钮来控制。其中微调旋钮是抛磨过

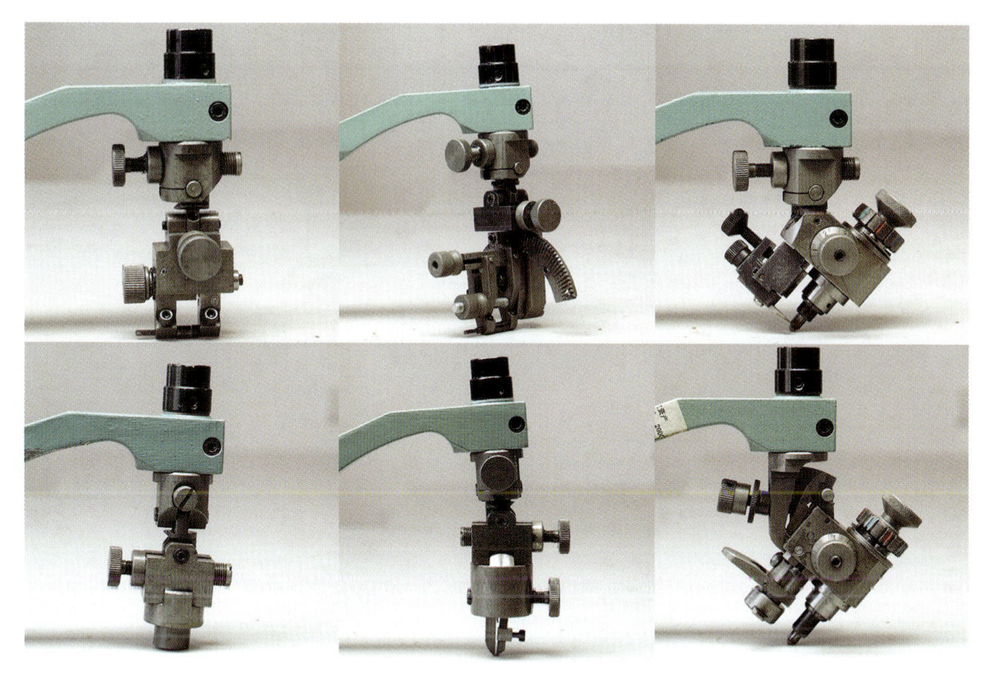

图 9－34　六种用途各异的现代卡头

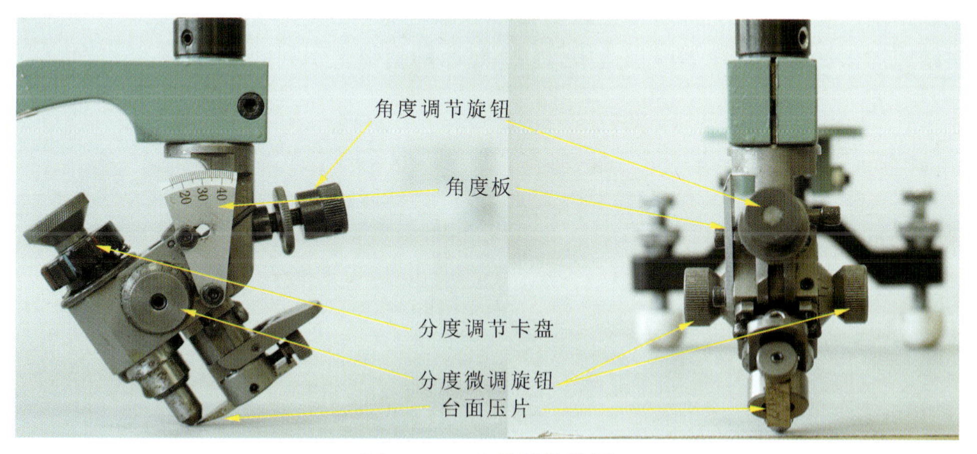

图 9－35　卡头部件说明

程中使用最频繁，也是最为重要的部件之一。早期的分度盘通常只有八等分，而现今的分度盘已极为便利，减轻与简化了加工人员的操作难度，如 24 格分度盘，人性化地设计了刻面大致旋转分度的间隔，这种简化有效地提高了生产效率（图 9－36）。

图 9-36　分度盘：1 8 格；2 16 格；3 24 格；4 32 格；5 48 格；6 96 格

在卡头的最末端是夹持机构，该机构主要负责钻石的固定，包括弹簧芯子、夹咀与钳踏三部分。前两个部件参与所有的夹持工作。为保证夹持组件能在磨钻时有稳定的表现，在原材料、加工、处理等方面都有较高要求。其中夹咀与钳踏上的压板为易耗件，需根据实际情况合理择用，并适时更换。钳踏有弹簧与机械两类，配以钳踏压板，轻压钻石，通常在加工钻石冠部时需要用到，可拆卸更换。在磨钻时钳踏施加于钻石上的压力应当适中，过大、过小均会带来不利的影响（图 9-37）。

图 9-37　各种钳踏

夹咀品种规格繁多，主要分为面夹咀与底夹咀，面夹咀为抛磨冠部时所需，底夹咀为抛磨亭部时所需，加工异形钻时有所不同（图 9-38～图 9-41）。

图 9－38　面夹咀

图 9－39　底夹咀(左),底夹咀与底夹咀套筒(右)

图 9－40　底夹咀与套筒的装配

图 9－41　不同规格尺寸的底夹咀

2. 测量器具

悉数钻石各大小刻面的角度中，冠角与亭角最为重要，钻石火彩与亮度均基于二者。因此，在磨钻过程中，还需使用到一些测量器具，辅助磨钻师观察所抛磨钻石刻面角度正确与否，此类工具有专门的生产厂家，也可由磨钻厂自行生产（图 9－42）。

图 9－42　外置角度量尺（上），装配于放大镜上的角度量尺（下）

角度估测所用的器具并无特别严格的质量标准，也不在强检范围内，故规格常根据实际需要进行设计。角度板有厚薄与大小差异，厚大者多用于估测大钻，薄小者可装于放大镜上，随时观察正在加工中的钻石。其所能测量的角度包括冠角、亭角以及呈 180°对称的亭部主刻面在底尖处的夹角。

3. 划边线器(girdle marker)

该工具是圆弧形腰围钻石加工的必要工具，如圆钻、椭圆钻、梨形钻等。作用是将腰围、冠部、亭部的加工边界分出。结构为螺旋升降式，根据需要调节顶端紫铜片的高度，将钻石绕其一周或自转一周，利用钻石超高硬度，使钻石刮擦铜片后在腰箍处留下金属痕迹(图 9-43)。

图 9-43 基础款划线器(左)与专业款划线器(右)

4. 钻石粉

与锯钻一样，磨钻也需要使用钻石粉。为使钻石粉能粘附于磨盘表面，需混合胶水或油性物质。

钻石粉通常有两个指标：牌号与基本颗粒尺寸，用以衡量其等级与品质。

(1)牌号：牌号指的是其代表的颗粒等级，一般为 W0.1～W15，W0.1 最细，以 μm(微米)为单位，比如 W1 指的就是 1μm。一般磨首饰钻常用的牌号有：W0.1、W0.25、W0.5、W1、W3。粗粉的优点在于抛磨速度快，缺点是由于颗粒大，加工后的边棱容易出现缺口(但不是出现缺口的唯一原因)。细粉的优点在于加工刻面质量高，但速度略慢。根据不同的需求与产品选择相应的钻石粉粗细。需注意抛磨速度并不完全取决于颗粒大小，还与混合的介质有关(图 9-44)。

图 9-44　干燥的钻石粉(上)与橄榄油混合后的油钻粉(下)

(2)基本颗粒尺寸:该参数是衡量钻石粉品质以及价值高低的主要标准,指的是同一牌号的一包钻石粉中与牌号标注的颗粒大小一致的钻石粉所占的比例。比如在 W5 中真正达到 W5 的可能只有 30%,剩余的也许是 W1、W3、W7 等。这样钻石粉的品质就不高,正态分布的离散性较大,价值较低。这一方面也体现了生产厂家工艺水平的高低。品质较高的钻石粉其基本尺寸可高达 90%～95%以上,越是精细的加工越需注意钻石粉的选择。

可通过显微镜观察钻石粉的外形来得知硬度。硬度高的颗粒具有几何外形,有刃口。硬度低的颗粒则多呈浑圆状。此外,颗粒的外形多为粒状,而非片状或是长条状、土豆状(图 9－45)。

图 9－45　高倍显微镜下的钻石粉微粒大小不一

5. 放大镜

磨钻使用的放大镜与原石检测时使用的一致,其结构与检验布匹时的照布镜类似,有时可用照布镜代替。单片镜的结构简单,可折叠,体积小,适合磨钻时多方位、多角度观察钻石。这种放大镜通常倍率不高,有 7 倍、10 倍的选择。

6. 垫布

传统磨盘的上顶尖与下顶尖固定在磨钻机铜质承窝上，其间需放置垫布以减少摩擦，起到缓冲与润滑的作用。布需用机油与工业轴承润滑脂浸润，缝制垫布需注意四周用线缝死。每次开机使用前先滴入几滴机油，可延长垫布的使用时间（图9－46、图9－47）。

图9－46 垫布与润滑脂（左），替换下的垫布（右）

图9－47 正在使用中的垫布

除上述主要装备外，还有一些常用工具如内六角、镊子等。

磨钻的过程

在现代化工厂中，磨钻是所有工艺中牵涉工具设备最多、分工最细、配套工序最多、操作人数占比最高的。通常每个磨钻师只负责某一工序，比如某人仅负责磨盘维修维护，某人仅负责抛磨钻石台面，某人仅负责抛磨亭部主刻面等。如此配置主要是出于追求生产效率最大与人员培训成本最低的考虑。但在早期的培训方式中，尤以上海为代表，基本属于全工艺培训，即一人可独立完成整个磨钻工序，甚至还通晓其他工艺，单兵作战能力极强。但这样的培训方式效率低下，成本又高，显然已不符合如今现代化的生产模式与市场经济的需要。

磨钻的过程主要可分为磨钻机调试、涂钻粉、抛磨台面（又称压台面）、亭部加工、冠部加工、成品钻清洗、成品钻检验七个工序。

一、磨钻机调试

磨钻前的设备调试尤为重要，调试得当的磨钻机可以平稳运转很长时间且不用大的维护。现代加工厂中该工作设有专人维护，而在过去该工作通常由磨钻师兼任，且磨钻机为专人专用，极少借于他人使用。调试主要包括五项：电机、磨盘、顶尖与承窝、稳定性、水平调节。

1. 电机

常使用 380V 的普通电机，关键在于电机运转时的稳定性，电机的转速一般为 30～40m/s，带动磨盘转速大约为 2500 转/min（图 9－48）。

可借由电机侧面线路盒中，电线接头的位置变化来改变运转方向，要求电机以逆时针方向旋转。电机右侧的螺母、螺栓调节机构用于控制电机与磨盘之间的距离，继而通过距离来调节皮带的松紧，紧则磨盘启动速度与运转速度相对越快，松则越慢。过松或过紧都会影响设备的稳定性，过松则电机无法带动磨盘达到理想的磨钻转速或导致磨盘从启动到理想速度的过程太慢；过紧则会使磨盘下顶尖在承窝上的位置偏向电机一侧，一则使垫布容易磨穿，二则影响磨钻时磨盘的稳定性。

2. 磨盘

它是磨钻时直接与钻石接触的部件，其质量好坏直接影响钻石品质的优劣。磨盘在使用一定时间后，需要修整后再投入使用，故在一定程度上磨盘厚度会随着修整次数的增加而减小。

磨盘的修整方式可分为手动修整（又称推盘）与机器修整。

图 9－48　磨钻机台面下的电机通过皮带带动磨盘旋转

手动修整主要应对盘面上不太严重的问题，比如表面较浅的划痕或小的浅坑。而当盘面上有较深的划痕或坑、较大内外厚薄差异、偏心、顶尖磨损等情况时，则必须使用专门的修整机器来完成（图 9－49）。

图 9－49　磨盘在使用一段时间后表面会有许多细小的凹痕，类似唱片盘一样。若放置一段时间不使用则会生锈

推盘系人手工完成，通过磨料与磨具将盘表面处理得更细更平整。通过推盘可划出放射状的刻纹，刻纹用以嵌住钻石粉。铸铁盘必须要刻纹，刻纹也有相应的刻纹机代替手工，满足工厂的需要。

推盘时的第一个障碍便是原先嵌于铸铁盘孔隙中的钻石粉微粒，故而推盘的早期会较慢，待嵌有钻石的上层去除后便会快一些。

推盘的强度视磨盘状态有所不同，轻微的不平或凹坑可用较细的碳化硅油石沾水均匀打磨，而较严重的则需要添加碳化硅粉末。首先使用汽油将磨盘表面的油脂或污物去除并擦干。其次使用碳化硅粉末（40＃～80＃）均匀、少量地撒在磨盘上，再用油石朝一个方向轻推并带动磨盘旋转，过程中需小心谨慎，避免磨料掉进下方承窝中（图 9－50～图 9－52）。

图 9－50　手工使用碳化硅油石打磨磨盘

图 9－51　打磨后磨盘表面的划痕

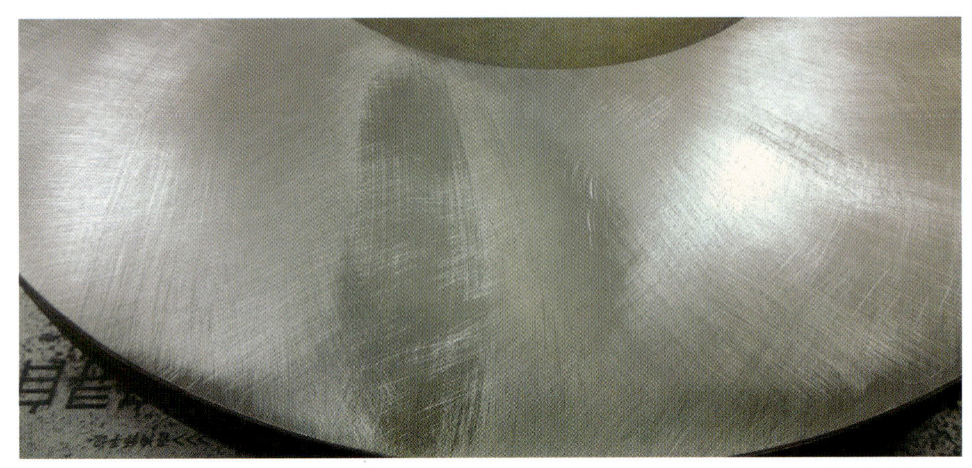

图 9－52　呈纺锤状的凹坑是手工打磨无法去除的，凹坑产生的原因是机器打盘时操作不当所致

之所以先撒粉再用油石推，原因在于如果先用油石直接推盘，油石与磨盘间为滑动摩擦，推一会儿后油石上的孔隙会被碳化硅粉末、钻石粉、铁粉的混合物堵塞，降低推盘效率。且由于磨盘为铸铁盘，嵌入磨盘孔隙内的钻石粉难以带出，先使用碳化硅粉末可将孔隙中钻石粉带出，同时碳硅石粉末中颗粒表面的锋刃可增加推盘效率。

机械修整分为车盘与打盘两种形式。

车盘是力度最大的磨盘修整方式，主要针对盘面损坏严重的磨盘，是用车刀将磨盘表面车掉一层，对磨盘厚度损耗较大。

打盘是在盘面不平，有较深划痕，推盘过慢的情况下使用的。打盘较之于车盘是较浅的把盘面打掉一层(图 9－53)。

图 9－53　专用打盘机使用碳化硅磨盘打磨

修整好的磨盘需要重新调整平衡，方法可分为静平衡与动平衡。

静平衡法是将磨盘平放于两个斜面之间，使其能随意滚动。若磨盘存在不平衡，则较重的一侧会滚动至下方。此时需在上方位置最高点做好标记，修整时在原先下方一侧钻孔去掉多余重量。然后再放置于静平衡设备上，最高点落到另一个位置，便是平衡了。若标记点落至下方，则需要在钻孔一侧添加配重块。该方法实施简便但精度相对略低(图 9 - 54)。

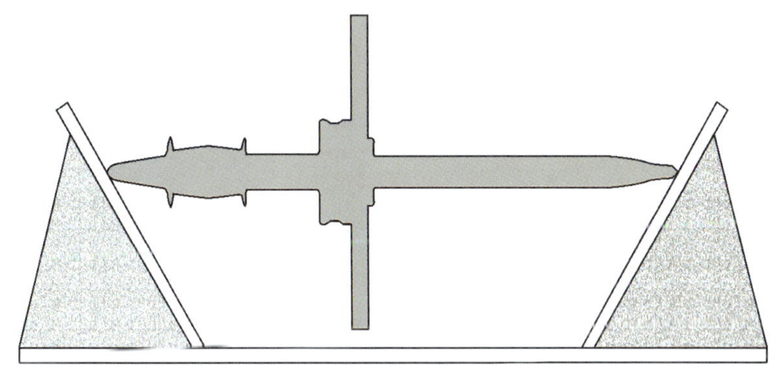

图 9 - 54　静平衡调节示意图

动平衡法是将磨盘置于专用设备上，使磨盘能像在磨钻机上一样旋转。在过程中通过百分表指针来测定磨盘的不平衡度，同样适用配重块来修整平衡(图 9 - 55、图 9 - 56)。

图 9 - 55　动平衡调节

图 9－56 铅块(左)盘下方的凹槽中是绑铅块的位置(右)

磨盘修整若涉及运输，则该过程中也需格外注意。磨盘需放置于稳定牢靠的支架上，支架能平稳托住磨盘，并且长轴方向需朝下放置。运输车辆在途中应注意避让凹坑，平稳驾驶，不能有大的颠簸(图 9－57)。

图 9－57 磨盘卸下后倒置摆放，原因参见磨盘结构图(图 9－19)

3. 顶尖与承窝

磨盘除了盘面的修整以外还需要注意上下顶尖的状态，因为这关系到垫布的使用时限以及磨盘运转时的稳定性。若顶尖有磨损或偏移则需要修整。

顶尖不能太尖或有毛刺，尽量打磨光滑（可用高目数的金相砂纸或抛光膏进行打磨），顶尖尖端以具有一定弧度的半球形为最佳（图 9－58、图 9－59）。

图 9－58　磨损的磨盘顶尖

图 9－59　磨盘顶尖修整与抛光（图中是手工打磨）

承窝与顶尖的配合程度体现了磨钻师对磨钻机调校的水平。而垫布的耐用程度以及磨钻时顶尖处的手感温度，则是检验它们的标准。两者配合得当可极大地延长垫布的使用寿命，反之则需要频繁更换。

承窝主要为较软的黄铜材质，要求无毛刺。承窝可用经过改造的钢锯条对其进行开槽，用以更牢地固定垫布使其不容易滑动旋转（图 9 - 60）。钢锯一头为锐角，选择钢化程度较高（硬脆）的锯条掰成数段，锯齿磨平。所开槽可呈十字或三等分槽，深度 2～3mm，槽的横截面呈矩形，内壁挺直，开好后去除槽周边的毛刺。槽的作用除了固定垫布外还能起到导流槽的作用，可将垫布中的油脂或添加的润滑油集中于顶尖处。

图 9 - 60　在黄铜顶尖承窝中开槽用以固定垫布

4. 稳定性

磨钻机的稳定性与多方面因素有关。

（1）整体构架：磨钻机的构架多为钢制或铸铁构架，受钢板的厚度影响，较厚的钢板用手敲击立柱时不会有明显的回音，甚至没有回音，反之做工较次的则会有较大回音，显示厚度不足，机器整体刚性较差。

（2）台面：台面的质量也关系到磨钻机的整体稳定性，做工较次的用细木工板压制，且没有金属加固。

（3）电机：在挑选电机时应相当严格，主要考察的是电机空转时的稳定性。

（4）皮带：皮带的松紧高低也会影响到稳定性。通常皮带的位置应调节在磨盘上较低处，如此驱动磨盘的力臂则相对短，驱动时更加稳定。过紧除了之前所述，容易使垫布磨穿外，也使得顶尖与承窝之间的贴合度下降。需明白最终带动磨盘运转到全速的乃是磨盘本身自重带来的极大惯性，而非仅靠电机的驱动力。

然而在加工大钻时(10ct 以上),皮带则需要相对调紧一些,可提供足够的带动力,不至于因加工面大或抛磨速度慢而需要施加更多压力于磨盘上时,带动力不足而使磨盘转速下降。

(5)磨盘:磨盘在安装时上下承窝不应压得太紧,需保持一点间隙,能够极轻微松动。磨盘本身的重量也对磨钻机有影响,较厚重的磨盘更容易使垫布磨穿,影响磨钻效率(图 9-61)。

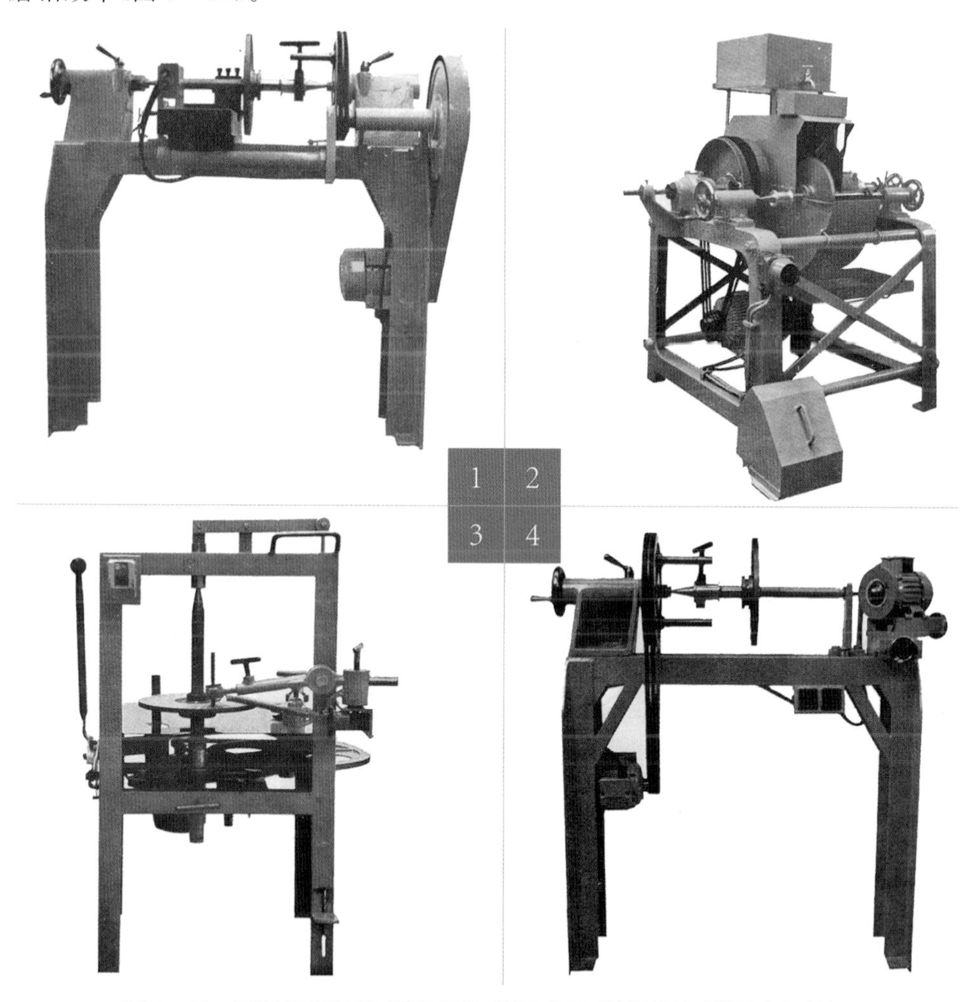

图 9-61　磨盘修整设备:1车盘机;2打盘机;3划线机;4顶尖修整机

5. 水平调节

磨钻机的水平调节分为两部分:机身水平、磨盘与水平板之间的水平(若无水平板则不存在这项)。

机身水平可通过在四角橡胶垫或自带的高度调节装置来调整。

磨盘与水平板之间的水平位置关系主要由水平板的厚度(高度)来决定,盘面水平高度不能低于水平板的厚度,可通过调节水平板上的数个高度调节旋钮来实现与盘面的水平,调节时注意应先放松水平板固定螺母。

水平板朝向磨盘一头的立柱是用以在磨钻时给夹具提供倚靠的。有些水平板在后端亦有另一根立柱,是用来配合尾部有支撑杆的夹具的(图 9-62)。

图 9-62　调节水平板与磨盘之间的水平

二、涂钻粉

磨盘修整好后便要在表面涂抹上钻石粉,钻石粉需与相应的介质进行混合,根据混合介质的不同可分为胶水和橄榄油。

1. 胶水

优点:对钻石粉的粘结力高,可使钻石粉比较牢固且数量较多地粘附在磨盘上。高粘附力可使钻石粉不易脱落,在被抛磨的晶面上持续发挥作用,带来高的抛磨强度,提高磨钻效率。故在涂抹钻石粉时可适当涂厚一些。

缺点:在带来高效率的同时也使得被抛磨刻面的边棱上产生许多小的缺口,而这种缺口对于价值不高的钻石影响微乎其微(通常这样的小缺口 10 倍放大镜下不太会注意到,但通过显微镜可以)。但对于那些诸如 5ct 以上的高品质钻石则是一个不小的影响,因为这些钻石的评价方法有别于普通钻石,要严格许多,这些细节上的问题都将影响钻石的品质,乃至最终的价格。

使用胶水涂抹钻石粉时需要混合一定比例的水，若不使用水直接使用胶水涂抹，待其自然干燥后磨盘将无法使用。由于胶水流动性差，势必会在磨盘表面形成一层较厚的含钻石粉胶水层，继而锈蚀铸铁盘，形成一层红色铁氧化层。加入水的胶水在稀释后，流散性增加，使钻石粉可以更好地涂抹开，加速干燥，使盘面不生锈（图9－63、图9－64）。

图9－63　由于涂抹的胶水过厚（左）磨盘表面被锈蚀，表面混有胶水的钻石粉层（红色）在钻石接触磨盘初期就被大量车削掉（右）

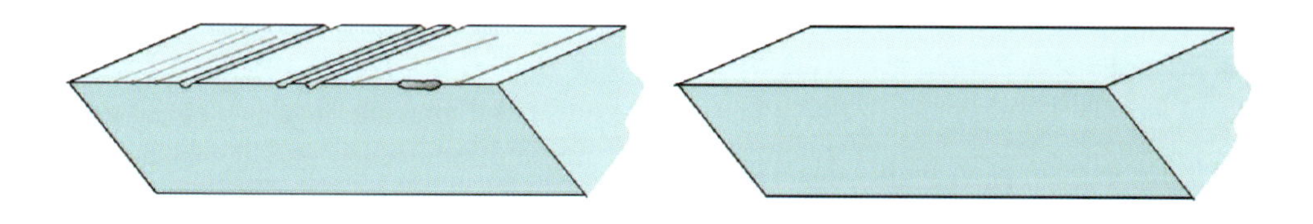

图9－64　使用胶水的抛光表面（左）与使用橄榄油的抛光表面（右）对比

2. 橄榄油

优点：众所周知，钻石亲油而疏水，橄榄油很好地利用了这一点。由于油除了能粘附钻石粉外还具有润滑的作用，这就给抛磨大克拉高品质钻石提供了有利条件。提高了刻面的抛磨质量与表面光洁度，避免刻面边缘小缺口的产生。使用橄榄油是抛磨高品质大克拉钻石的首选钻石粉混合介质（图9－65）。

缺点：润滑作用在抛磨上是一把双刃剑，在带来表面高光洁度的同时也带来了相对略低的抛磨效率。油降低表面摩擦系数的同时也使得钻石粉不如胶水那般能

图 9-65　利用橄榄油来抹匀钻石粉

牢固地粘附在磨盘上。这也注定了混合橄榄油的钻石粉始终是薄薄的一层，涂抹多则浪费多。为达到最佳使用效果可放置数天，这样钻石粉可涂得厚一点，让橄榄油自然挥发，如此钻石粉可相对更牢固地粘附在磨盘表面，延长钻石粉的使用寿命。

两种介质各有利弊，在选择时须有针对性，对于品质较低的小颗粒钻石可选择胶水，反之则应选择橄榄油。行业内也有这样的操作方法：在同一块磨盘上分出两个不同的区域，分别涂抹混合胶水与橄榄油的钻石粉。磨时放在胶水区域，抛时放在橄榄油区域，可同时利用两种介质的优点。

钻石粉涂好后将随着使用时间的延长逐渐消耗掉，当磨钻效率出现较明显的下降后需要补涂钻石粉。

补涂钻石粉时最好将钻石粉先涂抹在牛皮上，后稍用力压在磨盘上。涂抹时磨盘可以是运转状态，也可利用关闭后磨盘旋转的惯性涂抹钻石粉，这样钻石粉可以少甩掉一些。尽量不要使用不耐高温的物质，如橡胶作为涂钻石粉的工具。钻石粉与钻石的磨耗比，通常在钻石晶向不顺、难磨的情况下较大，晶向顺时消耗则少。

磨盘在使用时可分磨、抛光、试磨三个域，区域间应避免混淆，特别是磨区与抛光区，若混淆则会导致抛光质量下降(图 9-66)。

图 9－66　磨盘使用时根据需要进行分区

三、抛磨台面(压台面)

抛磨台面根据不同的设计方案实施不同的方法。

(1)锯切方案:该方案的钻石经锯钻与车钻后台面已有,在将台面上的锯切纹抛磨掉的同时,还可对锯切出的基准面进行再修正。

(2)单颗方案:该方案的钻石不经过锯钻,而是一颗原石只做一颗成品钻,直接抛磨出钻石的台面,之后再进行车钻。车钻完成后还需要再抛光台面才进入正式的磨刻面环节。

新涂抹钻石粉的磨盘可利用该加工过程进行"压盘"。由于刚修整好,涂上钻石粉的磨盘尚处于"生"的状态,可借由压台面将磨盘抛"熟"。压盘时要求所抛磨刻面上的晶向适中,晶向太顺则起不到将钻石粉压入盘中的目的。过硬虽可以达到目的,但会使钻石粉微粒的锋刃磨损过快,导致接下来抛磨工序效率下降(图 9－67、图 9－68)。

需压台面的钻石通过粘结剂烧结于专用夹咀内,粘结剂由氧化铜粉末与磷酸混合而成(图 9－69),早期压台面使用石棉蘸湿水后包裹钻石,由于石棉的效果不稳定,钻石粘结上后容易掉落,且对环境与人体有害,现已不再使用(图 9－69 2)。

氧化铜与磷酸的配比为 2∶1,磷酸不能过多,否则在烧结过程中会沸腾起泡,体积快速膨胀后使钻石偏离预设位置。理想的粘结剂外观应类似湿面团,具有一定的可塑性与粘性(图 9－69 4)。

配制好的粘结剂需尽快使用,否则会自行缓慢凝结。加热的目的在于加速其凝结过程,加热不能过快,应将夹咀放置在火焰侧边烘烤数秒后撤离(图 6－69 5),使热量有一个传导到整体的过程,反复数次,直至粘结剂不再具有湿润的液体

图 9-67　固定后抛磨(左)与压过台面的原石(右)

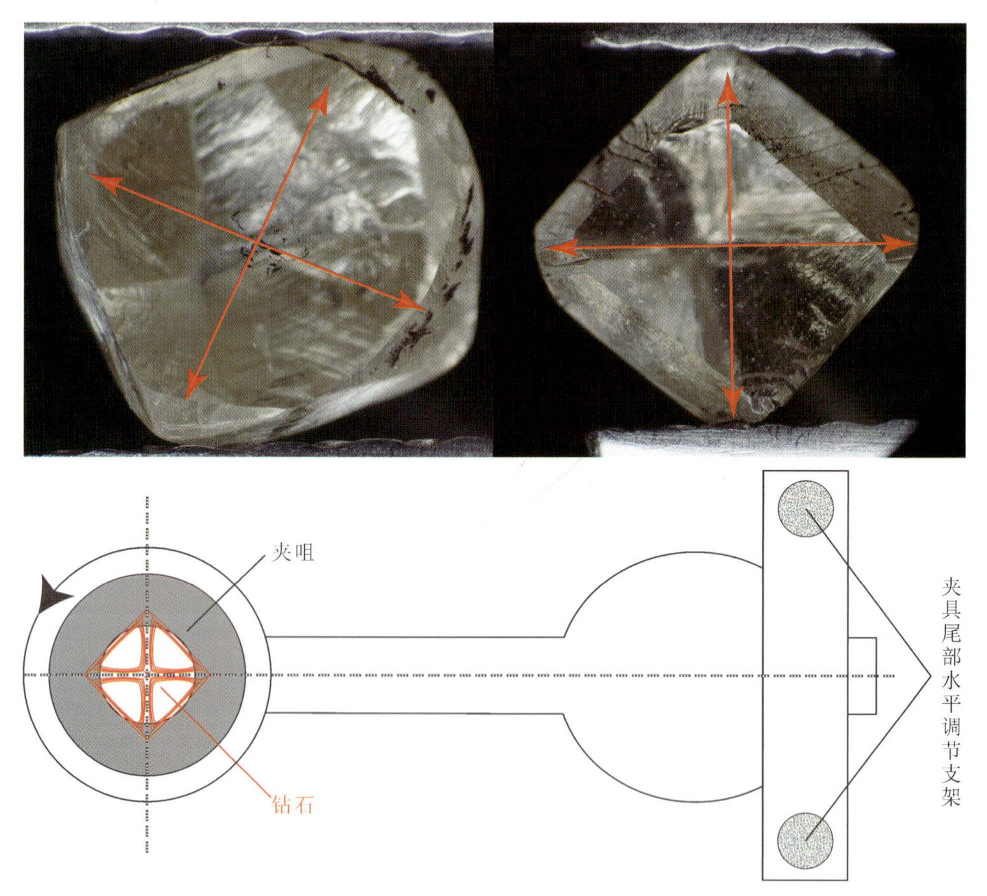

图 9-68　可抛磨的方向(上),抛磨方向与夹具中轴方向一致(下)

图 9－69　粘结剂与配置：1氧化铜粉末；2石棉；3、4加入磷酸调制；5烧结；6使用后清理

光泽，表面发白，说明粘结剂已经固化。所填粘结剂高度以夹咀边缘为边界限。

当钻石初粘结好后，若与某一标线或晶棱平行，或位置不理想，则需要通过压台面夹具上的两上倾角调节旋钮来调整所压钻石台面的水平倾斜度，尤其当某些设计方案需倾斜台面来获得更大直径时更需如此（图 9－70）。

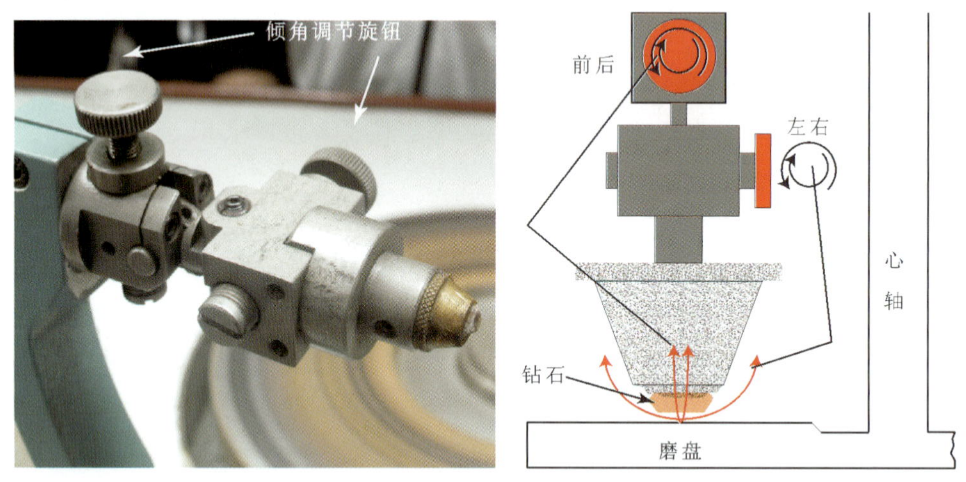

图 9－70　压台面时倾角调节装置的作用

钻石没入粘结剂的位置可选择露出晶棱或包裹晶棱，前者优点在于粘结钻石更牢固，但不利于观察判断所压台面的水平位置是否倾斜；后者对于不划设计标线的品质较低的钻石，通过估测所压台面的大小来预判所要压的位置时起到较好的参考作用。若划标线，则根据设计方案标注所要压到的位置（图 9－71）。

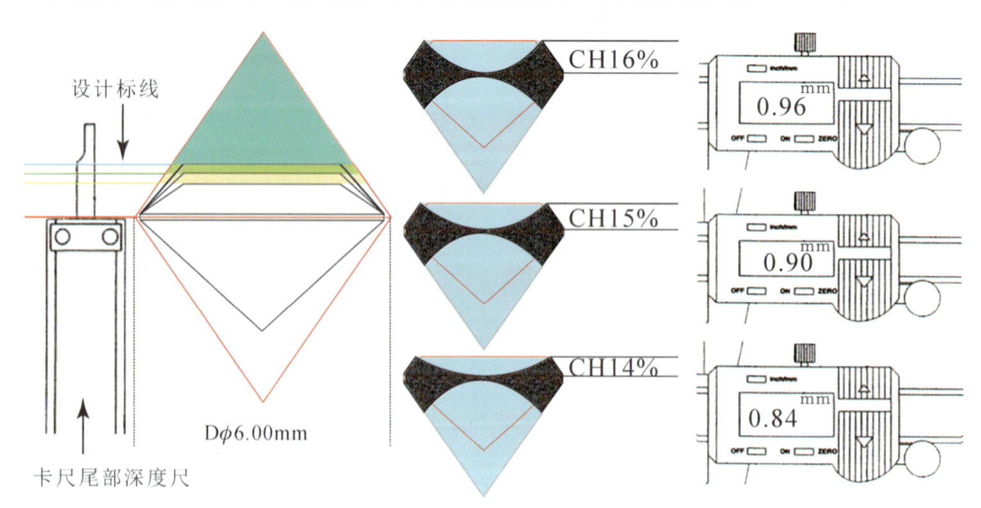

图 9－71　根据设计的冠高，使用卡尺标定所压位置

在车钻过程中由于机械夹持的缘故，顶针顶住台面后可能导致台面上形成一个圆形的凹坑或是白色划痕（图 9－72 1、2）。这是由于顶针与台面间夹杂了钻石粉（车钻过程中车刮下来的），在旋转的过程中对台面形成了粗磨，必须重新抛一下才能光滑。故在最初压台面或刚锯切好，存有锯切纹时不必急于将台面抛光，可车好后再抛，如此一来既可提高加工效率，又可减少钻石损耗（图 9－72）。

图 9－72　台面上的净度问题：1、2车钻后台面上的刮痕；3台面上存在两个刻面；4斜向丝流的台面未抛光

压完台面后需要检查是否到达设计标线，台面是否光洁平整，是否有裂隙出现等。

需注意压台面工艺属于粗磨工艺，压完台面的钻石还需经过车钻工艺等步骤才正式进入抛磨刻面阶段。

四、亭部加工

钻石车好后腰箍已经成形，之后的工作便是正式开始抛磨钻石的刻面。刻面一词在此处既可以解作名词"刻面"指光滑平整具有金刚光泽的几何平面，也可以解作动词，指刻出一块一块的平面。

该工序的起点根据钻石状态的不同而相应变化。通常低价值的小钻石，优先加工亭部，后加工冠部，而较大的高品质钻石，相对复杂与保守。形成如此区别的主要原因是，优先加工亭部可获得更高的加工效率，而加工效率是企业效益的重要组成部分。大钻石由于价值高，在抛磨刻面时的加工损耗大，故时常会磨一点看一点再磨一点。比如先粗磨出亭部与冠部的八个主刻面，之后再陆续补上其他刻面，这样做的好处是能准确及时地掌握钻石的加工状态，并根据状态判断调整的可能性。本书以小钻加工为切入点来介绍磨钻的一般流程。

在开始亭部加工前需要准备四项工作：腰箍划线、选择适合的卡头与夹咀、调节夹具水平、摆放初始位置。

1. 腰箍划线

如之前所提，划线的作用是表明磨钻时冠、腰、亭三部分间边界在何处，到何处即止。可通过卡尺尾部的深度尺来标定从台面到腰围下缘或上缘的距离。旋转划线器，使顶部铜片升起到深度尺标定的位置。最后寻一夹咀扣住亭部使钻石绕着铜片旋转，在腰围上留下印记。设计或加工人员应清楚，划线位置的含义是包含腰围厚度还是不包含(图 9－73)。

图 9－73　使用划线器在钻石腰箍上划线

2. 选择适合的卡头与夹咀

卡头的选择要注意，有些卡头未配备钳踏而只能加工亭部，装配了的则冠亭皆可（图 9－74、图 9－75）。

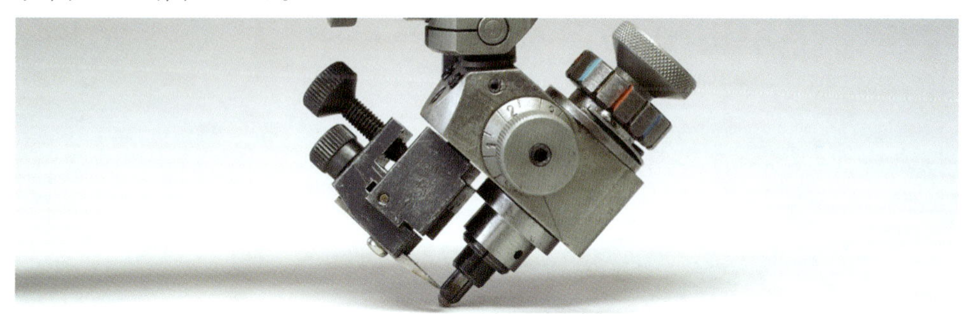

图 9－74　一套配置齐全的亭部卡头包括底夹咀、底夹咀套筒以及弹簧芯子

图 9－75　底夹咀上钻石的安装：1钻石/套筒/底夹咀；2底夹咀俯视图；3安装钻石的俯视图；4安装完成后的底夹咀侧视图

夹咀大小的选择应根据钻石直径的大小，可与钻石直径一致也可略大一些，原则上只要不影响夹持的牢固性即可。夹钻时要求位置准确、牢固稳定，使钻石圆心与分度轴同心，台面与分度轴垂直。

钻石与夹咀安装妥当后将其组合体放进夹咀卡头的弹簧芯子内（图 9－76）。

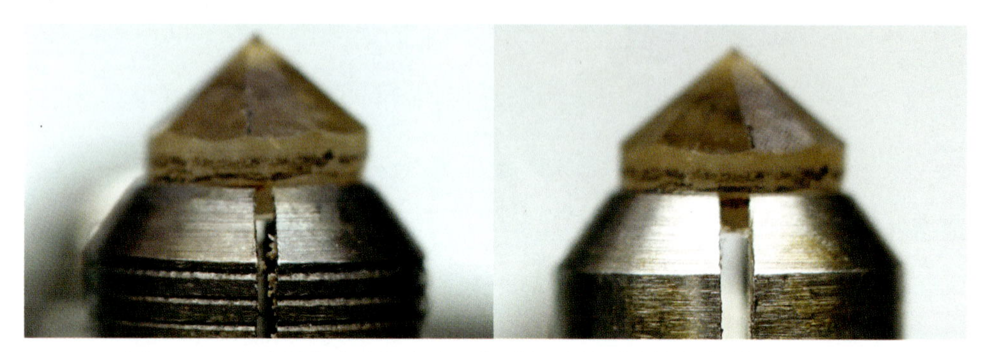

图 9－76　底夹咀略大钻石夹持不稳（左），夹持妥当的底夹咀与钻石（右）

3. 调节夹具水平

夹具主要在以下情况时需要校正水平：新夹具首次使用；更换钻石与磨盘；磨钻机移位。一般来说，轻微的不水平，磨钻师可在磨钻过程中通过过硬的技术消除影响，而严重的不水平则一定要先校正后才能继续使用。校正的目的在于抛磨时旋转水平轴至任意角度，水平轴能始终与所抛磨的刻面保持垂直。无论卡头转至何处，当钻石放上磨盘后其接触面都在一个平面上。比如当某刻面已具雏形，为寻一更理想的晶向，旋转卡头后再次抛磨不会出现新的刻面。

检查是否水平，通过先抛磨一个刻面（以晶向最顺的地方为宜）后将卡头旋转 180°，钻石轻轻在磨盘上点一下，观察刻面与磨盘的接触位置在何处。若新接触点在上（前）或下（后）说明不水平，需要通过纵向水平调节机构来调节；若是左或右则通过两个横向机构来调节水平；若是左上或右下一类的复合位置关系，则需要通过横向与纵向两个机构配合来调节。调节的过程往往需要重复数次直至卡头旋转 180°后接触点在原来的位置，便说明夹具已校正水平。

除上述方法外，还可以通过水平泡来观察夹具是否水平。但有时若水平泡已经失效，那便不能再作为指示水平的参考了。水平泡有效性的检查也可以通过先抛磨一个刻面，水平轴转 180°抛磨第二个同角度刻面，若水平泡始终都在中心或同一位置，则证明水平泡是有效的，反之便无效，需要通过第一种方法来调节水平（图 9－77）。

4. 摆放初始位置

四尖加工方向的亭部第一个刻面，抛磨时原石晶棱需向左偏移 22.5°，这样做的目的在于获得相对更顺的抛磨晶向（图 9－78）。

图 9－77　卡头上方的水平泡具有指示水平的功能，但并不十分精准

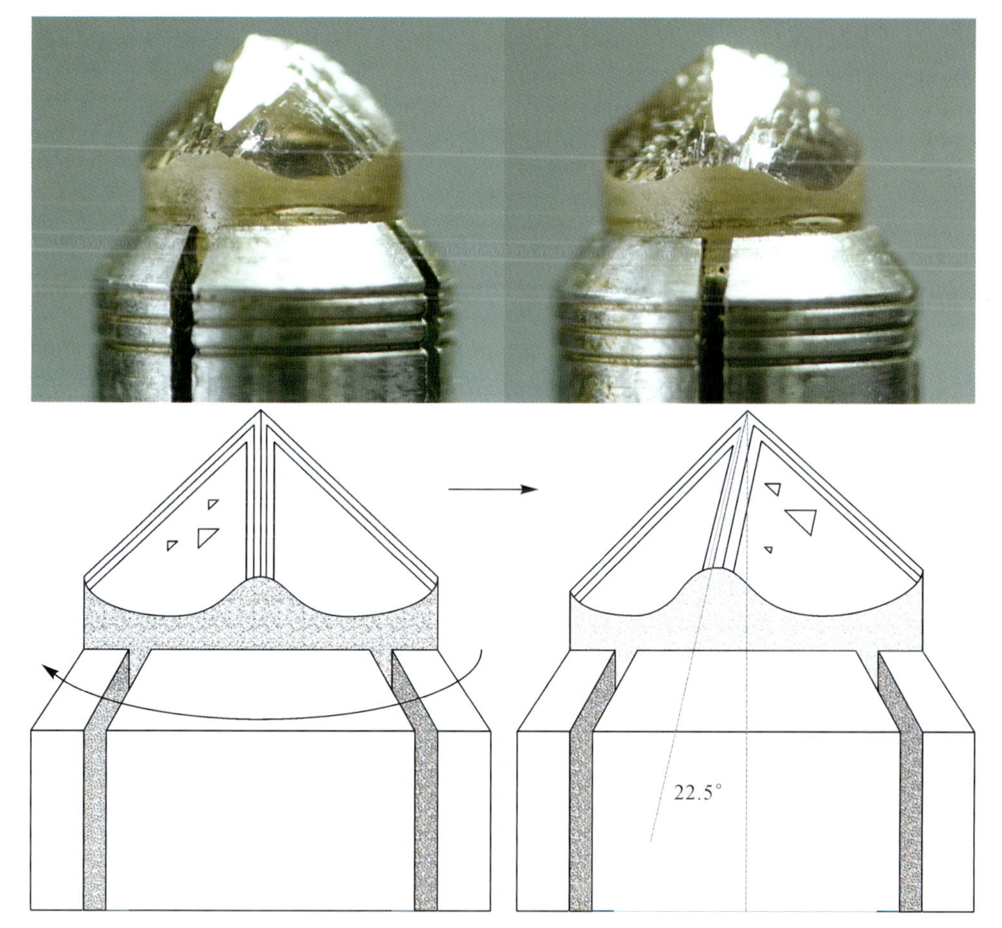

图 9－78　亭部第一个刻面加工偏转 22.5°照片与示意图对比照

5. 抛磨亭部

亭部刻面的抛磨顺序分为两种，一种是先主刻面后下腰面，另一种则相反。前

者的 8 个主刻面按亭角角度抛磨，后者的 1～16 个刻面先按照下腰面角度抛磨，再依亭角角度抛磨。然而有经验的磨钻师可在两种刻面中任意一种刻面角度确定后，通过形状来估计另一种刻面的角度，不用特别去记住角度。亭角抛磨角度根据设计方案而定，通常为 39°～42°，下腰面通常较亭主面角度大 2°～3°(图 9－79)。

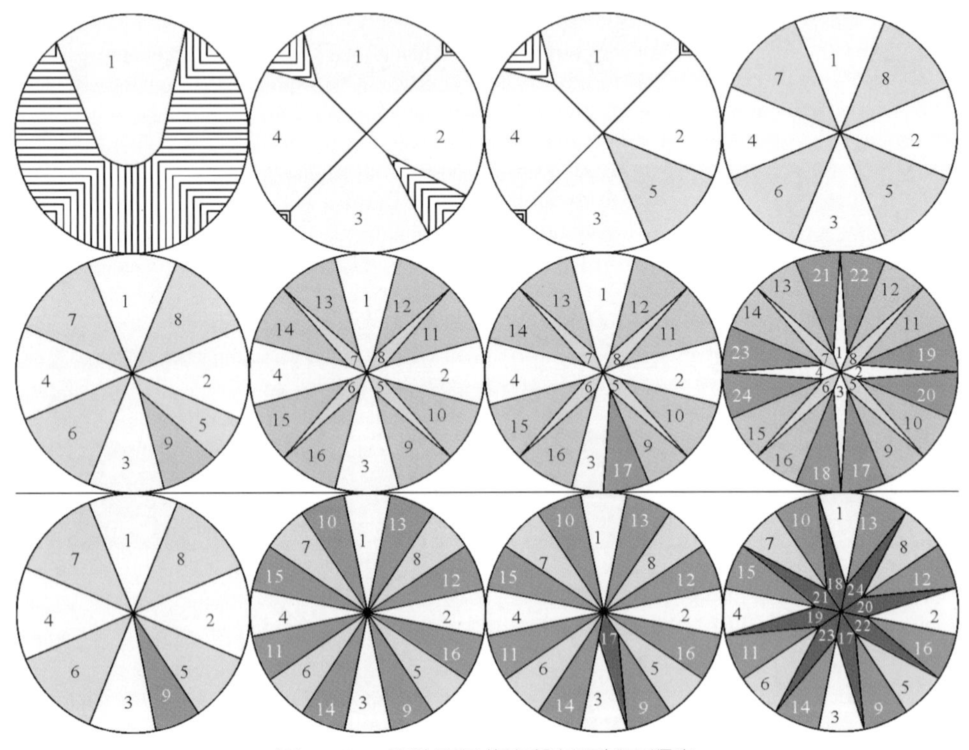

图 9－79　两种不同的亭部刻面加工顺序

正式加工时，磨钻师除了要顾及加工刻面的状态外，最重要的便是找寻合适的抛磨方向(晶向)，结合磨钻原理可以简单地理解为花较小的压力与较少的时间，便可以抛磨出一个合格的刻面。晶向是有规律的，要循着规律去找，并非毫无章法。

因是四尖方向抛磨亭部 8 个主刻面，第 1～第 4 刻面靠近晶面处的(111)面网，第 5～第 8 刻面则靠近晶棱的(110)面网，这就是为何第 1～第 4 刻面可通过两个方向互呈 120°左右的夹角来抛磨，第 5～第 8 刻面则为同一直线上的两个方向可抛磨的缘由。

图 9－80 中 1 为晶顶(100)，2 为晶棱(110)，3 为晶面(111)，4 为 8 个亭部主刻面抛磨方向，5 中显示斜向丝流，证明该位置接近(111)面网(即 4 中位置 3 的理论抛磨方向)，6 中横向丝流则证明了位置接近(110)面网。

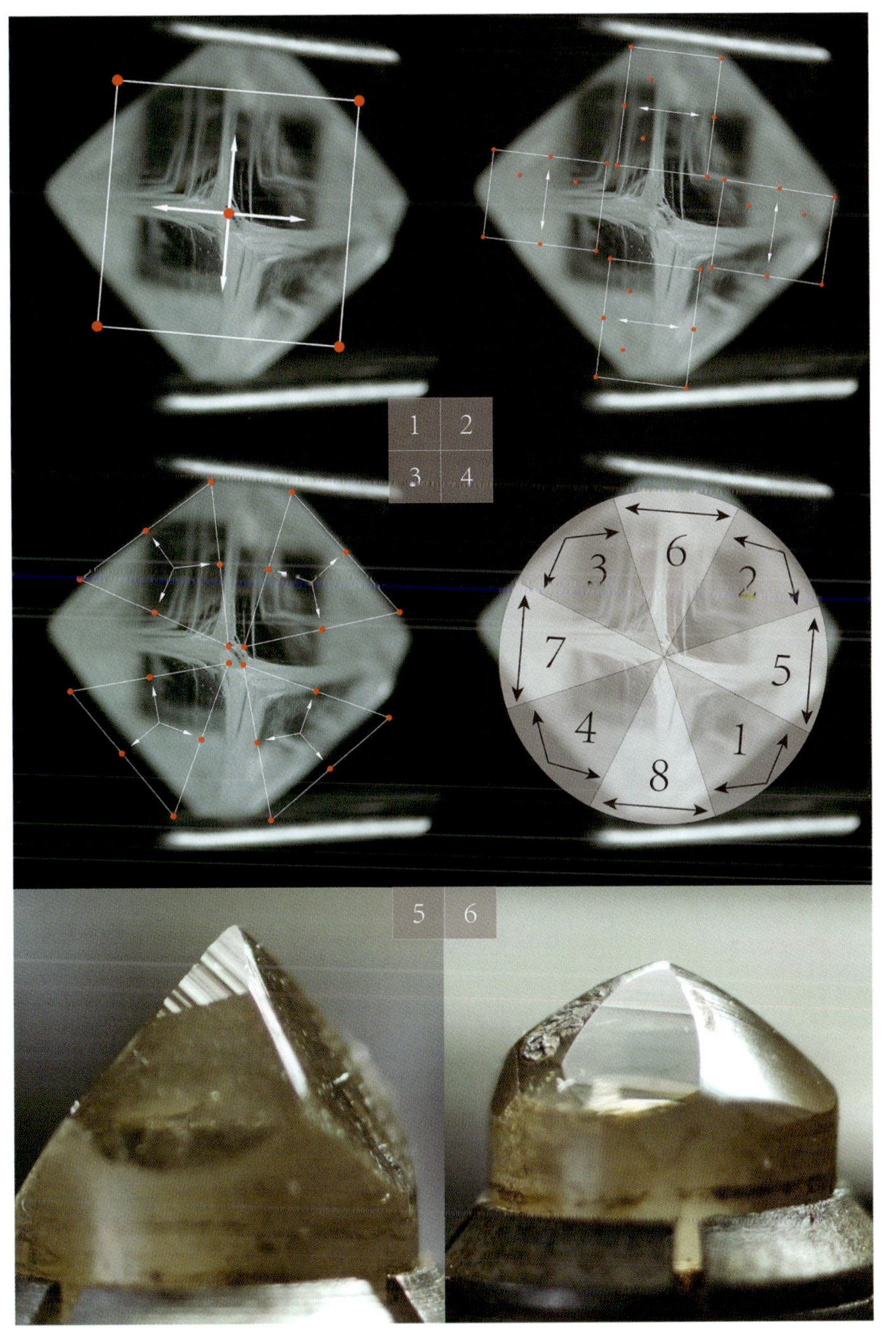

图 9-80　四尖晶向八面体晶体各位置主要面网与原子分布方式，箭头为可抛磨方向（需注意实际抛磨时大多只是接近这些位置，而非完全一致）

可将卡头旋转至理论上可抛磨的理想位置。当卡头面向自己时，想象卡头如钟面上的指针，可用指针所指的钟点方向来表述晶向上的抛磨方向(图 9－81、图 9－82)。

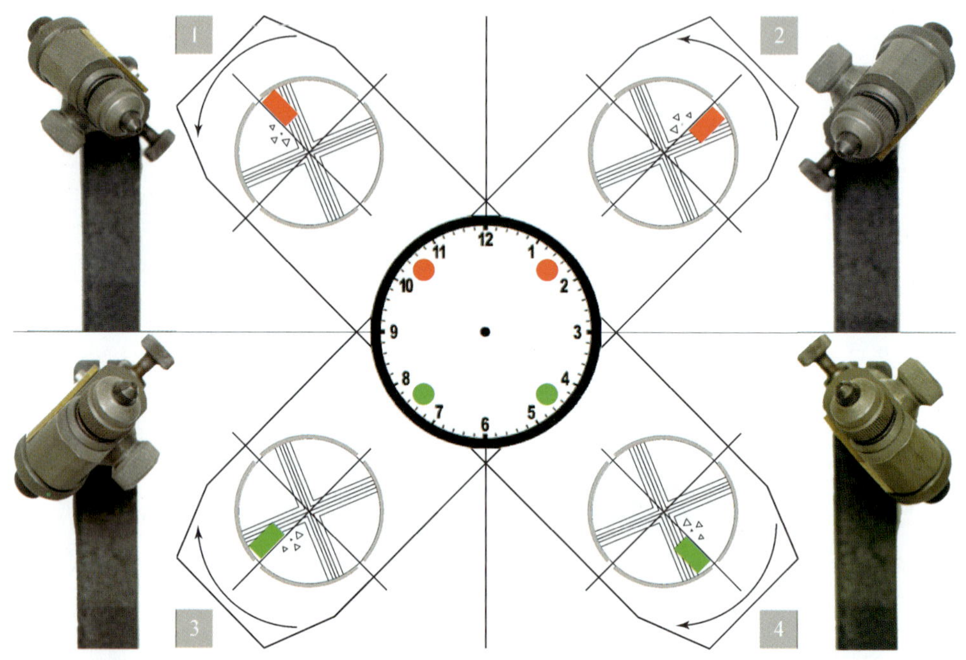

图 9－81　抛磨第 1～第 4 亭部主刻面的卡头方向，红色不可抛磨，绿色可以

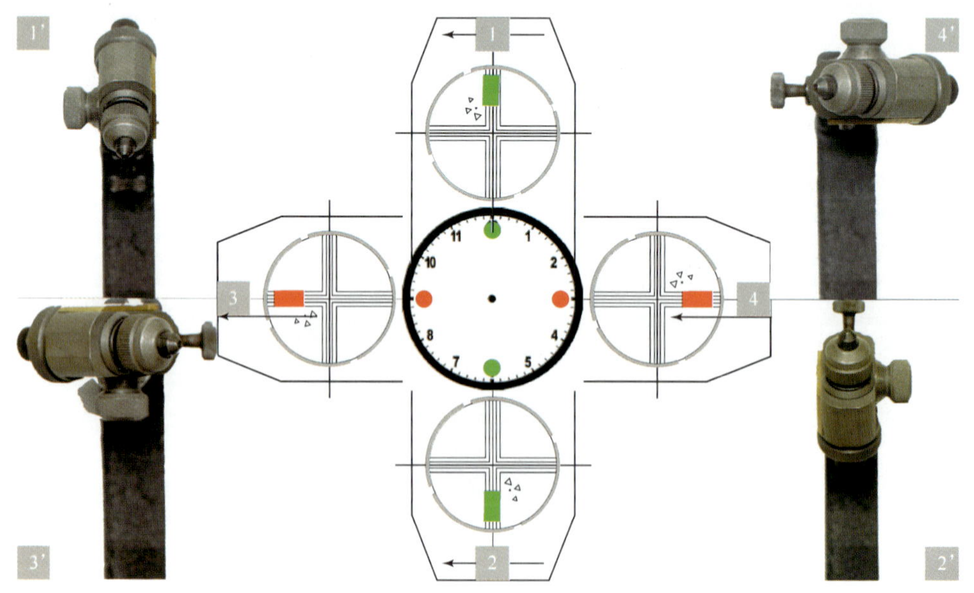

图 9－82　抛磨第 5～第 8 亭部主刻面的卡头方向，红色不可抛磨，绿色可以

第 1～第 4 亭部主刻面的加工顺序分为两种：以 180°间隔抛磨或以 90°间隔抛磨，建议使用后者，因后者在观察上较为便利，刻面相邻而非相对。抛磨时需注意刻面大小的均一性以及弧度最低点高度的一致性，底尖尖点要对齐，尤以第 4 主刻面十分重要，因夹具可能存在轻微不水平，故而会涉及略微的角度调整。

第 5～第 8 亭部主刻面的加工顺序无特别建议，仍需注意底尖与弧度最低点到位对齐。刻面完成后可借亭部主刻面的倒影图案来判断亭部刻面的对称性（图 9－83～图 9－85）。

图 9－83　亭部尖点成一字形顶（1、2、4），3 刻面弧度最低点高度不一致

卡头上的分度微调机构与角度调节机构是抛磨过程中频繁使用到的部件，对于两机构之间互相作用关系的理解将很大程度上决定刻面抛磨的质量（形状、大小、对称）。角度调节机构决定了抛磨面是向底尖附近倾斜（角度趋小）还是向腰围

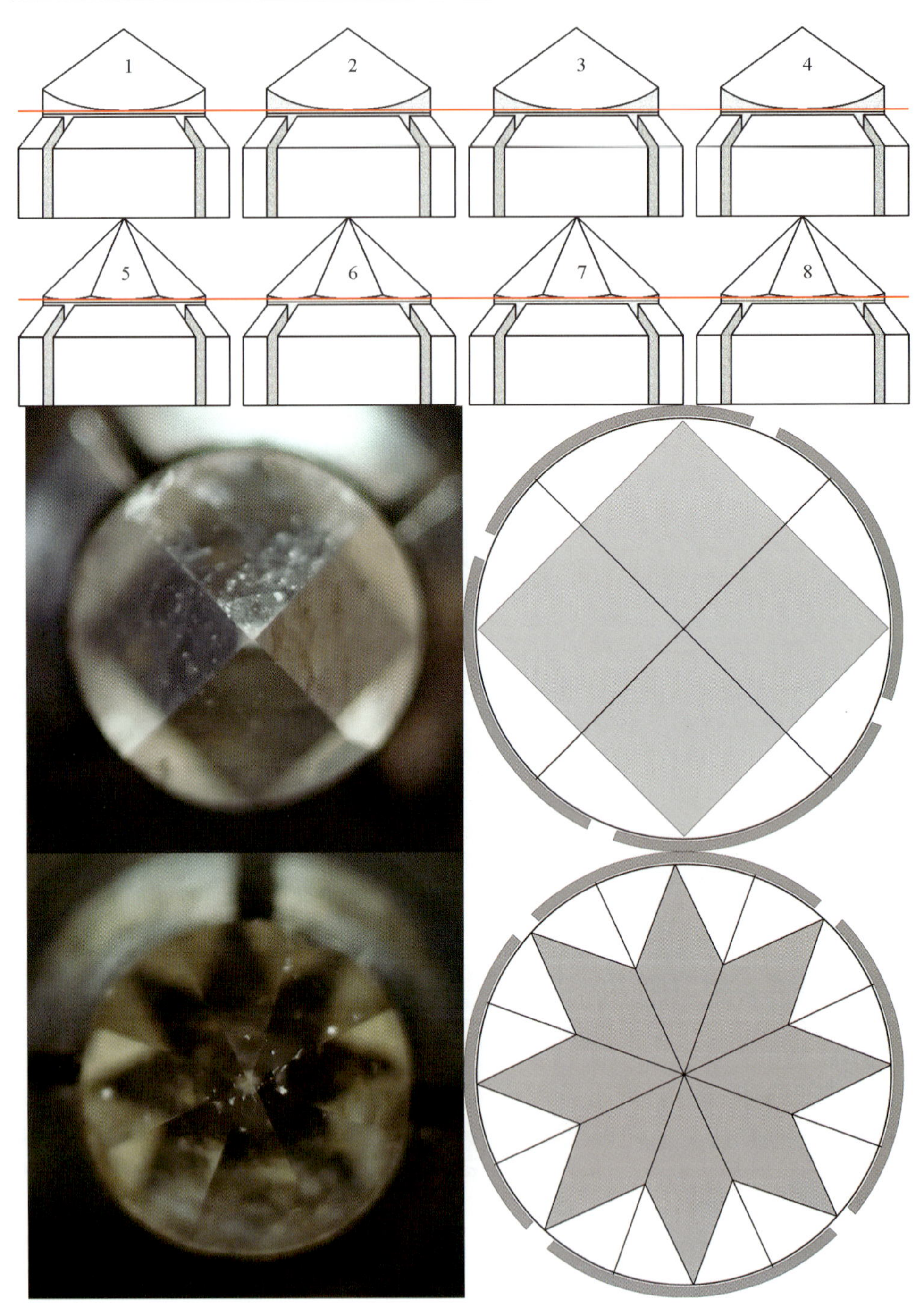

图 9-84　亭部主刻面弧度对齐示意图(上)与不同刻面数量构成的不同形态的倒影(下)

图 9－85　不合格的亭部主刻面抛磨

附近倾斜（角度趋大）。分度微调机构则决定了抛磨面是向左倾斜还是向右倾斜。分度微调旋钮向前旋转带动钻石向左旋转抛磨右侧，旋钮向后旋转则抛磨左侧，概括口诀“前右后左”（图 9－86）。

图 9－86　卡头向前旋转分度向左旋转抛磨右侧（上）与卡头向后旋转分度向右旋转抛磨左侧（下）（根据卡头设计不同可能有变化）

如图 9-87 所示，在加工亭部主刻面时主要遇到的问题是角度上的。

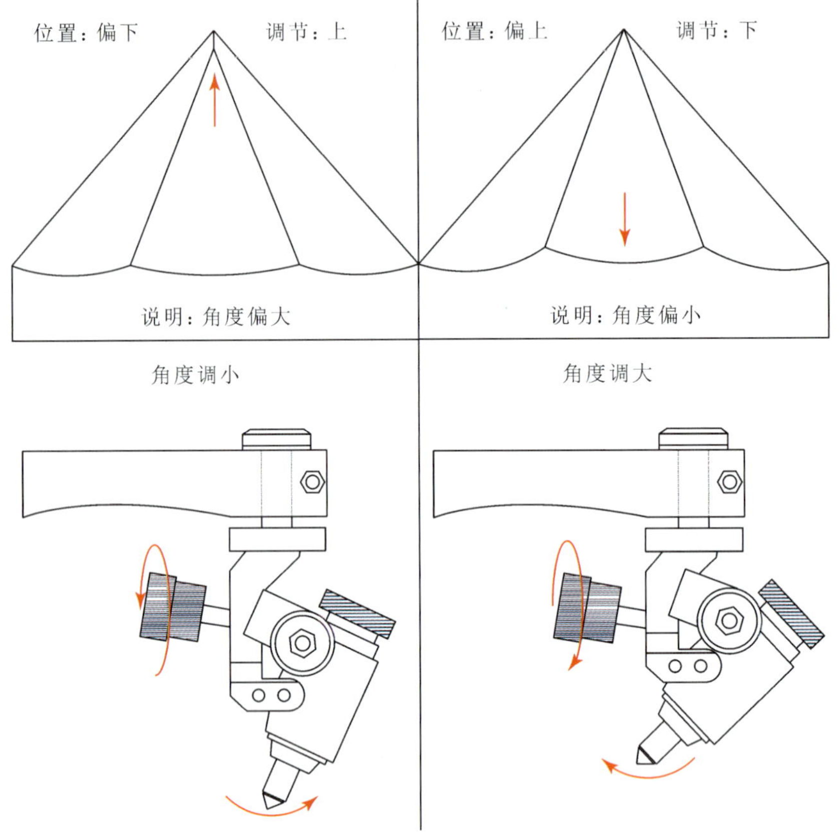

图 9-87　使用角度调节旋钮调整刻面形状

对于两机构较好的理解方法是，仔细观察判断抛磨刻面是否符合理想形状与位置，若不符合则应能描述出具体状态。比方刻面偏左、偏右或还需要向上抛磨一点等，再根据状态来判定需要修改的方向。比如刻面向下（腰围）再抛磨一点或向上（底尖）再抛磨一点，又或是向左下抛磨一点等。若位置仅涉及上或下时则表示需要使用的调节机构只有角度机构，而若是左下、左上、右下、右上这一类横向纵向的复合关系时，说明需要使用两机构来调节刻面朝向理想方向抛磨。

如图 9-88 所示，当刻面抛磨进入到小面（下腰面）时，出现的问题往往是复合性的（不仅是人为因素，也与夹具精度有关），即需要联动调节角度与分度才能解决。左图中刻面长度偏短，据此可判断原角度偏大，又因刻面弧度偏右，据此可判断原分度偏左，故而调节方案是将角度调小（以 0.5°为单位调节），分度向后旋转（旋转距离为旋钮圆周 1/8～1/4），抛磨左侧。右图中刻面长度偏长，判断原角度偏小，又因刻面弧度右侧高度不足，判断原分度偏右，故而调节方案是角度调大，分度向前旋转，抛磨右侧。

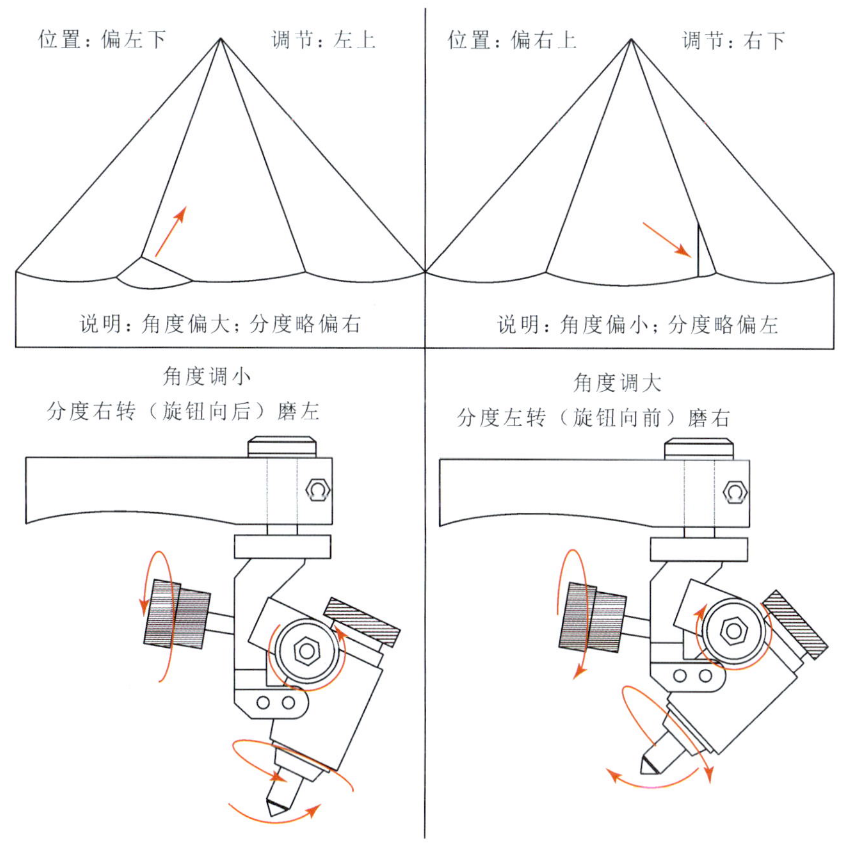

图 9－88　配合使用角度与分度旋钮调整刻面形状

角度与分度的联动调节频率与幅度，在一定程度上反映前道工序的完成质量。通常对称性越差在这方面的调节越是频繁，比如圆度较差或原先主刻面加工质量就不佳的，这也是工序连贯性的体现。

图 9－89 显示的是一组切磨质量不佳的亭部主刻面或下腰面：1亭部主刻面未抛磨到位，角度应调大；2为1调整后的刻面形态；3下腰面角度应调小；4下腰面出现多个刻面，应将角度调大分度向左；5、6针对多个刻面应寻找最高点（绿）重新抛磨。

在抛磨的过程中可能会遇到许多不稳定因素，比如钻石因某些原因需要卸下后再安装上夹具；修改形态不良的刻面；去除某些部位的瑕疵等。针对这些情况都需要磨钻师具有相当的经验，能够快速准确地找到原来刻面的角度分度、理想的修

图 9 - 89　一组切磨质量不佳的亭部主刻面或下腰面

改位置、准确的晶向位置。故而有一种说法是修改成品钻石的难度要高于从头抛磨一颗钻石，因前者稍有疏忽，不仅没有解决问题，反而可能造成新的问题或将问题扩大。也可能因为重量的限制，只能在极小的范围内修改（比如改前重 1.008ct，改后必须不能少于 1.00ct），特别对于高品质钻石而言，任何微小的失误都有可能造成严重的损失。

所谓找到原来刻面的角度分度，指的是快速准确地找寻到刻面修改前放在磨盘上的接触位置，这是掌握刻面修改的基础。能够进行刻面修改可以视为磨钻水平中的进阶能力。

为了能准确地找寻到接触面，初学者可借助蜡笔，事先在磨钻机桌面上涂上一小块红色蜡痕。在需要确定接触面时不用急于放在磨盘上，而是先在蜡痕上蹭一下，红蜡会粘附在刻面最凸出的位置附近（也就是刻面与磨盘的接触点），如此可大致判断放上磨盘后，刻面的接触位置在何处，若接触点位置不符，则调节角度分度直至到达大致位置（图 9 - 90）。

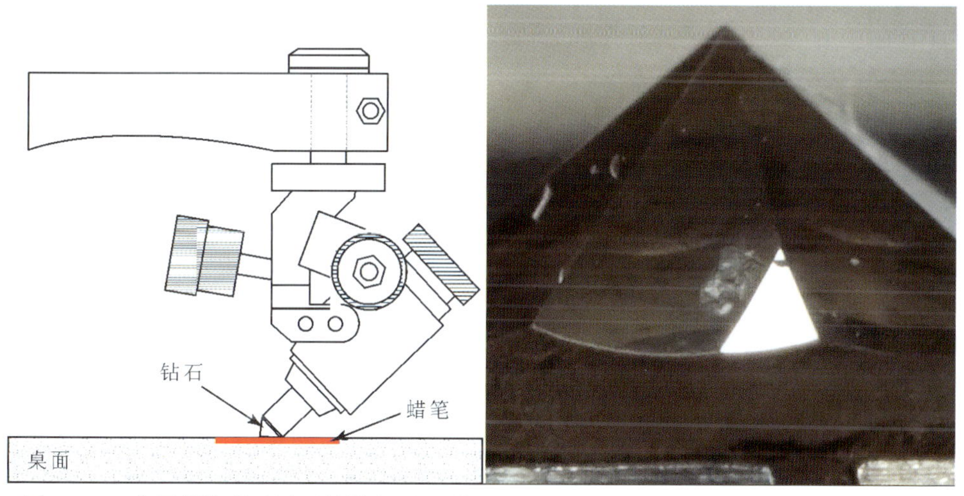

图 9 - 90　使用蜡笔帮助辨识接触点（左）看似一个刻面，但借助左侧边线的轻微弯折，可以观察到其实是两个刻面（右），且可通过左侧黑色污渍的位置判断出当前抛磨位置在刻面上半部分

通过初步观察，找到大致接触位置后，双手配合小心翼翼地将钻石放置于磨盘试磨区。左手握住夹具，右手托于夹具下，通过接触一瞬间传递到手中的轻微振动，来判断钻石是否已与磨盘接触（图 9 - 91）。接触后观察刻面状态，包括：以蹭在刻面上的钻石粉或铁屑的分布，来进一步判断接触面（点）的位置是否理想；观察是否有极小的刻面被抛磨出；确认新磨出的小面形状，并估计其未来的成形状态，作为之后继续调整的依据。

图 9 - 91　左手持夹具臂，右手托于夹具下轻点于磨盘寻找接触面

亭部主刻面完成后便要开始加工余下的 16 个下腰面，以两种形式分为 8 组：主刻面两侧为一组或主刻面棱线两侧为一组。下腰面的抛磨角度通常大于亭角 2°左右，长度一般为钻石半径的 4/5，但若亭角过大或过小则应相对调整，亭角大则下腰面也应增大，反之则应减小，作为对亭角过大或过小后光学效果损失的弥补。下腰面的抛磨难度、质量与之前 8 个亭部主刻面的质量息息相关，亭主面加工质量越优则下腰面加工相对越顺利与准确。初学者可多保留些腰箍高度，这些多余的高度可作为加工失误后的补偿，使原石重量不会因此而受损（图 9 - 92～图 9 - 95）。

图 9－92　16 格与 24 格分度盘对应亭部主刻面与下腰面位置、亭部下腰面抛磨顺序以及四尖取向时的晶向

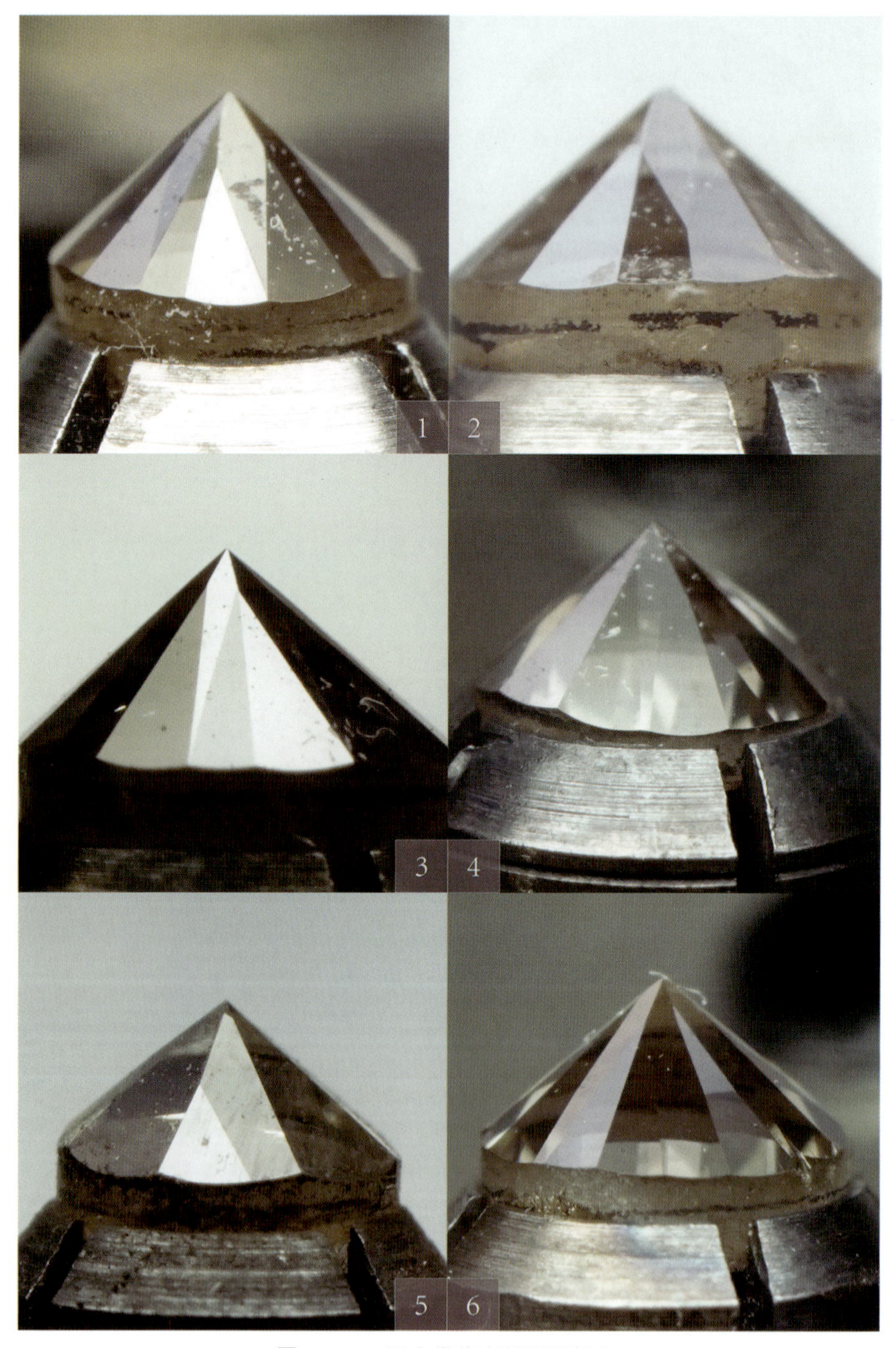

图 9－93 不合格的亭部刻面加工

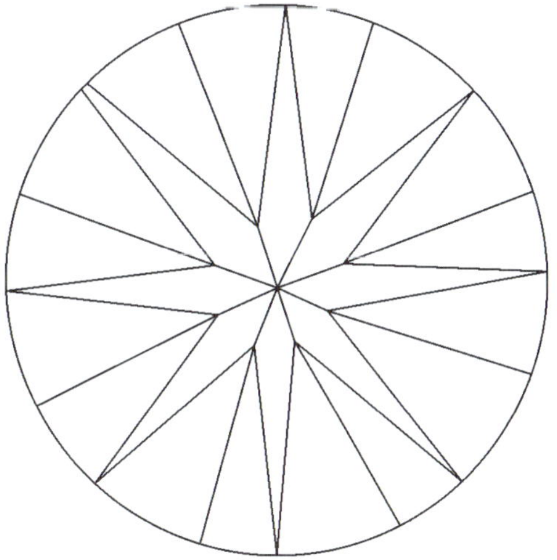

图 9-94 不合格的亭部刻面加工，主要问题包括刻面大小不匀与尖点不到位

图 9-95 从底夹咀上取下加工完亭部的钻石(保留了较多腰箍厚度)

标准圆形钻石刻面数量为 57 或 58，通常第 58 个刻面便是底小面。它的作用在于保护钻石底尖使其不易破损，因为破损则会带来重量上的损失，尤其在关键克拉边界处。底小面的加工要求甚高，需要磨钻师具备良好的控制能力与丰富的经验，故而难度也大。

该类刻面的加工与压台面近似，但要求更高，抛磨出的底面需与台面平行，并呈八边形。加工时先将钻石上要作为底小面的位置处抛磨出与台面平行的小面，再抛磨出 4 个呈正方形的亭部主刻面，且要控制好形状大小，之后再抛磨出余下 4

个亭部主刻面,最终拼成与台面对应的小八边形。然而在实际观察时并不一定能准确分辨出形状,而是被一个近似圆形的外观所替代,越是规正对称的八边形,则其外观越近似圆形。若观察起来像椭圆或其他不正圆,便说明了底小面的加工质量虽谈不上不合格,却也是有瑕疵的。

在针对高品质钻石时,底小面抛磨要求非常严苛。面磨得越小越圆越体现出水平的高超。由此可见,该刻面的加工是一项耗时耗力的工序,若抛磨得不理想还需返工,且还有一点风险,加之对磨钻师要求颇高,故使用此项工艺的情况也在逐渐减少。

底小面的检验对检验人员有较高的要求,须有很敏锐的分辨能力,检验内容包括底尖位置上的是底小面还是小破损,以及是否正圆、是否与台面平行(图 9-96)。

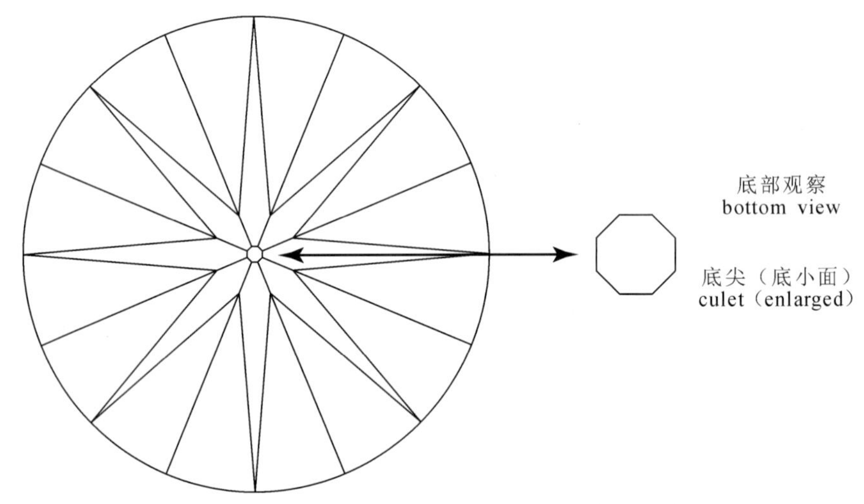

图 9-96　底小面示意图,放大后理想外形为正八边形

五、冠部加工

开始加工前需先对之前的亭部加工状态进行识别,明了冠部加工应以何种形式与亭部配合。之后便要选择适合的面夹咀以及台面压板来固定钻石。需注意冠部加工与亭部加工在固定钻石上有所不同,冠部的固定方式不如亭部来得稳定可靠,若固定装置选择不当将使钻石在抛磨时发生位移,从而影响加工质量。

固定装置包括钳踏与面夹咀,以及安置于钳踏上的白钢压板。

面夹咀的选择与亭部相反,应选择比钻石直径略小的尺寸。因其对钻石的固定方式与底夹咀不同,前者是承载,后者是夹持,面夹咀内径过小承载钻石会不稳,过大则会使钻石陷入夹咀之内难以取出(图 9-97)。

图 9－97　抛磨冠部时钻石的安装：1将钻石摆放于面夹咀上；2钳踏不匹配；3钻石安装倾斜；4安装正确；5压板高度高于钻石；6面夹咀选择略小

钻石摆放好后将台面压板压于台面上，压板可通过旋钮调节松紧与前后，需注意两点：①压板不能过紧，过紧则使分度盘或分度微调机构无法发挥作用，过松则使钻石固定不稳；②压板前端以覆盖钻石台面 1/2 左右为宜，过短则易使钻石翘起，过长则影响刻面抛磨状态的观察。

安装妥当后调整初始位置（第一个抛磨刻面的位置），要求与亭部刻面对应（图 9-98）。

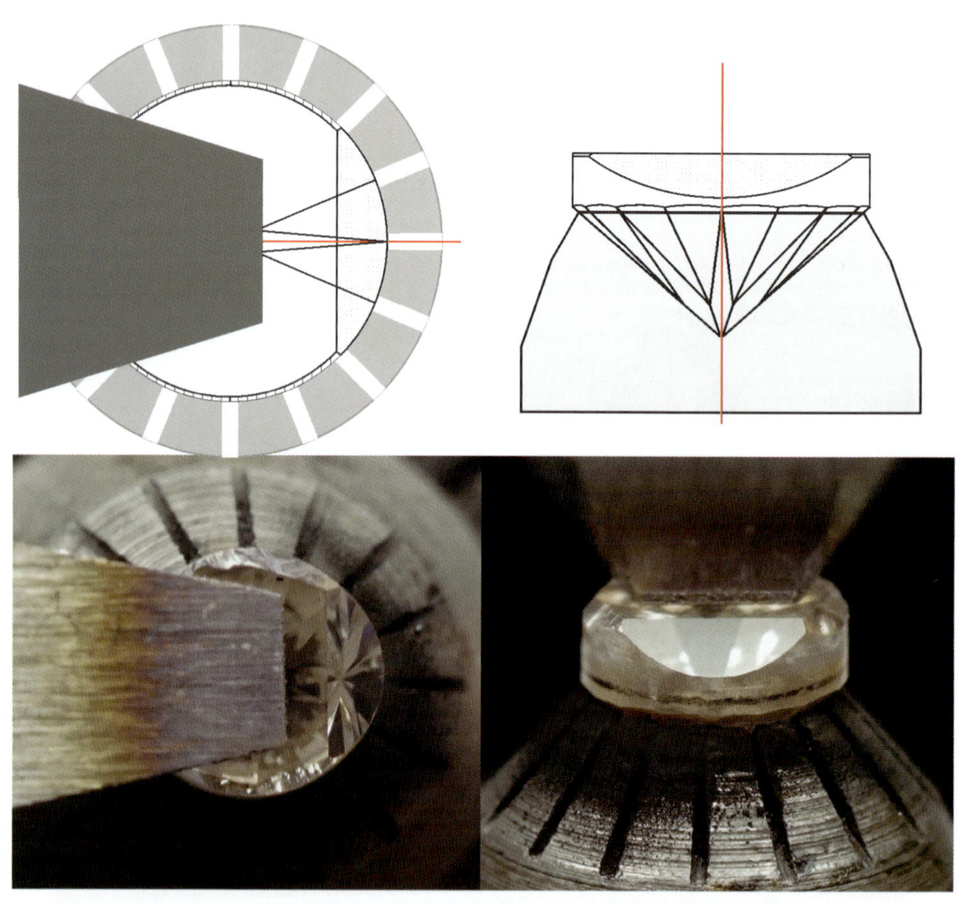

图 9-98　冠部与亭部刻面对齐示意图（上）与压板在台面的位置（下）

较准确的做法是俯视钻石台面，第一个冠部主刻面的直线与下方的亭部刻面中线（红线）垂直（图 9-99 2），与亭部主刻面相切成一个等腰三角形，第二个冠部主刻面与第一个冠部主刻面相接点的位置落在相邻一处亭部主刻面的中线上，且互呈 90°夹角（图 9-99 3）。

冠部刻面的加工顺序也可分为两种，区别在于第九刻面的起点，一种是先抛磨

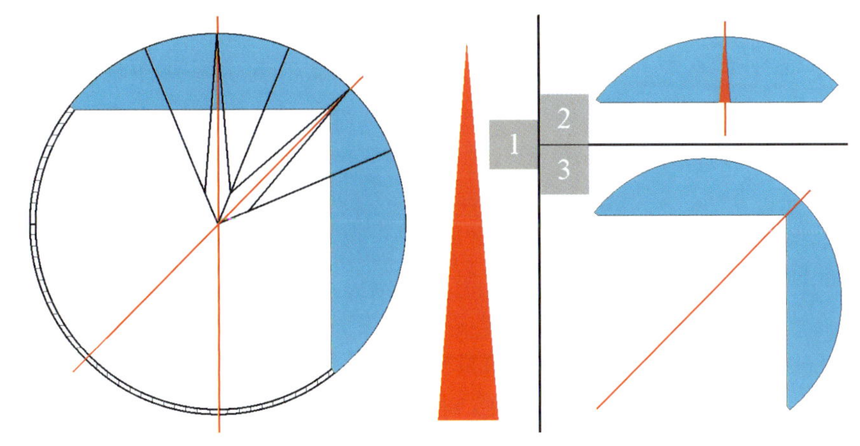

图 9-99　冠部与亭部刻面对齐的方法

8 个星刻面,另一种是先抛磨上腰面(图 9-100)。其中,冠角一般范围为 33°～36°,理想切工为 34.5°,但也有极端个例,如 29°、38°。

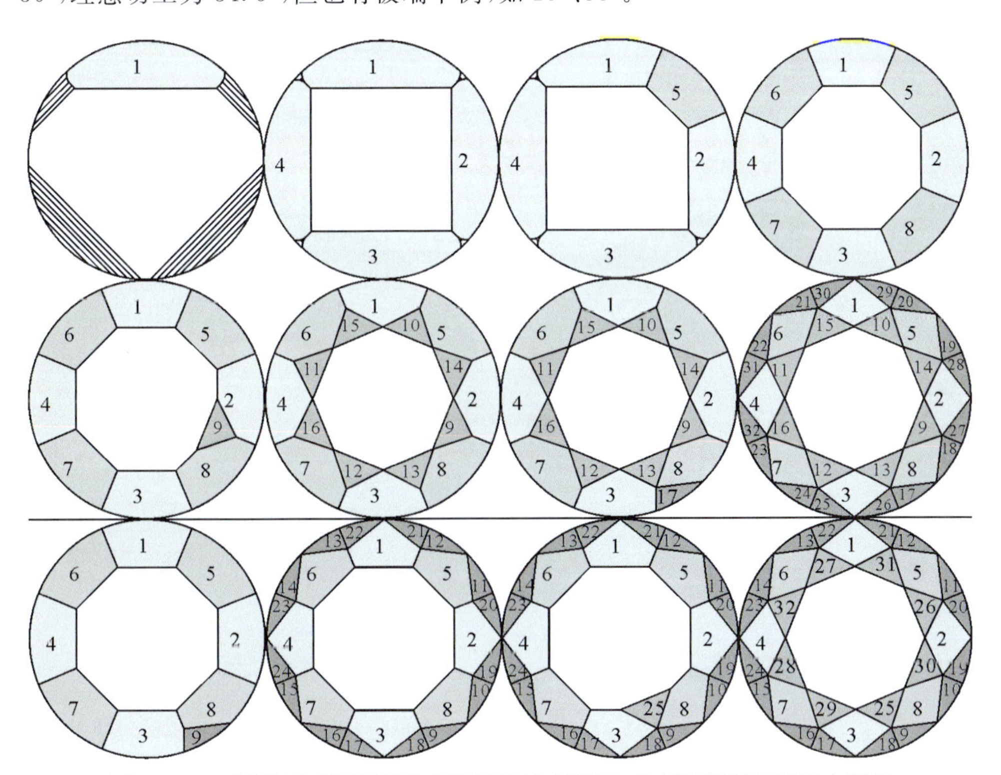

图 9-100　冠部刻面抛磨顺序,区别在于主刻面后,先加工星刻面还是上腰面

与亭部主刻面加工方法一样，第1～第4冠部主刻面的加工也可分为180°间隔抛磨或90°间隔抛磨，同样建议使用后者。在抛磨时除了需要注意刻面弧度在腰围划线处的位置外，还需从正面观察刻面间的夹角，第1～第4刻面夹角应互呈90°，围成正方形图案。第5～第8刻面应以第1～第4主刻面边棱为起点，与之前刻面互呈135°夹角。8个主刻面成形后围成一个正八边形。

在冠部有三个重要数据，分别是台面大小、冠部高度、冠角大小。其中冠部高度在设计加工方案时为方便计算成品率是最先确定的数据，之后是设计台面与冠角加工参数。三者间的关系是联动的，即改变其中任意一个数据，其他两个中的一个也会随之变化。若实际加工后经测量冠高与设计高度不符，则势必要在台面与冠角间进行取舍。保持台面大小不变，则冠角需变小，反之则台面需变大。如何取舍在于加工人员或设计人员对光学效果的理解、对钻石分级体系的认识、对经济效益的权衡以及亭部的加工状态。

初学冠部主刻面抛磨，通常会感觉相比亭部主刻面更难控制八边形的边长以及保持每个刻面的大小匀称，特别是在钻石圆度较差的情况下，易出现刻面有规律的大小变化。比如第1～第4刻面与第5～第8刻面，角度虽未改变，但却存在明显的大小不一致或不到位的情况。

因冠部与亭部抛磨刻面的位置是一一对应的，故冠部刻面的加工晶向与亭部理论上是一致的或十分接近的(图9-101)。

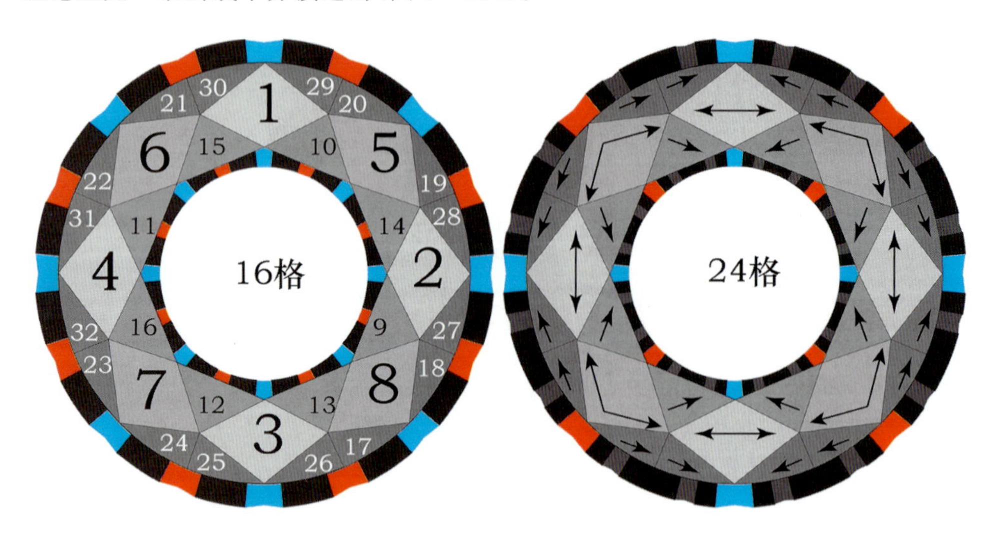

图9-101　冠部刻面抛磨顺序(左)与四尖冠部刻面抛磨晶向(右)，16格与24格分度盘对应冠部主刻面、星刻面、上腰围位置

图9-102为第1～第8冠部主刻面的对齐示意图。

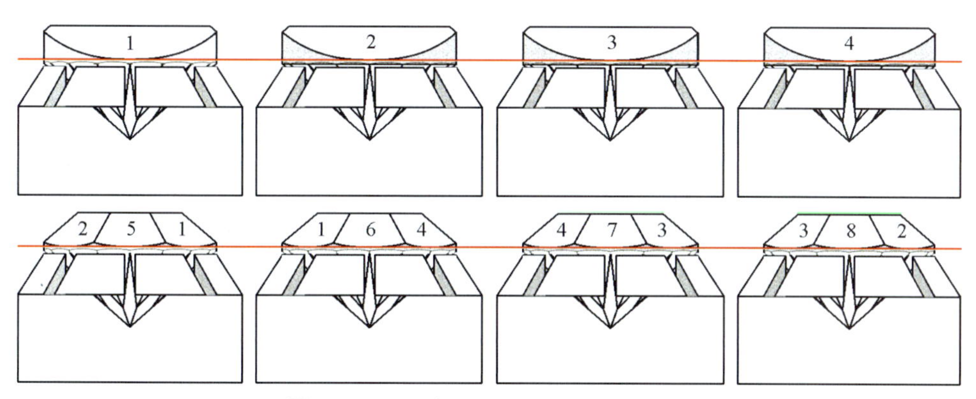

图 9-102　冠部主刻面水平对齐示意图

图 9-103 为冠部主刻面形状不良的夹角调整示意图。

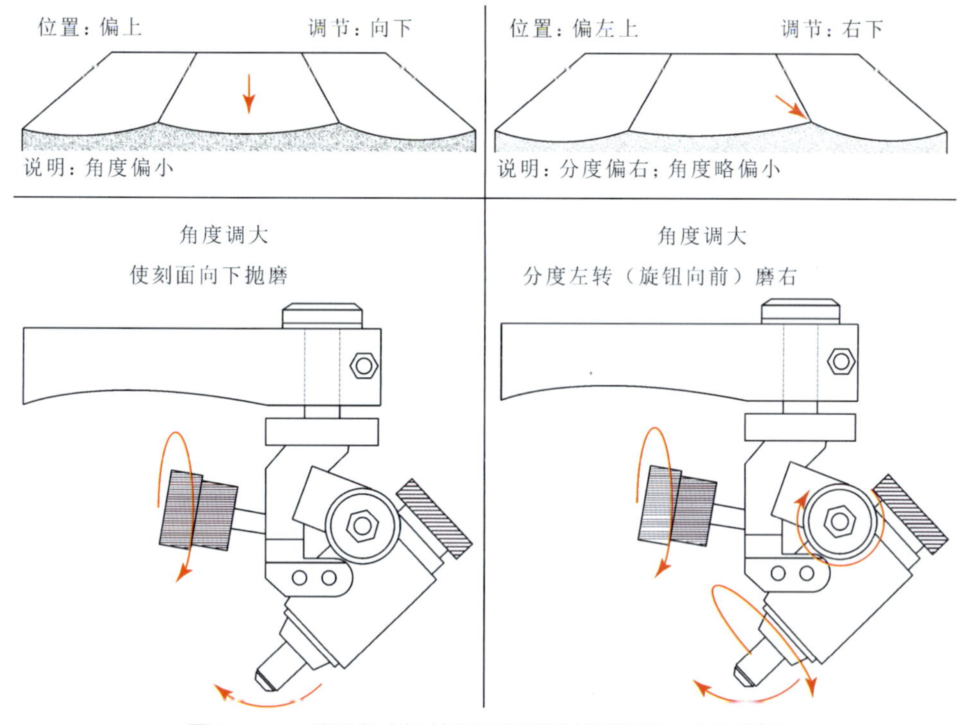

图 9-103　使用角度与分度机构调节刻面形状不良示意图

从图 9-104 **6** 中观察到右侧主刻面与正面主刻面存在明显的大小不一致，然而其弧度高低是基本一致的，说明了钻石存在不圆度问题且较为严重。处理方法可分为成形后与成形前两种修改方法：前者右侧刻面继续抛磨，并调小角度至能够

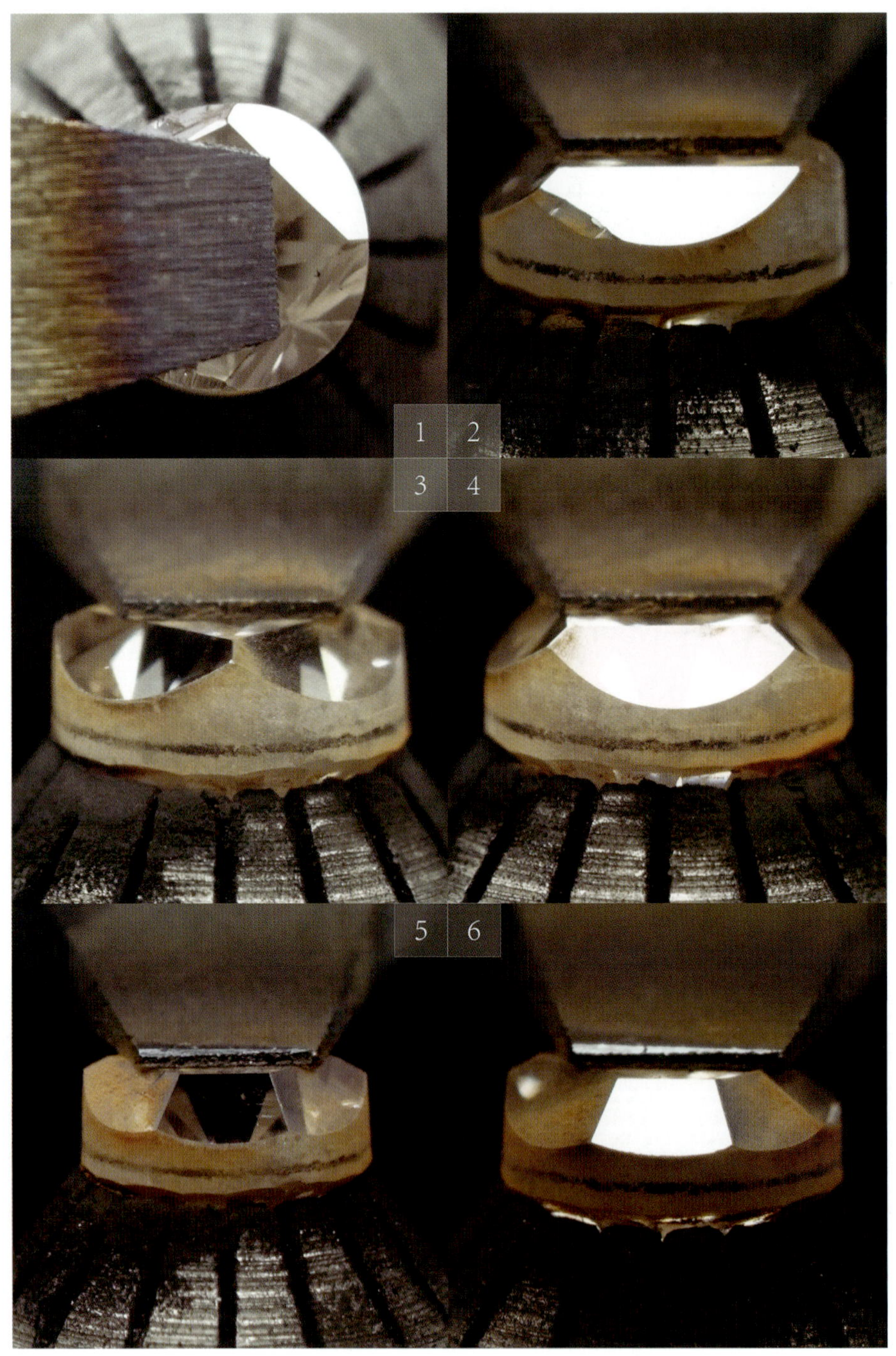

图 9－104　冠部刻面抛磨顺序：1～4第一组主刻面；5、6第二组主刻面

使两刻面大小一致;后者抛磨时仅做到八边形边长一致或近似一致,弧度处放在次要位置,模糊两刻面的大小差异。两者中前者虽刻面大小看似一致,但就光学效果以及重量上的损失而言不是理想选择,而后者较于前者具有修改幅度小,正面观察效果影响小的优点。在钻石加工中,针对一般品质原石常用的加工思路是:不是要做得有多好多完美,而是做得看上去不错就可以了。磨钻师中的高明者不仅能把钻石做到完美,更考验其是否能将先天不足或加工失误的钻石做得还不错又能赚钱。

完成冠部主刻面后便是星刻面的抛磨,抛磨角度受冠角的影响,一般范围为20°左右。对于星刻面而言,角度其次,形状为重,理想要求为"3 个 50%"(图 9 - 105),可根据实际需要另行调整。

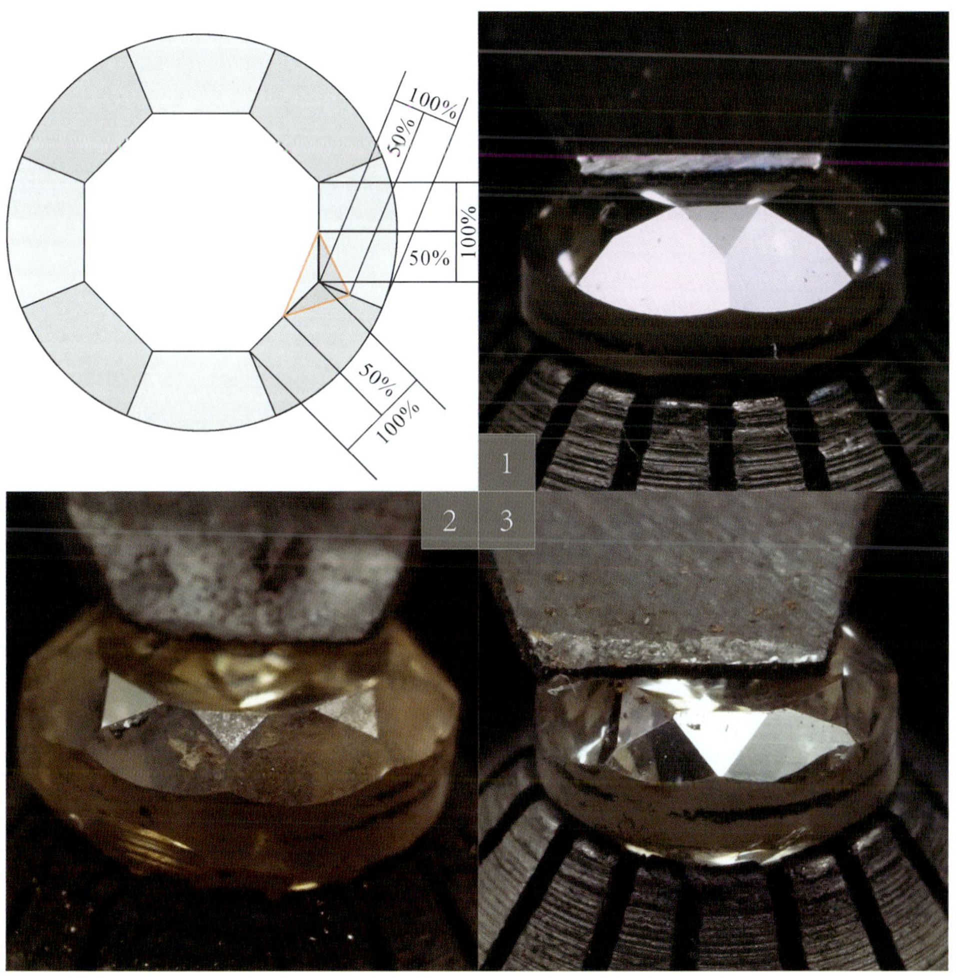

图 9 - 105　理想星刻面比例(1)与不合格的星刻面(2、3)

图 9－106 中星刻面上存在 3 个大小不一的刻面，产生的原因可能是由晶向判断不准确与刻面大小估计不足导致的，若想修正需先将接触面摆放至 3 个刻面最高点，并通过角度与分度的良好配合，方能在不改变刻面大小与形状的前提下使之抛磨成一个刻面。

图 9－106　星刻面存在 3 个刻面，需寻找刻面间最高点重新抛磨

图 9－107 中显示了相邻的 3 个星刻面大小不对称，且形状不良，刻面尖点彼此对齐。

图 9－107　星刻面形状加工不良

上腰面抛磨要求在星刻面与冠部主刻面的基础上做到 2 个对齐与 1 个 1/2，即与星刻面尖点、主刻面弧度最低点对齐，长度为主刻面弧度的 1/2。抛磨角度通

常在 38°左右(根据其他刻面情况变化)。图 9－108 中的上腰面抛磨质量不良,表现出大小不对称以及刻面尖点不到位的情况。

图 9－108 上腰面形状加工不良

六、成品钻清洗

待所有刻面抛磨完成后,便要将钻石置于浓硫酸中加热清洗,以去除表面残留的污渍(主要是金属污渍)。原因是由于钻石对黑色金属有较好的亲和力,故有时磨盘或夹咀上的金属会粘附于钻石表面,只有通过酸洗才能将其去除(图 9－109～图 9－110)。

图 9－109 表面粘有金属污渍的成品钻石

图 9－110　加热浓硫酸清洗完工后的钻石

七、成品钻检验

检验部分可分为自检与送检，即在将产品送至权威钻石鉴定机构检验前，在厂内使用行业通用的检测设备进行自我检查，包括常规的重量、颜色、净度、切工以及工艺工序上的检验与核验，每一颗钻石都有一条完整准确的可追溯加工流程（图 9－111）。

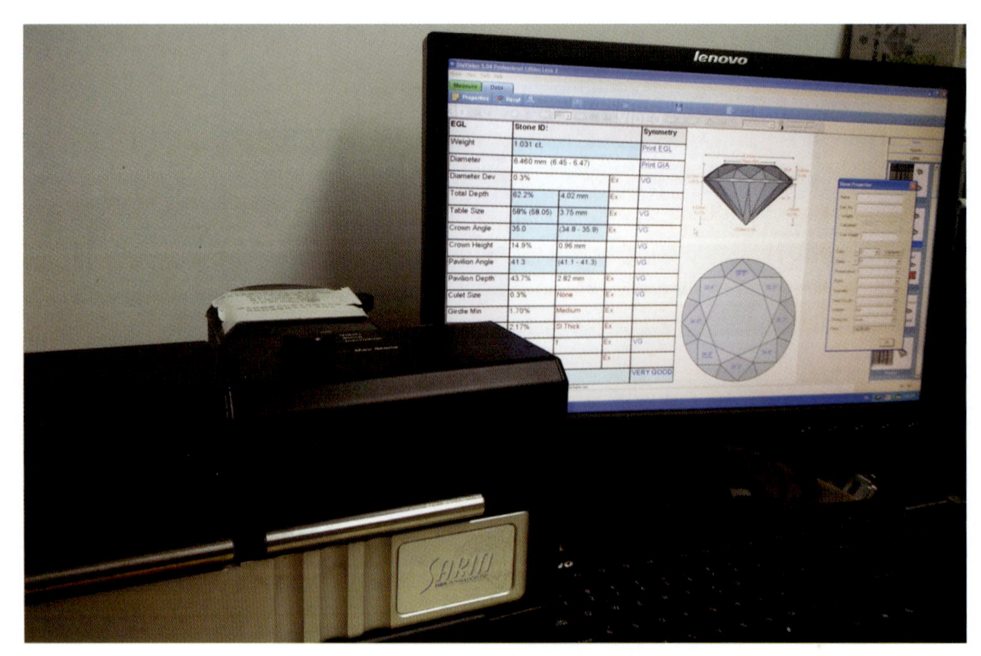

图 9－111　使用切工分析仪辅助检测成品钻石的切工

重要概念

(1)使用单颗方案加工,由于一颗钻石只做一颗,故有时可获得相对锯切方案更多的腰箍高度,从而可以分配更多的冠高。

(2)在抛磨冠部刻面时需要注意,若压板过紧,在旋转分度盘时可能存在钻石的分度转向不充分的情况。故可在旋转分度盘时将压板略微松开后再旋转,如此可消除这一因素,但松开不能过度,因钻石有时会粘于压板上,导致与压板一起升起。

(3)在抛磨下腰面、星刻面、上腰面三类刻面时,需注意从俯视、正视与侧视三个视角来观察刻面形状,如此有助于对刻面状态有全面准确的判断。

(4)在划边线时可使用车钻用的底夹咀来扣住钻石,旋转钻石使铜片在腰围上划出边线。所划边线要清晰,不能有多条,若有多条可用酸洗去。应严格定义边线的含义,是绝对不能逾越,还是触到即止,这些均由切磨师自行决定。抛磨亭部主刻面时,尤其要关注刻面弧形边缘与边线之间的距离。

(5)在抛磨时如遇裸露表面的裂隙,加工的基本原则是顺着裂隙方向抛磨。所谓顺指的是裂隙的长轴与磨盘旋转方向一致,且裂隙面与磨盘面间的夹角越小越好。倘若逆向抛磨或沿短轴方向抛磨,将导致磨盘上的大量钻石粉或铁屑被挤压进开口的裂隙中,且可能不断积累导致裂隙延伸或钻石被胀裂(图 9-112)。

图 9-112　磨钻时的污渍渗入解理裂隙中

(6)磨钻前的调节水平工作包括:①磨钻机是否水平,有无倾斜;②磨盘是否水平;③水平板是否水平;④夹具是否水平。

四项水平工作为递进关系,由大及小,且环环相扣,不可独立看待,最后一项直接关系到加工质量。

(7)垫布释放的信号。在磨钻过程中,有时会遇到上垫布松动甚至随顶尖旋转的情况,该情况会导致盘面的不稳定。其释放出一个信号——下垫布正在不断地变薄,从而导致了整个磨盘的水平高度下降,原本压实的上垫布与顶头间空隙变大,这也是下垫布即将被磨穿的信号。遇此类情况需根据垫布使用时间来判断是否需要更换或是仅从上压实即可。

此外,当磨钻机长时间放置不用时,磨盘自身重力也会造成这种现象,表现为开机后的磨盘轻微晃动。

(8)硼砂对钻石的保护作用。在磨钻过程中有时会遇到晶向异常的情形,使磨钻效率下降,钻石温度上升,甚至出现烧痕,导致刻面的抛光质量欠佳,这主要是由钻石结构缺陷造成的。为了尽量避免上述情形,通常将夹咀上的钻石浸没于硼砂液中,然后再抛磨。如此做法是借助硼砂吸收热量后发生脱水反应,降低钻石温度,从而起到保护刻面使之不因高温而氧化。

(9)磨盘转速、压力、钻石粉三者对磨钻的影响:①磨盘转速越高抛磨强度越大,当转速加快时,即使是在最难磨的方向上也能大大地提高抛磨速度。②增加钻石对磨盘所施加的压力可提高刻面的抛磨效率。在其他同等条件下,刻面的粗糙程度也取决于压力大小。但当压力过大时却会适得其反,不仅会大量消耗钻石粉,甚至可能使钻石破裂,且会使抛磨时的温度升高。③使用较粗的钻石粉可增加磨削效率,但抛光质量会变差;反之,使用较细的钻石粉可提高抛光质量,但会牺牲一定的效率。应根据钻石的不同品质,选择粗细适合的钻石粉。

(10)刷磨与剔磨。有关这两种说法较早见于美国与欧洲的部分宝石鉴定机构的研究报告中,如2005年GIA部分研究员在《Rapaport Diamond Report》中的报告《Painting and Digging out Variations on Standard Brillianteering of Round Brilliant Diamonds》,将其在成品钻石检验过程中发现腰围的特殊有规律的变化命名为painting & digging out,由台湾GIA分校根据英文相对的中文字意翻译为刷磨与剔磨,2010年我国新修订的《钻石分级》(GB/T16554—2010)国家标准中被引入。

究其本源,所谓的刷磨与剔磨乃是一种使用已久的钻石加工工艺,体现在设计与抛磨环节中,前者可为钻石带来一定重量上的增益,而后者多应用于去除腰围上的天然面。属平常的加工手段之一,学习过本章节上腰面与下腰面抛磨便可知晓,通过分度与角度的配合即可实现painting或digging out的处理。

在报告中，研究员将 painting 视为具有提升钻石重量的作用，且其的确有此功能。根据作者的计算，上腰面抛磨角度分度达到 painting 极限值的情况下至多可为钻石的重量带来 1%～2%的提升，下腰面 painting 的极限值至多可带来 3%～5%的提升，若上下叠加看似提升不少，但考虑其对光学效果带来的负面影响以及其他更合理的重量提升方法（如增加腰围厚度），这样的极限使用尤为罕见。

对于 painting & digging out 较为理性的认识是从加工工艺的宏观角度来看待，即它是一种补充手段，不在优先考虑的范围内。就好比儿时写一篇规定字数的作文，构思了文章的叙述主题，快写完了发现字数尚缺一些，不得已为了满足字数要求必须得再找些地方来补充，若补充得当或能起到相得益彰的作用，但若添得过火了，便会影响文章的整体阅读感受，仅此而已。

钻石加工是一种诸多手段综合应用彼此配合的工艺，在合适的地方使用适合的手段获得合理的结果。

（11）夹具精度。刻面的抛磨质量除了受人为因素影响外也与夹具精度息息相关，好的夹具可以减少人工补正夹具精度不足的频率，尤其是现代化的生产企业，配备高精度的夹具是提高生产效率的重要手段。

（12）新设备。目前除了肉眼观察与手动校正夹具在抛磨时的状态外，也有更为先进的校正设备——夹具校正设备。该设备通过摄像头连接电脑显示器，并根据软件来精准地分析钻石是否安装正确、夹具是否水平，此外还可以通过配件来更为准确地校正水平板与磨盘的水平。该设备主要应用于高品质钻石或特殊要求与用途的抛磨（图 9－113）。

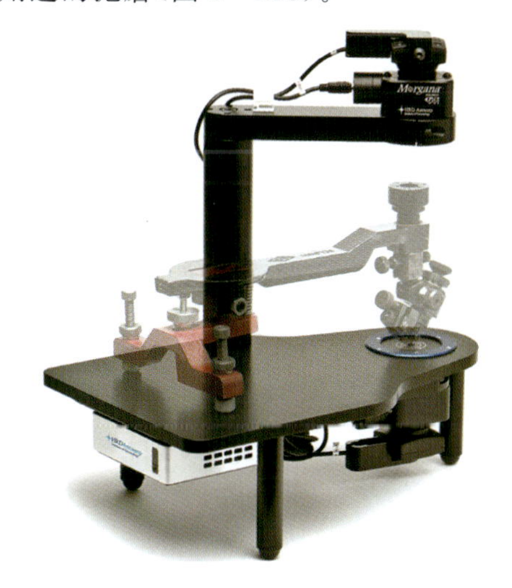

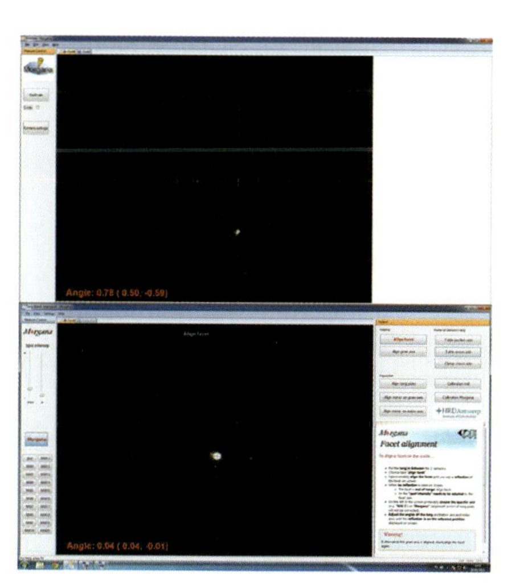

图 9－113　刻面校正设备

（图片来自 hrdantwerp 网站关于 Morgana 的产品说明书）

以往的抛光均通过肉眼借助放大镜或显微镜来判断，而新设备——抛光质量检测设备——不仅可以在抛磨环节（钻石仍在夹咀上）检测抛光质量，且可实时地将抛光质量通过显示器让磨钻师观察到（图 9－114）。

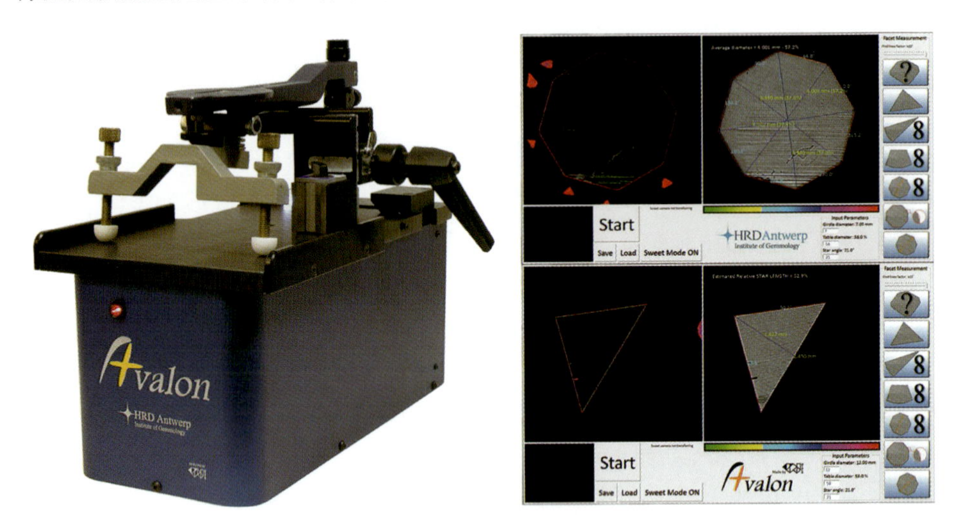

图 9－114　抛光质量检测设备

（图片来自 hrdantwerp 网站关于 avalon 的产品说明书）

参考资料

奥尔洛夫.金刚石矿物学[M].黄朝恩,陈树森,等译.北京:中国建筑工业出版社,1977.

史恩赐,史永.钻石琢磨工[M].北京:中国轻工业出版社,2015.

瓦·伊·耶比凡诺夫,安·雅·别辛娜,列·维·泽科夫.钻石加工工艺学[M].史恩赐,译.广州:广东科技出版社,1991.

张湧涛.钻石工艺[M].香港:三联书店香港分店与上海科学技术出版社联合出版,1984.

张志纯.钻石世界[M].台北:徐氏基金会出版部,1970.

诹访恭一,安德鲁·考克森.钻石:从粗犷原石到浪漫珠宝[M].陈涛,译.上海:上海文化出版社,2011.

Bzsil Watermeyer. Diamond cutting[M]. Johannesburg:Centaur,1982.

Glenn Klein. Faceting history: cutting diamond&colored stones[M]. Lexington: Xlibris, 2005.

Marcel Tolkowsky. Diamond design:a study of the reflection and refraction of light in diamond[M]. Edinburgh:Neill and Co Ltd, 1919.

Nizam Peters. Rough Diamond[M]. Florida: American Institute of Diamond Cutting Inc, 1999.

Polynina I F. Treasures of the diamond fund of Russia[M]. Moscow:Slovo,2012.

Robert Maillard. Diamonds: myth, magic, and reality[M]. New York: Crown Publishers, 1980.

Verena Pagel Theisen. Diamond grading ABC[M]. Antwerp:Rubin&Son,2001.

Wannenburgh A J,Peter Johnson. Diamond people[M]. London:Norfolk House,1990.

致　谢

在此，向对我有养育之恩的父亲母亲以及为本书编写提供直接帮助的朋友致以最真挚的谢意。

沈志义

张振宇

史恩赐

冯大山

赵　磊

赵民娟

夏旭秀

徐菽文